Serverless 架构设计指南

张原 王昌鹏 ◎ 著

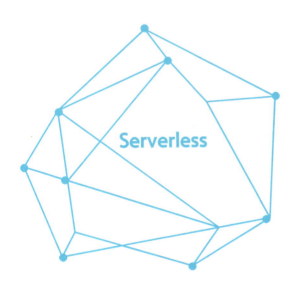

Serverless 作为一种近几年流行的架构，其内部的设计相对复杂。本书尽可能使用通俗易懂的语言来帮助读者理解和掌握 Serverless 的开发与设计。

本书以 JavaScript 为主要语言进行讲解，以 Node.js 运行时为主要运行环境进行服务设计的讲解。本书共 10 章，分别为：Serverless 架构的概述、Serverless 的总体设计、Serverless 架构的脚手架设计、Serverless 架构的模块设计、Serverless 架构的函数设计、Serverless 结构设计、Serverless 架构的配置设计、Serverless 架构的协议设计、Serverless 架构的实践以及 Serverless 架构最终形态的演变。内容主要涉及 JavaScript 语言的开发（包括前端和后端的代码和功能的实现）、数据库的开发（如 MongoDB、ETCD 等）、容器层面的开发（如 Docker、K8s）。从虚拟机（VM）的实现开始，逐步构造出一个虚拟化框架，最终形成一个 Serverless 架构平台。

为了提升读者的阅读体验，本书使用尽可能少的代码示例。本书配套有难点实现的微视频（扫码即可观看），以及相关案例源码（获取方式见封底）。

本书适合相关领域的研究人员和工程技术人员阅读，也可作为高等院校计算机、软件工程及相关专业师生的参考资料。

图书在版编目（CIP）数据

Serverless 架构设计指南 / 张原，王昌鹏著.
北京：机械工业出版社，2025.5. -- ISBN 978-7-111-78013-7
Ⅰ.TN929.53-62
中国国家版本馆 CIP 数据核字第 2025LN3063 号

机械工业出版社（北京市百万庄大街 22 号　邮政编码 100037）
策划编辑：李晓波　　　　　　责任编辑：李晓波　章承林
责任校对：郑　婕　张　薇　　责任印制：常天培
河北虎彩印刷有限公司印刷
2025 年 5 月第 1 版第 1 次印刷
184mm×240mm・16.75 印张・348 千字
标准书号：ISBN 978-7-111-78013-7
定价：99.00 元

电话服务　　　　　　　　　　网络服务
客服电话：010-88361066　　　机 工 官 网：www.cmpbook.com
　　　　　010-88379833　　　机 工 官 博：weibo.com/cmp1952
　　　　　010-68326294　　　金 书 网：www.golden-book.com
封底无防伪标均为盗版　　　　机工教育服务网：www.cmpedu.com

前 言
PREFACE

随着后端技术的发展，人们对后端服务的分割和治理提出了更高的要求，在服务小颗粒化流行后，人们更加确信函数化的编程方式在未来一定会成为主流。在此背景下，以 Serverless 为首的无服务架构思想开始进入开发者的视野。这种架构思想主推的就是函数化颗粒度编程，将开发和运维分离，其目的是让开发更加专注完成编程这项工作。虽然这种方式已经推出多年，但对于很多人来说仍属于一项相对神秘的技术。所以笔者希望能通过通俗的文字把这项技术讲清楚，同时能对 Serverless 进行一些更加深入的解读。本书的初衷是帮助读者从思想层面理解这项技术，从技术上实现这项技术。

本书将先描述 Serverless（无服务）架构的整体框架，再从总体拆解到每个模块，让新手开发到资深开发都能有所收获。从纯技术角度来说，本书更加适合前端开发人员、全栈开发人员和后端开发人员。而从思想角度来说，它则更加适合想要开发 Serverless 服务的开发者，帮助他们学习 Serverless 的服务设计思想。此外，对于对后端设计有追求的开发者来说，也可以从书中学习不一样的后端开发与设计方法。对于即将步入职场的新人来说，本书也能拓宽他们的视野，帮助他们初步了解复杂服务的架构设计。

本书以 JavaScript 为主要语言进行讲解，以 Node.js 运行时为主要运行环境进行服务设计的讲解。本书共 10 章，分别为：Serverless 架构的概述、Serverless 的总体设计、Serverless 架构的脚手架设计、Serverless 架构的模块设计、Serverless 架构的函数设计、Serverless 结构设计、Serverless 架构的配置设计、Serverless 架构的协议设计、Serverless 架构的实践以及 Serverless 架构最终形态的演变。内容主要涉及 JavaScript 语言的开发（包括前端和后端的代码和功能的实现）、数据库的开发（如 MongoDB、ETCD 等）、容器层面的开发（如 Docker、K8s）。从虚拟机（VM）的实现开始，逐步构造出一个虚拟化框架，最终形成一个 Serverless 架构平台。通过从设计到最终的实现，展示如何从零构建一个大型平台服务，以提升开发者的架构设计能力。通过通俗易懂的语言和生动有趣的故事，使初学者也能轻松理解 Serverless

架构的概念，并为学习 Serverless 相关技术的读者打开一扇新世界的大门。

　　本书由滴滴前高级开发工程师张原和滴滴专家工程师王昌鹏共同编写。感谢机械工业出版社的支持，特别感谢策划编辑李晓波的辛勤付出。

　　由于笔者水平有限，书中难免存在内容或引用错误，恳请读者批评指正，我们会及时记录反馈并在下一版中进行修正。

笔　者

目录

前言

第1章 Serverless架构的概述 / 1

1.1 什么是Serverless架构 / 2
  1.1.1 后端服务的演化 / 2
  1.1.2 小颗粒度服务的流行 / 3
  1.1.3 Serverless架构的难点 / 5

1.2 Serverless架构的作用 / 6
  1.2.1 屏蔽运维需求 / 6
  1.2.2 降低编码门槛 / 8
  1.2.3 搭建低成本流水线 / 9

1.3 Serverless架构的应用场景 / 11
  1.3.1 初创企业 / 12
  1.3.2 敏捷开发团队 / 13
  1.3.3 无需架构管理 / 14

1.4 主流Serverless架构设计的问题 / 15
  1.4.1 非通用使用设计 / 16
  1.4.2 回调与返回设计 / 17
  1.4.3 中心化路由和分布式路由设计 / 18
  1.4.4 黑盒和显式引用设计 / 19
  1.4.5 生态和过于依赖厂商 / 20

1.5 Serverless架构的目标 / 21
  1.5.1 开源与生态 / 22
  1.5.2 完善的标准 / 23
  1.5.3 私有化部署能力 / 24
  1.5.4 去中心化服务 / 25

第2章 Serverless的总体设计 / 27

2.1 项目的结构 / 28
  2.1.1 设计结构一览 / 28
  2.1.2 虚拟机结构设计 / 29
  2.1.3 框架结构设计 / 31
  2.1.4 平台结构设计 / 32

2.2 虚拟机的结构拆分 / 33
  2.2.1 VM模块 / 33
  2.2.2 上下文设计 / 35
  2.2.3 模块系统设计 / 36
  2.2.4 变量代理设计 / 37

2.3 框架的结构拆分 / 38
 2.3.1 命令行工具设计 / 38
 2.3.2 基础库设计 / 39
 2.3.3 中间件设计 / 40
 2.3.4 线程系统设计 / 42
2.4 框架线程系统的结构拆分 / 43
 2.4.1 线程池设计 / 43
 2.4.2 回收机制设计 / 45
 2.4.3 动态运行时设计 / 46
2.5 运行时模块拆分 / 47
 2.5.1 运行时与虚拟机的关系 / 47
 2.5.2 环境变量注入与模块逻辑设计 / 48
 2.5.3 服务载入虚拟机设计 / 49
2.6 平台的结构拆分 / 51
 2.6.1 去中心文件系统设计 / 51
 2.6.2 代码服务端部署设计 / 52
 2.6.3 配置与注册中心设计 / 53
2.7 平台功能结构设计 / 54
 2.7.1 App 的注册与配置 / 55
 2.7.2 分流和灰度配置 / 56
 2.7.3 App 域名配置 / 57

第 3 章 Serverless 架构的脚手架设计 / 59

3.1 脚手架功能概述 / 60
 3.1.1 服务运行 / 60
 3.1.2 代码编译 / 61
 3.1.3 服务部署 / 62
3.2 服务运行功能概述 / 63

 3.2.1 配置获取设计 / 63
 3.2.2 开发模式设计 / 64
 3.2.3 可插拔扩展设计 / 66
3.3 可插拔扩展设计与功能实现 / 67
 3.3.1 插件出口入口设计与实现 / 67
 3.3.2 依赖扩展设计与实现 / 68
 3.3.3 扩展链路设计与实现 / 69
3.4 项目初始化功能设计 / 70
 3.4.1 初始化模板的构建 / 70
 3.4.2 模板拉取功能的实现 / 71
3.5 产物构建设计 / 72
 3.5.1 打包的前置检测 / 73
 3.5.2 文件的构建和编译 / 74
 3.5.3 单应用和多应用打包的实现 / 75
3.6 服务部署设计 / 76
 3.6.1 App 的上传与同步 / 77
 3.6.2 服务器的服务载入 / 78
 3.6.3 部署通知逻辑 / 78
3.7 分布式代码更新 / 79
 3.7.1 分布式代码更新的目的 / 80
 3.7.2 单机和多机代码更新的区别 / 81
 3.7.3 分布式代码更新实现 / 82

第 4 章 Serverless 架构的模块设计 / 84

4.1 设计模块化系统的目的 / 85
 4.1.1 代码的解耦合和复用 / 85
 4.1.2 互不影响的模块 / 86
 4.1.3 规范和模块的扩展 / 87
 4.1.4 依赖的权限控制 / 88

4.2 上下文的注入实现 / 89
    4.2.1 上下文概述 / 90
    4.2.2 模块和文件的上下文 / 91
    4.2.3 全局变量和方法上下文的注入 / 92

4.3 上下文的代理 / 93
    4.3.1 上下文代理的原理 / 93
    4.3.2 上下文和App绑定原理 / 94
    4.3.3 上下文代理的具体实现 / 95

4.4 重新设计模块化系统的实现 / 96
    4.4.1 重写require功能 / 97
    4.4.2 权限系统判断的实现 / 98
    4.4.3 外部文件引用的剥离 / 99

4.5 import实现原理 / 100
    4.5.1 import和require的关系 / 101
    4.5.2 import的转化实现 / 102
    4.5.3 执行import的实现 / 103

4.6 代码文件加载实现 / 104
    4.6.1 VM递归加载实现 / 104
    4.6.2 文件相互引用加载实现 / 105
    4.6.3 高级语法支持 / 107

第5章 Serverless架构的函数设计 / 109

5.1 Serverless架构采用函数的原因 / 110
    5.1.1 什么是函数 / 110
    5.1.2 降低编写门槛的设计 / 111
    5.1.3 接口职责的设计 / 112
    5.1.4 相对灵活的服务 / 113

5.2 Serverless架构函数功能概述 / 114
    5.2.1 主流Serverless架构的函数式设计问题 / 114
    5.2.2 数据返回和异常处理设计概述 / 116
    5.2.3 分布式路由设计概述 / 117
    5.2.4 代码黑盒设计 / 118

5.3 函数的实例化实现 / 119
    5.3.1 函数调用过程实现 / 119
    5.3.2 线程实例化服务类实现 / 120
    5.3.3 线程监听调用事件实现 / 121

5.4 函数参数注入实现 / 122
    5.4.1 线程的参数序列化 / 123
    5.4.2 线程中重新实例化参数对象 / 124
    5.4.3 参数原值通信 / 125

5.5 函数数据返回和异常设计实现 / 126
    5.5.1 数据返回的实现 / 127
    5.5.2 二进制数据和文件流的返回实现 / 128
    5.5.3 异常在线程中的实例化 / 129
    5.5.4 异常中间件捕捉实现 / 130

5.6 跨App函数调用设计与实现 / 131
    5.6.1 RPC函数调用链路概述 / 132
    5.6.2 RPC函数实现 / 133

5.7 分布式路由设计实现 / 134
    5.7.1 路由装饰器实现 / 135
    5.7.2 线程的路由通信 / 136
    5.7.3 动态路由挂载实现 / 137

第6章 Serverless 结构设计 / 139

6.1 Serverless 架构结构概述 / 140
  6.1.1 项目结构设计概述 / 140
  6.1.2 App 结构设计概述 / 141
  6.1.3 代码结构设计概述 / 142

6.2 项目结构设计 / 143
  6.2.1 配置文件的设计与实现 / 143
  6.2.2 项目的编译构建设计 / 144
  6.2.3 项目依赖结构设计 / 146

6.3 App 结构设计 / 147
  6.3.1 App 入口文件结构设计 / 147
  6.3.2 App 隔离结构设计 / 148
  6.3.3 App 运行与管理结构设计 / 149

6.4 代码结构设计 / 150
  6.4.1 框架引用设计 / 151
  6.4.2 依赖引用设计 / 152
  6.4.3 服务类和函数设计 / 153
  6.4.4 代码透出设计 / 154

6.5 编译结构设计 / 155
  6.5.1 编译目录结构设计 / 156
  6.5.2 编译配置解析 / 157
  6.5.3 增量编译实现 / 158

第7章 Serverless 架构的配置设计 / 160

7.1 配置模块分类概述 / 161
  7.1.1 框架配置 / 161
  7.1.2 App 配置 / 162
  7.1.3 部署配置 / 163
  7.1.4 流量配置 / 163

7.2 框架配置设计 / 165
  7.2.1 项目基本配置设计 / 165
  7.2.2 异步获取配置设计 / 167

7.3 App 配置设计 / 169
  7.3.1 最大线程配置设计 / 169
  7.3.2 系统权限管控配置设计 / 170
  7.3.3 超时配置设计 / 171
  7.3.4 VM 和资源配置设计 / 172

7.4 部署配置设计 / 173
  7.4.1 部署版本配置设计 / 174
  7.4.2 部署数据地址配置设计 / 175

7.5 请求流量配置设计 / 176
  7.5.1 域名配置实现 / 176
  7.5.2 分流配置实现 / 177
  7.5.3 路由配置实现 / 178

第8章 Serverless 架构的协议设计 / 180

8.1 Serverless 架构的协议组成 / 181
  8.1.1 代码协议 / 181
  8.1.2 请求协议 / 182
  8.1.3 应用隔离协议 / 183
  8.1.4 通信协议 / 184
  8.1.5 执行协议 / 185
  8.1.6 部署协议 / 186
  8.1.7 函数配置协议 / 187

8.2 代码协议设计 / 188

8.2.1 路由协议 / 188

8.2.2 装饰器协议 / 189

8.2.3 文件和路径协议 / 190

8.2.4 方法暴露协议 / 191

8.3 请求协议设计 / 192

8.3.1 请求方式协议 / 192

8.3.2 请求分发协议 / 193

8.4 应用隔离协议设计 / 194

8.4.1 隔离方式协议 / 194

8.4.2 影响协议 / 195

8.5 通信协议设计 / 196

8.5.1 调用协议 / 197

8.5.2 沟通协议 / 198

8.5.3 唤起协议 / 199

8.6 执行协议设计 / 200

8.6.1 执行入口协议 / 201

8.6.2 返回值协议 / 201

8.7 部署协议设计 / 203

8.7.1 构建协议 / 203

8.7.2 请求部署协议 / 204

8.7.3 版本升级协议 / 205

8.8 函数配置协议设计 / 206

8.8.1 App 配置协议 / 207

8.8.2 分流配置协议 / 207

8.8.3 部署配置协议 / 209

第 9 章 Serverless 架构的实践 / 210

9.1 部署方案 / 211

9.1.1 部署依赖 / 211

9.1.2 部署规模准备 / 212

9.2 容器部署实现 / 213

9.2.1 Dockerfile 准备 / 213

9.2.2 K8s 接入 / 215

9.2.3 弹性伸缩配置 / 215

9.3 Serverless 架构的限制实例 / 217

9.3.1 Serverless 架构构建 App / 217

9.3.2 开发者的权限控制实例 / 218

9.3.3 开发者代码引用规范实例 / 220

9.4 基于 Serverless 架构开发 / 221

9.4.1 接入数据库 / 221

9.4.2 增删改查的实例 / 222

9.4.3 前端页面的渲染实例 / 224

9.5 用户模块的实现 / 226

9.5.1 登录和注册功能实现 / 226

9.5.2 Token 的校验和 App 交互 / 228

9.6 聊天系统功能实现 / 229

9.6.1 实时聊天实现 / 229

9.6.2 消息通知实现 / 230

9.7 App 上线实践 / 231

9.7.1 应用发布实践 / 232

9.7.2 域名的绑定实践 / 232

9.7.3 分流和灰度发布实践 / 234

第 10 章 Serverless 架构最终形态的演变 / 236

10.1 Serverless 架构的困境 / 237

10.1.1 伴随着异常的服务 / 237

10.1.2 开发和调试的相对困难 / 238

10.1.3 异常无法自行处理 / 239

10.2　过渡的 Serverless 架构方式　/　240
　　10.2.1　高信任度的提供商　/　241
　　10.2.2　标准化的服务设计　/　242
10.3　真正的 Serverless 架构　/　243
　　10.3.1　服务的非中心化　/　243
　　10.3.2　服务的真正开源　/　245
　　10.3.3　标准的语言设计　/　246
10.4　当前互联网的瓶颈　/　247
　　10.4.1　算力、存储和网络性能的瓶颈　/　247
　　10.4.2　过渡的中心化　/　248

10.5　发展中的机遇　/　249
　　10.5.1　非中心化应用的爆发　/　250
　　10.5.2　瓶颈的移除　/　251
　　10.5.3　信任危机出现　/　252
10.6　形态的演变　/　253
　　10.6.1　代码即所有　/　254
　　10.6.2　去中心化的到来　/　255

附录　/　257

第 1 章

Serverless架构的概述

1.1 什么是 Serverless 架构

Serverless 架构是将管理和运维职责完全交由云端服务提供商，无需开发者亲自管理或运维服务器。使用 Serverless 架构，开发人员可以将注意力集中在代码的开发上，而不必担心服务器的运行或操作系统的细节。Serverless 架构通过对运行环境的抽象和屏蔽，使开发人员能够完全专注于编写代码。例如，AWS Lambda 是全球第一个商业化的 Serverless 架构服务。它允许开发者跳过传统的服务器部署和管理步骤，直接在 Lambda 上编写代码并进行部署。代码部署完成后，开发者无需担心服务资源的管理或登录服务器进行监控，只需关注代码本身的正确性。当有请求到来时，Lambda 会自动处理并执行代码，确保服务顺畅运行。这种方式简化了程序开发，减少了与服务器相关的管理任务。

目前，大多数主流的云服务器服务可以被视为半个 Serverless 架构。之所以称之为"半个 Serverless"，是因为虽然云服务器减轻了某些运维任务，但开发者仍需关注整个系统的管理，包括服务架构设计、服务器启动和运行、流量管理及安全防护等问题。而在完全的 Serverless 架构下，这些日常运维和管理的难题都由平台处理，开发者无需直接应对这些问题。以上对 Serverless 架构进行了基本定义，后续将继续对其进行详细解读。

1.1.1 后端服务的演化

Serverless 架构与后端服务的演化关系匪浅。类人猿进化到人类的演化经历了上万年的漫长过程，而第一台通用计算机问世至今不过百年，后端服务在短短几十年的时间里迅速经历了若干个重大阶段变革。

第一个阶段为单应用服务阶段，即开发人员将所有的功能放在一个服务器中运行，前端和后端甚至数据库都在后端以简单读写文件的方式完成数据的存储。在这个阶段基本不存在领域上的分工，开发者要懂得所有功能的开发，服务器的运维也需要这个开发者来负责。工作内容有点类似于目前的全栈工程师，这对开发者提出了较高的要求。

第二个阶段为多应用服务阶段，这个时候出现了应用的概念，应用根据业务划分要做到尽可能相互独立，每个业务开发者只要做好自己的那一块业务代码即可，如果某个应用出现问题也只需要重写对应的业务代码，这个阶段没有解决机器动态扩展的问题。

第三个阶段为分布式架构阶段，其主要引入了注册中心用于动态注册服务，使得服务无论在哪台机器上，都可以通过注册中心去发现对应服务，使服务更加动态化，一方面可以使用更优方式实现 RPC 调用，另一方面解决了机器动态扩展的问题。到这一阶段，技术进化已经相对成熟，但问题就是如果要维护注册中心亦要维护服务和服务之间的关系，有没有途径完全避免管理服务，答案有待寻找。

Serverless 架构阶段是第四个阶段，也是目前最新阶段，这个阶段开发者不需要关心服务器，服务已经交给云端或专门团队管理，普通开发者只需要写好代码功能，同步到云端或私有化的服务即可完成服务部署和运行，整个过程都屏蔽了服务管理，让开发者更加省时省力。不过，历史局限性依然存在，中心化的云端和中心化的管理平台有待建造支持。

立足现在看未来，且从个人观点出发预测，在算力和容量到达一定程度后，类区块链的后端服务运行方式一定会成为主流，这是一个大概率事件。其实以 Ethereum（去中心化且开源的区块链平台）为首实现的 EVM（能运行区块链代码编译的字节码的环境运行时）就已经是一个分布式无须管理机器和服务的巨大后端服务网络，只是迫于目前的算力和容量瓶颈，区块链还无法方便地服务每一个人。未来在算力和容量极度饱和后，很有可能会出现这样的一个网络来取代目前的服务提供商，包括电商服务、打车服务、邮件服务和在线游戏服务等。区块链网络本身是去中心化的，那么未来算力提供商将可能成为占据市场唯一收取服务费的玩家，如果成为现实，这将会是一个巨大的革命。

当然就现有环境来说，算力极大丰富远未实现，Serverless 架构活跃空间非常宽广，通过学习 Serverless 架构，开发者可以更好更高效进入当前可实现的范畴。那么 Serverless 架构又是怎么流行起来的呢？这主要得益于小颗粒度服务的流行。

▶▶ 1.1.2 小颗粒度服务的流行

2014 年微服务开始在后端服务架构中迅速兴起，由于当时大部分后端服务的设计都是完全由业务来进行驱动的，而技术当时也没有对业务进行拆分的思想，小颗粒度服务开始受到关注。举个例子，如果之前要做一个电商服务，电商的功能可能都会在一个后端服务中，没有人想过要把这个服务做一个拆分，所有人都立足于一个整体进行开发，就像电商 App 中购物车功能已经和整个 App 有了盘根错节的联系，购物车的各个小功能散落在整个 App 服务各处，一个小的需求就要做一个很大的修改，修改一个小问题可能影响整个服务，最后整个电商服务已经到了无法迭代的地步。

而且很多时候开发者提出重构只是一厢情愿，认为自己重写后就可以使服务能更好地管理。但实际上如果没有科学的方案，重写之后可能只是更符合现在团队部分开发者的代码风格而已。如果团队中这几位开发者发生了开发交接，那么后面的开发者依然会遇到发憷的情况，最终导致每个团队交接后都要进行一次重构，这意味着企业资源被极度耗费。

如果要以科学方案来处理，这既要体现在业务开发中，更要深入现在的架构。在此背景下微服务就是一根"救命稻草"。通过微服务的概念，可以将这个电商系统进行拆分，比如将服务拆分成订单模块、商品模块、用户模块、购物车模块、支付模块等，每个模块只能调用对方模块暴露的接口,同时自己模块的修改也不会影响其他模块,只要严格遵循服务隔离策略,那么模块和模块之间的影响就相对有限。如果采用这种方式进行重构,至少保证如果某个模块出现严重设计缺陷需要重构,只重构该模块即可,不涉及对其他模块进行重构。因此,在日常工作中,开发者面对重构,一方面需要有谨慎的态度,另一方面一定要对目前的架构进行一定的思考和把握。

最终,当很多人发现微服务这种方式能够更简单地解决服务维护性问题时,越来越多的开发者开始倾向于更小的服务,函数化服务应运而生。函数化服务本质上是将服务的颗粒度降低到最小单位。降低颗粒度的方式虽然能将函数化颗粒度服务隔离,但同时变相地增加了服务的管理和维护成本。

继续以电商系统为例,假设把电商系统全部拆成上千个接口,维护到后期可能会出现接口的作用界定模糊的情况,而且大量的接口拆分势必提高整个服务的管理和维护成本。在服务中设置管理平台,就是为了管理函数服务,降低服务的管理和维护成本。虽然无法完全避免通信成本,但可以通过对每个接口进行进程化隔离,以及利用 Node.js 的特性,如使用上下文的方式来进行隔离,来减小函数化服务的创建成本,最终实现成本的降低。这种隔离方式的成本不仅低于进程化隔离成本,甚至会比线程隔离的成本还要低。这是服务成本在技术上的一个优化演变,如图 1-1 所示。

● 图 1-1 服务成本的优化演变

技术的发展推动小颗粒度服务开始越发流行,行业内主流认为这种方式大多局限在创业公司。然而,现实是大型公司的成本管理同样严格,往往巨头内部很多团队也会以小分队的方式灵活运行,这就是大家熟知的扁平化管理。在这种管理模式下,巨头在微观管理方面本质上和创业公司并无差别。不过,因为对于大型公司来说数据安全是放在首位的,它们通常不会轻易使用其他平台的 Serverless 架构服务,所以大型公司的流行阻力主要是公司内部缺乏真正好用的 Serverless 架构平台。一旦有好用且开源的 Serverless 架构服务和开源私有化能力的出现,相信小颗粒度服务在大型公司一样会流行起来。

说到这里可能很多同学会感到兴奋,因为意识到现在正在学习的是可能改变现有技术架构的内容。其实当前对 Serverless 架构的概念依旧还是很模糊,后面会继续详细讲解 Serverless 架构的难点。

1.1.3 Serverless 架构的难点

Serverless 架构在当前很多人的理解中是类似一个函数化服务的管理平台，但更准确地说，函数化的服务管理平台其实只是其冰山一角，它由很多基础服务组成，最终目标是使得开发方和维护方进行分离。要实现目标，Serverless 架构的开发者重点要放在以下几点。

（1）可观测性

可观测性体现在日志、指标和告警监控的可视化，指标的可视化会比指标文字化更具有意义，例如，在日志中如果没有直接的报错问题一般比较难发现，当可视化的折线图、清晰的环比和同比出现时问题就一目了然了，这是为什么现在强调后端可视化的原因，也是为什么在排查问题上前端往往会比后端有优势的原因。前端在可视化上占了优势，如果后端也可以可视化，那么后端的门槛会继续下降。此外，可观测性有一个主要的作用就是预警，通过预警在客服进线前解决问题，但要达到这种预期，背后一定要有专门处理预警的团队。把需求放在第一位，对预警解决团队不够重视是很多管理者的误区，需求往往是重要但不紧急的，而预警往往却是紧急且重要的，这里又涉及业务稳定性和成本的博弈，暂不细说。

（2）分布性

分布性是很多人的技术难点，但本质上分布性是为稳定性服务的，它主要解决的是机器的备份问题，其次才是多机器的性能问题，同时在业务角度也是可用性远大于高性能。对于技术过于执着而忽视了对业务的重视程度是很多开发者的误区，他们往往做了很多业务不重要但"技术成就感"高的事情，忘记或者无视对业务理解更深才能"花小钱办大事"的道理。

（3）可应急性

可应急性被很多公司过度渲染，因为要做到是很有难度的，所以很多公司因为难以做到就花费大量时间去演练，最终变成了一场向上管理的表演。可应急性重点在于有人能在各个环节发现可能出现的问题，并及时给出解决方案。这也是稳定性最难的角度，因为要实现这一点必须要有至少两位以上的全链路人才，他们能在某个环节出现问题的时候，快速定位并且找到该环节对应的工作人员去解决，在第三方中间件出现问题的时候也能通过流量切换开关紧急降级到对应的临时服务当中。综上，可应急性需要在两个方向进行建设，一个是人的方向，另一个是第三方依赖的备份方向。

（4）操作性

操作性的重点可能是让使用者不需要文档就能使用，就好比勺子，一拿到手上就知道该如何使用，所以易用性主要解决 Serverless 架构的教学和沟通成本的问题。除了必不可少的常规操作文档外，重要的是在实现 Serverless 架构的时候考虑如何让使用者以最低的学习成本上手，保证通用性、可视性和无黑盒性。通用性主要是指符合行业通用使用习惯，可视性是指可以通过界面引导使用，无黑盒性则是减少代码中全局或局部的依赖的注入，实现更加纯粹的函数。

（5）低成本

低成本是使用者决定使用的因素之一，因为很多使用者就是希望通过 Serverless 架构的方式来降低高昂的运维成本，除了低成本表面上的含义，如服务迁移和服务管理成本的降低等，其深层含义也同样需要考虑。

对细节的追求是永无止境的，但时间毕竟是宝贵的。在从抽象的角度上详细阐述 Serverless 架构难点后，下节将对 Serverless 架构的作用进行探讨。

1.2 Serverless 架构的作用

Serverless 架构的作用是针对 Serverless 架构的使用者来说的。站在业务的角度，它可以快速地搭建服务和降低成本；对于技术而言，它能屏蔽运维需求、降低编码门槛并以相对的低成本搭建服务。总而言之，通过技术的手段，最终实现了快速搭建服务和降低服务成本的目的。

在传统互联网项目上，通常是通过使用外部框架或自己搭建的框架构建服务或应用，打通服务器并手动部署自己的服务。当出现问题后再登录机器通过日志的方式进行问题的排查和调试，当流量快速增加或服务出现压力和异常的时候，通过手动增加服务器来处理服务压力问题。但由于服务功能多样且服务资源有限，所以杂合在一起，导致服务的功能之间会不可避免地相互影响。这种背景下，开发者亟须一个更好的方式来更快速构建服务、更高效处理问题。

利用 Serverless 架构是一个明智的选择，它不需要开发者去构建及发布产品。在 Serverless 架构中，存在一整套体系去限定代码的运行方式和构建方法，需要排查问题时，也可以针对问题进行定向排查。服务的压力问题更是轻而易举，Serverless 架构会通过自动的弹性伸缩来动态分配服务器资源，最终实现快速搭建和管理服务的目的。

站在技术角度来看，具体是如何屏蔽运维需求、降低编码门槛和搭建低成本流水线来满足业务方需求的呢？下章详细讲解。

▶▶ 1.2.1 屏蔽运维需求

Serverless 架构重点关注之屏蔽运维需求，简单来说就是将运维的工作量进行转移，由 Serverless 平台负责人承接运维任务，开发者只需要负责好自身的开发任务，不需要对运维负责，最终实现开发者专注于开发任务本身的结果。对于普通开发者来说，开发任务一般占比为 60%～80%，其他琐事占比 5%，剩下的就是运维工作，很多时候运维工作甚至会占到 20% 以上。如管理域名和服务的关系、机器本身的稳定性、服务器的动态伸缩等，这些都是运维层面需要做的工作。很多常见的组件和技术也与运维有较强的关联，如 K8s 和 Docker 等，这些就是在运维层面来处理和维护的。市面上海量的运维工具足以证明运维任务具有较高的繁杂性，即使工作量占比相对较少，也足够让开发者头疼了。

大多数情况下，绝大多数开发者最幸福的工作状态是能专注开发，天天写 PPT、与各方周旋容易让人找不到工作的意义。因此，在 Serverless 架构中，这种和上下游的沟通问题大多得到了妥善处理，Server 平台的运维人员负责处理上下游的沟通问题，开发者就能最大程度专注在自己的代码上，从而极大提升开发者的生产效率。

可能上述信息会让很多人觉得 Serverless 架构的最终目标是彻底取代运维，未来可能确实能做到，但在现阶段，Serverless 架构的主要目标还是将专业的运维进行集中，通过共享运维的方式来服务好 Serverless 架构下的开发。这个概念有点像现在的共享单车，共享单车通过盘活闲置资本、资源，针对需求痛点实现利益最大化。公司通过平台来处理运维需求，不需要维持一个运维团队，简单的需求平台会直接提供界面来满足，开发只需要在界面上简单操作就可以完成工作；而复杂的运维需求可以通过提交运维工单来解决。可能很多人会觉得只有小公司因为找不到合适的运维人才才适用这个策略，其实，大型公司更加注重成本管理。在管理学中有一个概念叫"管理幅度"，一般有效管理幅度为 7 人，这意味着如果管理者管理的人员超过 7 人就容易产生管理上的疏漏，所以在大型公司中更倾向于扁平化管理。一旦公司使用扁平化的方式来管理，那么运维团队也会被多个扁平化团队共享和使用。所以真正的区别在于小型公司一般通过平台来屏蔽运维需求，而中型和大型公司则通过控制运维团队的规模来共享运维团队，这就是通过屏蔽运维需求的方式来提升开发的生产效率。

上面讲了这么多 Serverless 架构屏蔽运维需求的方法和优势，再来讲讲 Serverless 架构到底是如何屏蔽运维需求的。

一般而言 Serverless 架构同样需要运维团队，只是它的运维团队实现了共享化，让运维团队在底层提供服务，同时将运维功能线上界面化和自动化。当服务器发生异常时，平台会自动切换服务器将影响降低，再由运维团队排查原因直至解决问题，所以 Serverless 架构运维团队所要做的事情就是让开发者尽可能无感化，自动化运维处理必定是未来运维的发展方向。当前比较简单的运维，如流量突增动态扩容就是一种自动化运维手段。未来，借助大量的服务实例，通过大量的自动化运维手段，最终推动运维的全面自动化，实现运维效率极大提升。

当前，在 Serverless 架构时代主要的方式是集中式的共享化运维，随着时代的发展，更加新颖的运维方式一定会涌现。就好比目前区块链流行的方式，把运维交给矿工，矿工本质上是运行服务和维护服务稳定的团体，但是他们不再局限于某个平台，每个人都可以是矿工，每个人都可以是服务的运行者和维护者。这种运维方式将维护成本分散到了矿工个体，其本质则是将专业的事情交给专业的人去做，通过精细化分工提高效率并降低成本。这其实是一种演变，首先，在一个公司中，人可能有多种角色，进阶阶段就是将这个角色交给专业的人以此来提升效率和降低成本。再进一步则是将规模化的产业进行再分配，由节点去争取资源，最终将产业进行二次分配，这种演变如图 1-2 所示。现在的云平台属于进阶阶段，即将规模产业进行精细化分工运维，至于未来会不会发展为类似矿工的节点竞争方式，并成为未来运维的发展趋势，我们拭目以待。

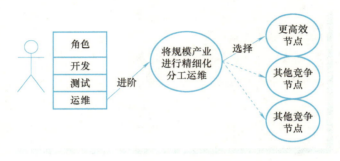

- 图 1-2　运维的演变

回到当下，降低运维成本、提升自动化运维的能力是每一个开发者的理想，但在这个理想中只有运维的变化当然是不完美的。或许，让每一个人都能享受编程，才是程序员的终极浪漫。下一节将展开探讨在 Serverless 架构中是如何降低编码门槛，帮助开发者们更快上手 Serverless 架构的。

1.2.2　降低编码门槛

Serverless 架构重点关注之降低编码门槛，主要体现在以下三点：一是降低服务框架构建难度、二是降低服务器维护难度、三是降低编码难度。Serverless 架构通过降低构建服务的难度来吸引用户使用，尤其方便那些后端开发经验不足的开发者，如前端和客户端开发者。

（1）降低服务框架的构建难度

首先构建服务框架一直是技术活，可能很多人会建议直接用现有的框架，但大部分人对后端是不了解的。例如，后端有 Spring 框架，很多前端或客户端开发对这个词虽说有所了解，但是对框架的原理一概不知，一旦对框架原理不够熟悉，就容易写出带有 Bug 的代码。再就是，很多公司对于框架是有定制需求的，那么要修改框架的功能来实现需求在大部分情况下是不现实的，因此只能自己构建框架。但是自己构建框架又面临人才有限的问题，而且框架开发者往往是资历相对较深的开发者，吸纳这种人才，对很多公司而言，无论在管理还是运营上都是有难度的，或者说成本过高。这个时候 Serverless 的优势就体现出来了，架构本身已经成型，可以暂时不用考虑框架的构建，而且都采用函数式的编程方式，也就是说开发写的所有的代码都是独立的函数，后续如果有能力和进行需求迁移，只需要把函数代码全部迁移到自己的服务框架中即可，有效降低成本。通过 Serverless 架构最终实现没有框架或架构经验的开发人员也能快速上手开发。

（2）降低服务器维护难度

服务维护难度包含多个方面，如服务环境的维护、服务异常的维护、服务容量的维护等。服务环境又包含服务系统、服务运行时、代码运行方式、代码和日志的存储位置等。针对这些，Serverless 架构有自己的一套代码发布和运行流程，底层的系统和运行时可以直接在平台页面进行选择和切换，找到适合自己服务的系统环境。代码存储和日志的使用同样不需要开发者担心，在控制台中可以看到自己服务的具体状况和日志信息，这些功能 Serverless 平台都可以实现。关于服务异常处理就更加广泛了，如服务器出现机械性故障，机械性故障包括服务的硬盘损坏、服务的 CPU 停止工作等，这些都是属于服务异常。在 Serverless 架构中，依赖容器管理平台，可以判断机器的情况并进行容器流量的切换，从而处理机器异常的情况。而服务容量问题则是依赖 Serverless 架构下的弹性伸缩来实现的，这同样依赖容器管理平台来实现和处理，具体来说，平台根据 CPU 和内存的使用情况及请求数进行容器的缩容和扩容，当发现 CPU、内存或请求数到达一定数量时就会进行扩容操作来提升该函数的性能。

（3）降低编码难度

降低编码难度分为两个方面。首先，对于没有后端开发经验的前端或客户端开发者而言，由于后端开发能力不足，难以完成较复杂的后端设计。通过函数的方式，可以使无后端开发经验的开发者快速上手。其次，也是最重要的一点，Serverless 架构下的服务设计相比传统服务设计更为合理。在开发过程中，每个开发者都有自己的行为偏好和设计思路，这导致代码风格混乱。而通过平台化管理，降低服务颗粒度，使每个开发者只需编写单一功能的接口，整体服务更易于管理，至少不会出现一个接口多种风格的情况。同时，借助平台化可视化管理接口，也比直接人工管控接口更为便捷。

对于某些人而言，屏蔽运维需求和降低编码门槛的吸引力可能还不够强大。继续阅读下一节，了解搭建低成本流水线的优势。

▶▶ 1.2.3 搭建低成本流水线

一个项目要合理落地，离不开项目流水线的实施。项目生产流水线包括项目生成、项目构建、项目发布和上线等环节。个人项目或创业型公司开发的项目，往往在功能完成后直接上线，而忽略了流程的重要性。尽管许多团队意识到流程的重要性，但由于构建整个流程的成本过高，因此不愿意投入。如果能够降低构建流程的成本，更多的团队可能会愿意采用这一架构。

那么，流水线的魅力是什么呢？为什么说流水线式的作业通过组合性、专一性和连续性的方式提升了整个服务，使之更加高效呢？

（1）组合性

组合性是指将各个开发环节进行有机组合。例如，在开发一段代码时，通常会按照以下步骤进行:首先在本地进行开发,其次进行服务构建,再部署到服务器中,最后观察服务运行情况,完成上线。上述过程中的每一步构成了从开发到发布的流水线。这种组合特性能够使开发流程更加灵活,从而提升开发效率。

(2)专一性

讲解了组合性后,专一性也变得容易理解。各专业的工作被组合后,每个人的工作变得非常专一。专一性有许多好处:首先是可以快速提升人的熟练度,从而提高效率。正如欧阳修的《卖油翁》寓言故事中的那句话:"无他,但手熟尔"。其次,专一性使人才成本降低。全链路人才稀缺,而专注某一领域的人才相对容易找到这增强了岗位的可替代性。同时,接手工作的人对整个链路的了解较少,从而减少了竞品出现的可能性。

(3)连续性

连续性则是组合性和专一性结合的产物,就像一个大齿轮和一个小齿轮组合在一起,使它们能够连续工作。在 IT 行业中,这可以理解为沟通成本。沟通成本往往是最大的成本,有时甚至超过了编码成本。实现连续性的重要方法是建立良好的沟通流程,通过这个固定的沟通流程来解决问题。就像在编码过程中,只要函数或接口的输入参数和输出参数被约定,并保持这种沟通习惯,团队成员之间就能像大齿轮和小齿轮一样顺利合作。互联网行业产品经理的角色,本质上也是为了保持需求方和开发人员之间的连续性。需求方描述产品需求,产品经理梳理出需求方和开发人员都能理解的文档,开发人员再按照这些文档进行开发,这样就保证了需求和开发之间的连续性。这也是为什么需要产品经理这一角色的原因。互联网流水线中的角色关系如图 1-3 所示。

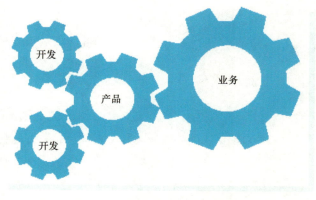

● 图 1-3 互联网流水线中的角色关系

讲了流水线的优势,那么 Serverless 架构是如何保证其流水线高效运行的呢?首先是在流程管控层面,Serverless 开发者在开发时会确定一套开发流程,并通过平台来管控这个流程,包括代码构建和上线审核等环节。在代码层面，通过函数保证了每个接口或功能的单一性。通过平台和代码层面，依赖关系得以清晰表达，从而实现函数之间的组合关系。同时，函数的输入和输出参数都遵循特定的约定，使得不同函数之间能够无缝衔接。这样，Serverless 架构通过平台和代码层面的双重管控，保证了其开发流程的流畅和高效。

所以，在使用 Serverless 架构时，实际上已经内置了相应的流水线，对于使用者来说，这种架构本身是没有额外成本的。Serverless 流程管控的开发成本是固定的，随着使用者数量的增加，平摊到每个使用者相应的开发成本就会减少。当使用者足够多时，这个平摊的开发成本则会无限接近于零。这也解释了为什么平台本身不畏惧开发成本，而更关注用户数量。正如大家常说的，开店的最大成本是获客成本。开发平台也像开店一样，只要确保有足够的客户，就不需要担心利润问题。

既然已经开始探讨 Serverless 架构的业务，那么接下来就讨论一下 Serverless 架构的应用场景。

1.3 Serverless 架构的应用场景

Serverless 架构在初创团队和对迭代效率有较高要求的团队中最为常见。然而，如何在这些团队中有效使用 Serverless 架构，是否存在最佳实践或使用说明书，以及有哪些注意事项等问题，仍然较少被深入讨论。许多团队在应用 Serverless 架构时经常走弯路，因为他们常常将 Serverless 架构视为万能的解决方案，急于采纳，仿佛找到了救星。尽管 Serverless 架构具有许多明显的优势，看起来非常通用，但在软件设计过程中并不存在绝对的"银弹"。最重要的还是要根据具体情况选择合适的解决方案。只有在适合的场景中应用 Serverless 架构，才能充分发挥其优势，实现最佳效果。

Serverless 架构的通用性是毋庸置疑的，它适用于大多数 Web 场景，但其特性并不适用于所有场景，如高弹性伸缩、用后即焚、低颗粒度等特性。在许多场景下是优点，但在某些情况下却可能成为缺点。例如，对于复杂且耗时的计算接口，如果每次处理时间在 2~3s 还可以接受，但如果整个计算时间超过 10s，则可能会触发超时，导致功能异常。再例如，Serverless 架构中的用后即焚机制使得依赖内存复用的功能受到限制，二次请求时无法复用内存中的数据。此外，将大量代码堆砌在一个函数中形成过于复杂的接口，会导致该接口后续难以维护。上述例子中，有些问题可以在 Serverless 最佳实践中得到处理，有些则是极端场景或设计错误。

无论面对什么架构，使用者几乎都能发现一些独特的用法，甚至超出架构开发者预期。Serverless 架构作为一种工具，当想要将其潜力发挥到极致时，最好的办法就是对它有深入的理解。接下来，还会探讨 Serverless 架构在不同场景中的实际应用和案例。通过分析几个大家相对熟悉的场景，带领大家更好地理解 Serverless 架构的优势与面临的挑战。

▶▶ 1.3.1 初创企业

很多人都知道，对于 Serverless 架构，初创公司的采用率最高。主要原因是初创公司通常基础设施不完善，也不愿意投入大量成本进行基础设施建设，因此它们需要依赖于大型平台提供的基础能力。同时，初创公司的人才结构往往较为单一，例如，物联网行业的创业公司，其主要人才大多集中在物联网领域。这样的单一人才结构使得许多方面的挑战变得更加突出。对于许多创业公司来说，后端服务的搭建是一大难题。招聘专业的后端开发人员需要一定成本，因此，寻找一种低成本、快速上手且能够快速搭建后端服务的解决方案显得尤为重要。Serverless 架构正好符合这些需求，因为它可以较低的成本快速构建后端服务，解决初创公司在基础设施建设方面的困难。

在创业团队中，可以使用 Serverless 来快速搭建一个服务，并通过 Serverless 来快速实现接口，从而有效节约成本。继续以物联网创业公司为例，Serverless 架构到底节约了什么成本？直观来看，首先是节省了人力。在传统服务体系下，物联网团队需要招聘后端服务设计者，通常这类人员相对资深，开发成本较高。而使用 Serverless 可以简化业务服务的实现，使许多其他领域的开发人员也可以较快上手。对于简单场景中的数据库操作，Serverless 提供商通常会提供自家的 API 接口（如 MongoDB 的 API），使得数据库操作变得更加便捷，减少了对专业后端开发人员的需求，甚至无需招聘专门的后端开发人员。其次是服务的使用费用。第一，基于服务的共享特性，Serverless 集群的机器数通常是固定支出。这种共享性类似于一个电站要给城市供电。具体来说，一个电站每天生产万千瓦时的电量，而一个城市平均每天消耗 0.8 万千瓦时左右，尽管城市中每个人的用电时间不同，但是对于整个城市来说用电总量是几乎不变的，也就是持续在 0.8 万千瓦时左右。通过这种共享性，Serverless 本身并不在意单个服务的使用量是多一点还是少一点，因为整体使用量是保持稳定的。这里的平均消耗就是给予 Serverless 服务商的收益，无论单个个体此时是否使用它的服务，Serverless 整体不会产生额外的服务器资源成本。第二，Serverless 架构本身是基于"使用即消耗"的模式。服务器资源只有在服务被调用时才会初始化并生成服务。这意味着在没有使用服务时，Serverless 提供商不会产生服务器资源的成本，从而进一步降低了费用；第三，传统服务通常需要根据流量购买资源，流量不理想时可能会导致资源浪费。Serverless 则通过按次计费的方式结算费用，无论是当前流量规模小的阶段，还是日后流量暴增的阶段，都能适应。Serverless 的计费单位通常是按百万次调用来计算的，这意味着即便是高频调用，费用也相对低廉。例如，1000 万次调用可能相当于仅需支付一台高配服务器的费用，而要支撑 1000 万次调用，所需的服务器配置通常远超一台高配服务器的水平。流量低时，Serverless 的费用甚至可能低至一杯奶茶的价格。总结来说，Serverless 架构通过减少人力成本、降低服务费用、利用共享特性和基于使用计费的模式,帮助创业团队更高效、经济地构建和管理服务。

对于初创团队而言,Serverless 平台可以带来显著的优势。例如,使用 Serverless 架构可以省去一名后端架构师和至少一名业务开发人员,同时避免固定的服务费用,并且利用成本更低的服务来支撑业务发展。在开发 Web 项目时,Serverless 架构是一种非常合适的工具。当然,Serverless 架构存在的一些缺点在应用过程中同样要正视。例如,它对特定服务商提供的平台有较强的依赖。这种依赖对于初创公司来说是一把双刃剑。一方面,初创公司由于基建资源有限,通常难以独立维护复杂的基础设施,因此往往需要依赖第三方平台提供必要的服务。另一方面,依赖服务商平台也意味着初创公司可能会受到服务商的限制和约束,如服务的稳定性、成本波动等。所以,在选择 Serverless 架构时,初创团队需要权衡其优势与劣势,并根据实际需求做出适当的决策。

1.3.2 敏捷开发团队

敏捷开发是以人为核心建立的一套可按周期性迭代的流程,但近年来,敏捷开发团队在中国的应用趋势有明显变化。部分公司将"快速迭代"作为核心,将开发周期压缩到最小,没有把人作为核心。站在资本角度,这或许无可厚非,毕竟软件开发本身是"手艺活",其质量取决于开发者的本心。然而,事实证明,通过流程无法管控的欲望,最终会严重挤压开发者的成长空间。表面上,也许产出很高,但最终会发现,这种行为几乎"扼死"了开发的未来,使开发者没有所谓的归宿感,焦虑不安,进而扼杀创新源泉。现实中,有些开发者已经知道实现路径不对,但为了独善其身,并不会提出修改意见,即使他们知道一个微小的意见也许能为公司节约巨额资金,也依然会埋头在错误的道路上前进。

回到正题,Serverless 架构与敏捷开发团队之间到底存在何种关系?简而言之,Serverless 架构基于平台为敏捷开发团队提供了更大的空间。首先,敏捷开发的最大障碍通常是无法维护的代码,这使得敏捷开发难以为继。通过 Serverless 架构,大量代码被切割成小颗粒度的形式,降低了代码维护的难度。探讨无法维护的代码形成的原因,将为进一步解决问题提供方向。无法维护的代码往往源于开发初期设计中的错误。尽管在初期这些错误可能不会对开发产生影响,但随着开发进程的推进,这些错误设计的问题被逐渐放大。长时间沿着错误的设计进行实现,最终使整个设计变得无法挽回,导致各个环节都依赖于错误设计。一般来说此问题有两个解决途径:一个是如果敏捷开发保持其本质,就会有人及时纠正设计中的问题,将其扼杀在萌芽阶段;另一个则是借助 Serverless 架构解决设计扩散问题。因为错误设计的出现和扩大会像穿透瑞士奶酪模型一样,导致整个架构出现问题。因此,Serverless 架构在防止设计扩散方面发挥了重要作用。尽管许多人认为错误代码设计与架构无关,但事实并非如此。

Serverless 架构在两方面能够减少错误的代码设计扩散的可能性。第一,通过提升复用成本,将更多的变量复用锁定在局部，而局部之外则是以提供功能为主。第二，通过更小的颗粒度，让错误代码设计锁定在函数中，而不向外扩散。对于很多人来说，提升复用成本好像并不是一件好事，但是很多时候，为了方便才是扩大错误设计的推手。假设有一个全局变量 A，初始为字符串。在开发过程中，为了方便，程序员可能会在多个地方直接使用 A。然而，当业务需求变化，A 需要转变为字符串数组时，如果 A 已经在不同地方被使用了上千次，那么修改 A 将会非常困难。但在 Serverless 中，变量 A 不会轻易被复用，它一定位于某个函数接口中，并作为业务标准提供单一的业务数据。因此，处理 A 的操作大概率会在函数内部完成，从而避免 A 被其他函数随意复用，降低了变量 A 带来副作用的可能性。通过输入输出标准，实现引用透明。如果某个功能实现存在问题，可以针对该功能进行低成本的重写，从而减少代码设计错误扩散的可能性。更多地引用函数而非引用变量如图 1-4 所示。

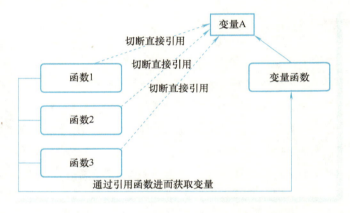

- 图 1-4　更多地引用函数而非引用变量

因此，对于敏捷开发团队而言，Serverless 架构非常适合，因为它以更优的方式支持敏捷开发的可持续性。

▶▶ 1.3.3　无需架构管理

无需架构管理实际上是 Serverless 的一个优点。看到这一点，可能大多数人会疑惑，架构真的需要管理吗？实际上，一个服务从建立到使用再到平稳运行，都涉及架构管理。很多人没有明显的感受，主要有三个原因：首先，架构设计相对合理，使用者很少因为架构问题而无法使用；其次，大部分架构相对稳定，使用者感知不深；最后，固定的思维方式使得很多人在使用过程中逐渐习惯，认为这就是最合理的方式。

在搭建服务时，首先需要开发人员编写架构，确定代码框架、运行方式及迭代方式，然后在运行过程中进行优化和升级。这一过程实际上涉及架构管理，虽然表面上看似一步到位，但架构管理实际上是有成本的。编写框架的成本，文前已有提及，这通常需要相对资深的岗位才能更好地处理。如果处理不当，就会引发一系列问题。当运行方式出现问题时，会发生服务启动缓慢、代码修改后的热更新迟缓、代码运行不稳定等问题。如果不及时处理，随着代码迭代的增多，这些问题将严重影响开发者的开发效率。此外，不合理的架构设计也是一大问题。复杂的设计导致依赖项过多，新人接手项目时，仅搭建环境可能就需要很长时间。同时，代码调试困难，采用非常规调试思路，尤其会使新人陷入被动。这些问题都是在构建架构时出现，并因缺乏架构管理而逐渐恶化的。

从项目合理运行的角度来看，架构管理至关重要。然而，由于其成本较高，需要专门人员进行跟进处理，许多管理者选择视而不见。实际上，架构管理问题影响非常恶劣，甚至超出管理者的想象。大多数人认为架构问题仅影响开发进度，将进度问题推给开发者解决。然而，项目运行不合理会严重打击士气。即使项目前景光明，糟糕的代码会使开发者觉得项目没有前途，从而削弱开发动力，导致项目推进困难。随着时间推移，项目推进难度不断加剧，直至项目无法持续推进，这是管理者最大的噩梦了。如果此时再提出架构优化，往往已经为时过晚。

如果直接使用 Serverless 架构，这个问题便不复存在。因为在依赖于平台设计的一套流程中，已经包含了架构管理。因此，在开发过程中，即使架构设计存在缺陷，也会有专人进行处理，并持续迭代和升级。这种高成本的问题会在多个使用方之间分摊，从而整体降低了成本。Serverless 是一款成功的产品，也是能够解决当前的痛点的有效手段。对于大多数商业产品来说，被时代抛弃的结局无可避免，只是谁都不知道击败它的对手是谁，来自哪个方向。正如汽车出现之前，人们只能想到需要更优良的马种，仿佛更快的速度只会在良驹的蹄下诞生。

当然，Serverless 架构并不完美，目前很多主流 Serverless 架构产品仍存在不少设计缺陷。

1.4 主流 Serverless 架构设计的问题

明确目前现有 Serverless 架构设计的一些问题，可以有效帮助开发者在设计架构时规避陷阱。

例如，非通用使用设计一节讲到常见的 Serverless 为了让功能更加丰富做了很多冗余的功能集成，在回调与返回设置一节讲到在现代代码规范中不合理的返回方式，在中心化路由和分布式路由设计一节讲到编写代码过程中一些容易导致中心化冲突的问题，在黑盒和显式引用设计一节突出过度集成的缺点等。同时，早期的 Serverless 架构设计受时代环境影响，例如，在 JavaScript 早期，大量的开发者使用回调的方式来实现异步。总结研究这些案例，在思考和总结后提出新的技术方案，无论是过去还是现在，甚至是未来，开发者们始终站在前人的肩膀上努力构建一个更好的架构，尝试更多且更好的解决方案。

以上总结了现有的主流 Serverless 架构下的几类设计问题，通过观察架构问题来拓宽自己架构的视野,从历史的角度上看为什么需要这样设计,并思考现在能做到的更好的设计又是怎样的,以此来提升自己。软件的发展是非常迅速的,今天大家都在惊叹的新思想在几年后很可能已经被遗忘在角落,所以,开发者除了对技术应该有所了解外,更需要对这个技术为什么要这样实现进行思考,直至触类旁通,看清软件本质,才是王道。

▶▶ 1.4.1 非通用使用设计

有些项目开发人员不用看使用说明,只需要看项目代码就能知道如何启动、如何运行、如何调试,但有些项目开发者即使看了使用说明,熟悉到能背诵使用说明全文,都还是找不到正确的使用方式,非通用使用主要针对的就是这样的情况,即架构的设计者使用了非通用的使用设计。

在许多设计中,对于特别复杂的功能或没有最佳实践的案例,架构设计者往往根据自己的想象或使用一些技巧来实现相应的功能。然而,这种方式对使用者来说可能非常痛苦。

例如,许多架构开发人员对外宣传脚手架集成了各种前端打包工具,如 Angular、React、Vue 等,看似是一个巨大的工程。也就是说,至少要开发三套系统,同时还要随着打包工具的更新进行维护。但这真的是开发者所需要的吗?结论是,作为基础架构组件,不应该过度集成,而应提供基础能力,如 HTML、JS、CSS 的文件渲染能力和 history 路由模式的路径指向能力。所有前端架构生成的都是浏览器可识别和运行的文件,因此能力也应是相对基础的,而不是过度集成打包能力。为什么这么说?首先,对于一个开发者来说,过多的集成能力反而会限制开发者的选择,难道开发者必须使用主流框架吗?其次,如果框架进行大版本升级,脚手架升级到最新框架会有一定的延迟性。再次,当开发者想使用一些插件配置时,会遇到困难,因为脚手架工具进行了大量集成,集成度越高,定制性必然越弱。这些问题对使用者非常不友好。不仅架构的使用者会感到困惑,开发者也会非常苦恼。首先,维护这套框架是一个巨大的工程量。其次,脚手架通常在本地运行,而本地环境因机器而异。一旦出现问题,尤其是特例,需要大量调试。因此,架构设计一定要朝向通用性设计。以前端问题为例,特别是在当前前后端分离的时代,应只提供基础能力,即前端的渲染能力。至于前端使用何种架构,完全可以由开发者自行决定,哪怕是自定义架构。

一个例子可能还不足以完全体现非通用架构的弊端,因此,再举一个第三方依赖过多的例子。按照现实习惯,每个项目应该是相对独立的,即使有第三方依赖也是正常的,但在启动和调试时,不应启动或组合多个第三方依赖。许多架构设计者常犯的错误是将一个项目拆解成多个依赖项目,仅在使用说明中提及依赖关系,甚至没有使用说明。最终,只有找到前任开发者,才能知道项目需要依赖哪些其他项目才能启动。对于有依赖关系的项目,应使用项目管理工具进行管理,或者使用 git 子仓库管理。另外,项目依赖需要手动启动,每次启动都需要开启不同的终端来分别启动不同的依赖服务。表面上这只是多运行几个命令的问题,但对于开发者来说非常烦琐。使用者并不是机器人，不可能每次都能记住并持续运行这么多命令。更好的方式是，在这种情况下提供一键启动命令。因为对于我们来说，处理单一任务是最简单的。

架构设计往往都基于底层设计，提供更多底层和单一的功能，让上层使用者来进行组合，才是以人为本的设计。现在，这种非通用使用的设计非常普遍，未来在进行新的框架设计时，需要着重注意这方面的问题，尽可能采用一些通用的技术方案。

1.4.2 回调与返回设计

回调和返回设计实际上主要涉及函数输出参数的设计。简而言之，它涉及函数数据返回时如何通知服务以及最终数据返回的方式。常见的情况是，Serverless 的回调和数据返回使用 callback 函数并赋值给 ctx.body。如果说早期架构使用这种方式进行设计，无可厚非，因为当时的架构设计受时代、版本和思维的限制。然而，如果现在仍然使用这种方式，就会存在许多问题。例如，callback 可能会出现二次调用的问题。在过去，由于逻辑复杂，团队中有许多人在使用 callback 或 ctx.body 时，常常不慎调用两次，导致后一次 callback 调用或第一次 ctx.body 赋值未生效，这使得开发人员需要花费大量时间进行排查。此外，异常捕获也是一个不容忽视的问题。尤其是在查询数据时，许多人仍然沿用这种传统的方式进行开发，异常捕获会变得更加复杂。许多服务在异常抛出时，可能存在未捕获的错误，导致无法调用 callback，进而导致超时。最终，开发者会面对一个难以理解的报错信息，问题排查也会因此变得相对复杂（因为缺乏线索）。因此，建议使用函数直接返回结果，通过 throw 语句抛出异常，并使用 async 函数进行包装。函数回调与返回设计如图 1-5 所示。

● 图 1-5 函数回调与返回设计

从图 1-5 可以明显看出，使用第二种方式更加简洁，即通过 return 的方式获取最终赋值并返回给服务。这种方式不仅简化了整个服务设计流程，同时对使用者也更加友好。如果函数中抛出了异常，服务可以更加智能地进行捕获，并通过异步关联性可以相对轻松地将错误与对应的异步方法关联起来。

在构建 Serverless 架构时，应尽量采用当前最合适、最基础的实现方式。这里的"最合适、最基础"并非指最新的方法，而是指能够让整体设计看起来更加通用和先进，以适配当前的通用开发模式。例如，上述的异步函数不仅在返回值上优于之前的方法，更使整体设计更为通用，从而提升了开发生产力。以 JavaScript 为例，从最早的 callback 方式，到后来的 Promise 方式，再到中间的过渡版本 co，直至目前的 async/await，每一步都是一次重大升级。在 callback 时代，每次异步调用都需要增加一个 callback，callback 的层级和链路错综复杂，使得处理大量 callback 需求变得复杂。Promise 化后，虽然可以将 callback 串行化，通过 then 函数将回调传递到下一个 then，但复杂的回调依旧难处理。co 阶段通过生成器和迭代器自动执行异步方法，但错误捕获依旧不连贯，导致错误定位不准确。而在 async/await 阶段，语言自带异步功能，通过异步钩子的串联性将异常串联起来，不再需要安装依赖或处理异常问题。

在这种前提下，async/await 已成为一种相对基础的功能。采用这种方式，不仅对函数进行了升级，还能更好地满足更多开发需求。因此，async/await 成为架构设计中的一个合理选择。

▶▶ 1.4.3 中心化路由和分布式路由设计

首先，解释一下什么是路由。路由实际上是一种根据规则跳转到指定目标的方法。在许多 Serverless 架构中，路由的概念常被忽略。当前主流的 Serverless 架构通常通过配置来指定路由，但这种方式过于依赖平台和服务。当开发者需要更多本地开发时，调试过程在没有路由的情况下往往不太方便。因此，笔者仍然认为，在分配给开发者一个区域后，开发者可以更加舒适地使用这片区域。当然，在这种基础架构设计中使用路由不一定完全正确，因为路由本身并不是一个基础功能。然而，如果希望在架构中集成路由，可以考虑中心化路由和分布式路由的设计。

路由在前端和后端都有一段很长的使用时间，大部分场景中，路由被放在一个或多个文件中进行集中管理。然而，这种管理方式是否合理呢？在单 App 时代，因为功能不复杂，开发人员有限，路由文件不会频繁改动，不会造成大的冲突，这种方式相对合理。当项目规模扩大，可以拆分成多个 App，此时的路由开始结合不同方式处理。通常，通过 App 名字确定一级路由，再通过路由表管理 App 中的路由。在较大的项目中，只要不修改同一个 App，就不会产生路由代码冲突。然而，当多人同时修改一个 App 时，修改路由表就容易造成冲突。那么，是否有更好的方式设计路由呢？答案是肯定的。可以通过装饰器绑定函数实现路由。本节主要解释功能并探讨其优点，具体实现将在后面的小节中说明。这种方式有以下几个好处。

（1）降低了爆发路由冲突的可能性

在多人协作的情况下，许多人会编辑同一个路由文件，而路由代码文件的修改又非常相似，这很容易导致代码冲突。如果使用分布式路由，将路由表的配置分散在各个代码文件中，冲突的概率会大幅降低。

（2）简化了路由配置

通常，路由配置中需要声明路径和对应的方法，并且还需要配置一定的规则以实现代码跳转。如果将路由作为注解写在方法上，则可以简化代码配置。首先，如果代码不再需要跳转，则可以根据 App 名找到对应 App，并直接定位到方法上的路由配置，而无需通过路由表查看路由，再通过路由配置的方法跳转到执行的代码中。这样，不再需要中间层的跳转，代码的配置更方便。其次，减少了路由的配置，通过在方法上添加装饰器，不再需要单独指定方法来编写路由，而是将路由与方法关联，使整体设计更加统一。最后，路由表不再需要统一管理，而是将路由工作分散到各个 App 中进行管理，从而减少统一管理的成本，防止 App 间的路由冲突。

（3）符合整体设计

在 Serverless 架构中，每个租户的 App 不一定在同一台机器上，如果要使用一个路由表，这个路由表可能会非常庞大。一旦租户增多，整个路由表的同步可能会成为性能瓶颈。因此，可以通过分布式路由的方式，将每个租户的路由分散到各自的 App 中，交由每个租户进行管理。这不仅有利于开发工作的进行，对整个服务设计来说也是一个较优的解决方案。

尽管路由的优化看似只是细节上的改进，但实际上对整体开发体验有着显著提升。匠人精神往往从细节入手，通过不断优化，最终达到令人满意的水平。希望看到此处的读者在开发中也能拥有这种匠人精神，不断追求细节上的完美和卓越。

▶▶ 1.4.4 黑盒和显式引用设计

黑盒设计总是令开发者不满，因为开发者讨厌那些自己无法控制和改变的东西。在代码的世界中，开发者往往无所不能，给计算机发送指令，计算机总是能准确无误地执行，这也是开发工作让人上瘾的原因——掌控的感觉。然而，黑盒设计则不同。有些黑盒能根据输入给出相应的输出，但还有一种情况：虽然知道黑盒能输出什么，也希望得到那个输出，却不知道应该输入什么才能得到想要的结果。这种情况在软件设计中非常常见。

例如，架构中注入的全局变量，其重要性不言而喻。在高级语言设计中，注入了大量全局变量以提供基础工具。因此，许多人在设计自己的框架时，也会借鉴这种方式，为架构注入许多工具类的全局变量。然而，忽略了一个问题：在高级语言中，注入的全局变量是开发者的常识，就像在现实世界中知道如何生活一样，即使不了解全局变量的某个属性，开发者也可以在网络上找到大量使用方法，因为这是通用常识。然而，在自定义架构中注入自己的工具类全局变量时，如果不是架构的编写者，尤其是对于刚接手的人员来说，会非常迷惑。他们通常不知道这些工具的用途，因为这违反了开发人员的常识。某个语言的开发者熟悉的是该语言的常识，但如果架构者将自定义工具注入全局，接手的开发者首先会疑惑这些工具从何而来，其次会疑惑这些工具的功能。他们只能通过查看其他人的代码慢慢熟悉这些工具的用途，但要了解其来源和原理，还需翻阅大量代码设计，成本异常高昂。尽管大部分架构人员对自己的工具有信心，但也存在一个问题：如果工具出现问题或不再适用于当前场景，则需要修改。而这种修改如果由新的开发人员进行，可能会对全局产生意想不到的影响。

当然，黑盒不仅限于全局变量。在设计 Serverless 架构时，函数的入参设计中，许多架构设计者将一些功能集成到参数中，造成了黑盒效应。类似于上述情况，许多开发者不知道如何使用，即使知道如何使用，也常常是通过阅读大量代码或文档总结出来的。而这些工具可能有 80% 的功能未被使用，这对开发效率和机器执行效率都有一定影响。那么，对于这种情况，如何对这些工具进行设计呢？或许将黑盒转换为显式引用会更好。

显式引用是指当开发者需要这个代码的时候，可以通过路径、包名来指定需要的东西。好处主要有以下几点：

1）通过路径可以定位到包的位置，包不再是黑盒，可以更好地观察其文档甚至代码。通过常规的包引用方式，更容易定位包的代码文件，而全局变量或参数注入则无法找到对应包的位置，可能只能通过文档了解其功能。然而，许多情况下文档并不清晰，只能通过前人的代码和口口相传的方式了解。

2）只引用需要的变量，可以规避许多不必要的代码。如果通过全局变量或参数注入，即使不使用这些变量，它们也会占据内存，增加服务的负担。虽然很多情况下这不会造成太大问题，但在架构设计中，精益求精应是追求的目标。架构设计通常会被大量服务使用，即使只有 1% 的节约，对于整体来说可能也是不小的数字，这也取决于基数的大小。

3）显式引用是开发者发起的，因此开发者知道变量从何处开始使用，而无需考虑变量从哪里注入。这意味着开发者不再猜测变量是否会对其他部分产生影响，可以更好地将风险控制在局部。同时，由于变量是开发者自己引用的，他们会更了解变量的使用方式。

▶▶ 1.4.5 生态和过于依赖厂商

许多闭源软件在维护时需要厂商的支持，但在 Serverless 的角度，依赖厂商的原因有所不同。普通闭源软件因为其他人无法开发，源码掌握在厂商手中，需要厂商维护以解决依赖问题。然而，即使 Serverless 开源也无法解决依赖厂商的问题。一个常见误区是，很多人认为软件开源后就可以摆脱对发行方的依赖。虽然在许多场景下可以通过二次开发达到想要的效果，但在 Serverless 中，即使开源也无法解决对厂商的依赖。原因如下：

1）所有开发都需要基于 Serverless 进行。开发者需要基于 Serverless 的设计进行实现，而每个厂商的设计不同。例如，在 A 厂商的 Serverless 平台上进行开发，可能使用回调返回数据。但切换到 B 厂商时，发现 B 厂商不是通过回调返回数据，而是直接返回数据，这时迁移代码的成本会增加。因此，开发者在某个平台使用时间越久，对该平台的依赖就越强。这类似于当前的小程序开发，每个公司都有自己的小程序语法，虽然理论上可以转换代码，但并不能达到绝对原生的效果。

2）Serverless 本身依赖于弹性能力。在开源 Serverless 时，发行公司只能开源针对 Serverless

本身的软件实现，而不能将整个公司的基建公开。即使公开基建，也存在问题：基建过于庞大，开源使用者可能没有足够的成本采购足够数量的机器。其次，基建往往非常复杂，按流程完整实现可能在短期内难以完成，毕竟公司的基建是通过数年积累和升级才形成的。

因此，由于大多数 Serverless 没有进行开源和标准化制定，目前 Serverless 生态极度匮乏。Serverless 厂商的强绑定策略导致 Serverless 社区难以建立，形成一个恶性循环：Serverless 的分化导致社区难以建立，开发人员贡献积极性低，进一步阻碍了社区的发展。

缺乏生态的后果是什么呢？许多开发者可能认为可以自己编写代码解决问题，但实际上，大部分程序员倾向于通过搜索引擎解决问题，而不是从头编写代码。如果需要实现的功能复杂且无法通过搜索引擎解决，许多程序员会认为无法实现。例如，假设有一个仅支持 Socket 通信的电路板，但服务端接口是 HTTP 的，简单的方法是通过搜索引擎找到对应的 HTTP 包进行通信。但如果没有这样的包，许多程序员会选择放弃。当然，少数程序员可能知道 HTTP 基于 Socket 实现，并对 HTTP 协议有深入了解，能够在 Socket 上实现 HTTP 协议，但这样的程序员毕竟是少数。因此，生态的缺失严重影响程序员的功能实现和开发效率。

如何解决这个问题呢？这涉及 Serverless 架构的目标和未来规划。让我们进入下一个小节，进一步了解相关内容。

1.5 Serverless 架构的目标

既然已经了解到目前 Serverless 的一些问题，就可以从这些问题入手进行改进。可以通过用户需求对 Serverless 进行目标规划，并展望未来的 Serverless 架构形态。这对 Serverless 架构的未来发展提出了目标，有了目标，更容易明确努力方向。就像一家公司需要愿景，因为愿景是短期内无法实现的，只能通过长期努力才能实现。

本节首先将说明 Serverless 架构基于目标的一系列改进策略和实施方案。基于这些策略和方案，探讨这些目标对当前 Serverless 架构的影响。同时，了解 Serverless 架构目标，有助于读者更好地理解 Serverless 的后续规划和发展趋势。其次，通过开源与生态说明 Serverless 开源的意义，以及如何建立 Serverless 生态；通过完善的标准整合目标群体，增强生态活力；在了解用户需求后实现私有化部署。最后通过去中心化的思想来探讨 Serverless 的趋势及其阻碍。

尽管目前 Serverless 架构还有不足，但仍无法阻挡其后续发展。就像人生一样，不圆满是常态，但如果一直圆满，那么圆满也不再是人们追求的目标。本节希望通过明确的目标和抽象的表述，能加快读者对 Serverless 的轮廓有清晰认识。

▶▶ 1.5.1 开源与生态

许多人认为开源与生态是相辅相成的，但实际并非如此。通常，开源不一定能带来生态，但生态往往会拥抱开源。在 GitHub 上有许多开源项目，甚至每天都有新的开源项目发布。即使许多项目因初始名声或背书而受到广泛关注，但若未能建立生态，最终还是会归于沉寂。

因此，开源本质上是一种手段，其目的是建立一个生态。生态这一概念最早出现在生物学中。在 20 世纪 90 年代，科学家曾试图建立一个生态系统，模拟地球的环境，包括热带雨林区、海洋沼泽区、沙漠区和居住区等，试图通过密封环境来确认人类是否可以复制地球的生态系统。然而，即便如此，还是无法完全模拟地球的生态环境，连最基本的空气供应在密闭环境中都无法保障。因此，建立一个生态本身就是一个复杂的课题。在软件行业，建立生态同样不易。例如，某短视频 App，初期因无人上传视频，需要自行供给视频内容，没有大量视频元素，要实现定向推送并让用户产生依赖非常困难。后来虽然有人开始上传视频，但因无法获取收益，上传视频的价值感减弱。因此，需要建立一套针对视频创作者的产业链，通过整个链条将生产者（创作者）、消费者（用户）和分解者（平台）串联起来。分解者将消费者喜好进行归类，将生产者生产的内容推送到消费者面前，消费者产生收益，包括广告收益和直接收益等，以滋养整个生产过程。

在生态中，生产者、消费者、分解者都是必要的角色。对于开源项目来说，很大程度上无法给予生产者直接收益，那么如何激发生态的形成呢？实际上，上述逻辑同样成立。

首先，作为技术开发者，需要提供开源项目的扩展能力，给予他人贡献生态的可能性。在平台层面提供扩展能力的支持，同时可以开发几个官方插件。官方插件有若干好处：一是提供基础的生态支持，让使用者可以利用基本功能优化项目体验；二是为插件开发者创建模板和案例，提供参考样本。接下来，构建贡献流程，让贡献者了解应按照什么流程进行贡献，并提供交流平台和机会，让所有人在交流中成长。此外，需要扩大贡献者队伍。贡献者大多是使用者，因此扩大贡献者规模就是扩大使用者队伍。扩大使用者的途径主要有两个：一是确保开源项目足够好用，使用者产生依赖，从而推动他人加入使用者行列；二是加强宣传，针对目标用户进行定向宣传，如在交流社区、论坛或其他用户平台上推广。如果项目正好满足该方向需求，就可以快速扩大用户范围。在开源项目中，生产者往往是项目发起人或贡献者，消费者是使用群体，分解者是项目发起人。分解者的作用是找到使用群体，虽然无法直接分配利益给生产者，但通过社区建立，生产者可以收获荣誉感，这种荣誉感往往比金钱更具吸引力，从而激发贡献行为。

因此，对于 Serverless 架构而言，闭源没有意义，开源也不会带来太多损失。Serverless 完全可以将软件实现侧开源，以解决生态问题。生态和使用者息息相关，进而推动架构用户数量的增长。

1.5.2 完善的标准

上文提到了开源，现在再说一下为什么要制定完善的标准。目前，虽然 Serverless 已有一定规模，但每个公司的产品相对独立，导致代码设计存在很大差距。这里所说的设计不是实现，而是类似于产品的原型图，通过原型图指导代码编写。对用户来说，他们需要的是功能，而不是具体实现。例如，函数的规范，包括入参和出参的规范。这样的规范有什么好处呢？如果规范一致，对用户来说使用没有差别，平台差异被淡化，Serverless 不再依赖平台，这对用户来说是极大的利好；对平台来说，拥有标准实现将更具吸引力。

对于平台来说，如果能牵头制定协议，就拥有了协议的话语权，后续的加入者都需要遵守这个协议，最终可能导致几个巨头垄断 Serverless 平台的局面。那么，标准有哪些？以下几点相对核心。

函数设计协议对于 Serverless 来说是一个非常重要的存在。函数设计包括以下几个方面：函数暴露方式、函数的入参和返回、异常抛出机制。在函数暴露方式方面，目前模块类型有 CommonJS 和 ECMAScript 两种，首先需要确定是支持其中一种还是两种都支持，其次需要确定函数是包含在类中暴露，还是直接暴露，如果直接暴露，明确是否使用特定变量名进行暴露，这都是函数暴露方式的考量；在函数的入参设计方面，确定使用什么作为函数的入参，如是使用 Node.js 原生的 HTTP 的 request 和 response，还是使用一个对象进行包裹，或者扩展某些方法在入参中，这些都是函数入参设计的内容；在函数的返回设计方面，确定函数的返回方式，如是使用 return 进行返回，还是以 callback 的形式进行返回，或者通过对入参赋值的方式进行数据返回。同时，返回数据有什么作用，返回数据的格式应是什么样的，这些都是返回设计需要规定的；在异常抛出机制方面，涉及异步的异常抛出问题，如是使用错误函数来抛出异常，还是使用其他方式。这些基本规定构成了函数设计协议的核心内容。

执行设计协议主要涉及执行的细节。例如，在一个请求进入服务时，如何分发请求、是否复用原来的函数服务能力，以及函数在何时销毁等。函数复用可能导致数据不一致的问题，即上个接口的数据可能仍然存在于原来的函数中，导致数据不是全新数据。因此，所有可能影响最终结果的行为都需要在设计标准中规定。针对语言的细节，如 setTimeout 函数和 Promise.then 的执行任务问题，这些涉及宏任务和微任务的排序问题，也需要在设计协议中加以规定。

脚手架设计协议主要涉及脚手架的选项。每个公司可能需要相对专属的命令行，因此在脚手架设计中需要规定一些固定选项，如初始化模板的选项、开发和调试功能的定义、终端输出规范等。此外，还需规定发布和部署的协议和规范，如发布和部署接口的设计等。虽然脚手架设计要求不会特别高，但对统一功能进行规定后，可以使使用者体验更加一致，甚至在另一个平台上使用相同标准的脚手架时，也能有大部分功能可用。

完善平台标准的好处在于不再需要关心具体的实现，因为实现仅是为了规范进行服务。每家公司都可以根据这个设计，进行自己的实现或复用开源实现。这不仅在很大程度上完善了生态，更重要的是极大增加了吸引用户的能力。

1.5.3 私有化部署能力

私有化部署能力一直是许多希望确保私密性的公司所需要的。将 Serverless 架构部署到某个公司的私有化平台，目前来说仍是一片蓝海。主要原因不是需求方需求不足，而是部署方认为整个服务部署的成本过大。因此，尽管私有化部署有很大的市场价值，但少有公司愿意涉足。在实现私有化部署能力时，主要应考虑如何降低部署成本。

许多企业要求私有化部署的主要原因是保障安全。简单来说，数据不会经过第三方，只掌握在自己手中，没有外泄危险。即使第三方发生数据泄漏问题，企业自身的数据也不会被泄漏。尤其是安全要求极高的企业，会要求在内网中部署私有化系统，从而极大地提高安全性。当然，一般来说，私有化部署的成本比直接使用平台要高出许多，这涉及人工维护成本、系统定制成本及配置机器的成本，这意味着通常这种私有化需求更偏向安全要求高且资金相对雄厚的企业使用。

在实现私有化部署时，往往需要根据用户需求进行功能定制。但对于 Serverless 架构平台这样的服务，更多的是接入私有化部署企业的账号系统，并更换一些企业标识和文字。因此，在设计 Serverless 平台时，需要考虑账号系统和 UI 的分离。Serverless 应该是一套单独的系统，不包括账号体系。它可以作为一个内核，外围包裹类似账号体系的一套接口服务，再在最外层包裹 UI 层。这样，每一层都显得相互独立。

在早期设计中，可以不需要考虑用户体系的建设，只需完成单纯服务的一套 Serverless 系统。同时，在设计管理平台时，最好将 UI 界面与 Serverless 系统分离。当需要重新设计 UI 系统时，可以对 UI 系统进行重写，通过 Serverless 层提供的接口协议进行调用。在设置用户体系时，可以在不影响原 Serverless 系统的情况下，包裹一层用户体系系统。这样的用户体系系统可以接入任何一套不同的用户体系功能。私有化部署架构设计如图 1-6 所示。

● 图 1-6 私有化部署架构设计

在这种架构设计下，Serverless 架构的迭代对上层用户体系无感知，同时可兼容任意的权限模型。因比，无论是 ACL、DAC、MAC、RBAC 等权限模型，甚至是私有化部署企业的特色模型，都可以兼容，只需重写用户的权限体系即可。

虽然这里主要讨论软件方向的设计，但在运维侧，要实现动态的弹性伸缩，更重要的是针对不同的流量强度制定不同的弹性伸缩方案，以满足用户需求并最大限度地降低运维成本。例如，每日十万流量（每秒查询率小于 300）和每日十亿流量（每秒查询率大于 10000）所需的方案肯定有很大区别。对于每日十万流量的场景，单机即可解决，甚至不需要弹性伸缩方案；但对于每日超过亿级流量的私有化部署，则需要多方面的评估。因此，私有化部署企业需要通过流量评估，确定最终的运营方案，以实现更加合理的部署。

Serverless 架构标准的统一，可以有效推动私有化部署能力的建设。通过架构标准的统一，可以更好地实现标准化，通过标准实现企业的私有化部署能力，解决企业的私有化部署问题。这样，软件不再是私有化部署的难点，运维能力的建设则成为更关键的挑战。

1.5.4 去中心化服务

去中心化的 Serverless 架构服务目前来说是一种畅想，但并非没有实现的可能。以太坊（ETH）就是一个类似 Serverless 的去中心化服务。然而，要构建一个真正可用的 Serverless 去中心化服务，目前仍有很长的路要走，主要障碍在于当前环境下的硬件限制，使其无法被广泛应用。例如，支付功能不可能需要等待半小时才能完成交易。不过，以太坊的出现为去中心化的 Serverless 服务提供了一个可实现的范例。

如果未来的业务服务能够在去中心化平台上运行，理论上目前的互联网体系将被颠覆。目前的互联网经济本质上是平台经济，所有互联网实现都依赖于平台。例如，购物平台和外卖平台，商家和外卖员需要向平台支付高额费用。Serverless 平台和云计算平台本质上也是通过收取服务费来维持运营的。在去中心化服务中，不存在中心化公司，也没有所谓的平台。如果完全去中心化，谁来维持互联网的服务和经济呢？按照区块链的去中心化模式来说是矿工经济。去中心化应用本质上没有收费流程，但需要矿工的运作保证平台运行。矿工通过每笔交易或服务产生的交易费或服务费来获得报酬。这些交易或服务形成区块，矿工在计算目标值的同时生成区块，并获取相应的交易费用。所有互联网公司最终可能转变为去中心化的 App 开发者和挖矿公司。去中心化 App 公司通过设置年度合约锁仓分红来维护系统，而挖矿公司通过赚取使用者的交易费来维持运作。这一变革将带来两大颠覆点：一是所有平台公司将失去平台优势。去中心化本身透明且具有信任性，因为没有人可以篡改数据。一旦出现平台信任危机，去中心化将使平台失去优势；二是股票发行将不再必要。所有服务都可以在自己的平台发行定额的数字资产。这些数字资产一旦写入区块便具有不可修改性，因此不再需要市场和机构背书。这两个颠覆点几乎会重塑所有平台。

虽然听上去很宏伟，但目前区块链的去中心化实际上不可行，主要原因是高额的交易费和非常耗时的运算。例如，在中心化服务中买东西并支付，可以在毫秒级完成，使得支付无压力。然而，按目前区块链去中心化的方式，完成一笔交易可能需要半小时以上，交易阻塞时甚至需要 2~3 小时。其次，使用中心化产品购买廉价商品只需少量交易费，但目前的去中心化技术交易费非常高。例如，买一个橘子却需要支付相当于 10 个橘子的交易费，这显然不合理。因此，真正的去中心化服务还有很长的路要走。

引申到 Serverless 架构上，目前中心化接口可以在毫秒甚至微秒内完成响应，且价格非常低，按百万次计算也仅需一瓶矿泉水的价格。如果 Serverless 架构应用于去中心化服务中，调用接口需要半小时且每次都要支付一箱矿泉水的价格，那么去中心化的意义也不大。然而，突破并非没有可能。如果摩尔定律持续有效，在未来几十年内，随着硬件水平的提高，如量子计算机的出现，去中心化成本可能会大幅降低。当有一天，Serverless 架构在去中心化环境中的成本与目前中心化的成本相差无几时，类似于《头号玩家》那样的世界可能真的会出现。

第 2 章

Serverless的总体设计

2.1 项目的结构

上一章对 Serverless 进行了深入阐述，但最终还是落实到实操流程。那么，如果现在要开发一个 Serverless 项目，需要哪些必备的设计呢？本节将对必备项目进行阐述，并解释它们各自的功能和作用。

首先，需要设计一个针对特定语言的虚拟机系统来提供对应语言的支持。有了这个虚拟机，就可以以最小的成本实现对该语言的虚拟化，并获得额外的控制权限，而不仅是运行该语言。这点非常重要，直接运行语言对于 Serverless 平台来说只能通过容器进行管束，相对危险。相比之下，通过虚拟机，可以实现对语言底层的操控，从而满足 Serverless 平台更复杂的功能和需求。

其次，需要提供可运行的环境和框架。这样，开发者可以基于这套框架开发功能，而不需要自己设计框架。基于这套框架，开发者可以平稳运行自己的代码。这不仅节约了开发者开发框架的成本，还能通过框架约束更好地把控开发者的实现。

最后，还需要一个可以管理函数和发布功能的平台。因此，需要设计一个平台，通过它来管理函数和发布功能。此外，域名和灰度发布等功能通常也只能通过平台实现。

虚拟机、框架和平台是 Serverless 在软件层面必备的功能。这些功能串联起来，最终形成了 Serverless 的软件层面框架设计。接下来，将探讨这些设计的具体情况。

2.1.1 设计结构一览

Serverless 架构从软件层面来说，至少由三部分组成：虚拟机、运行框架和管理平台。对于 Serverless 平台，虚拟机一般不是传统的全虚拟环境，甚至不使用像 Docker 那样的命名空间隔离，而是更轻量的、针对某种语言的上下文隔离。运行框架包括模板初始化、功能开发调试及代码约束限制等功能，以确保代码按照规定的流程合理运行。管理平台的主要功能是管理每个应用的配置信息，确保应用按照设计要求运行。

虚拟机主要提供代码虚拟化能力，即通过虚拟环境来执行代码。虚拟机通常由模块、代理和执行 3 部分组成。模块的作用在于提供可模块化引用的功能，在 Node.js 中，可以通过自定义模块系统仿真应用关系链路。这样可以通过控制模块引用的返回数据，限定或修改模块引用内容，甚至可以修改引用的数据。例如，重新实现系统的 fs 模块后，可以修改引用 fs 时的返回值。代理的作用是对全局变量进行代理，保护全局变量，同时实现修改在应用内生效。例如，在代码中读取全局变量时，可以先对全局变量进行代理，如果某个应用使用或篡改全局变量的数据，由于全局变量已被代理，可以保护全局变量，同时实现修改在应用内生效，就像为应用创建了一个独立的虚拟环境。执行则相对简单，主要负责代码的执行和引用关系的传递。

第二部分的框架设计较为复杂。首先，需设计路由模型，通过路由模型定位到每个函数服务。其次需设计函数结构以定义输入参数和输出参数。然后，还需定义线程模型以确保每个函数有独立的线程空间。需要注意的是，这里的线程空间是指每个函数的运算空间，而不是每次请求都有独立的运算空间，即每个函数的线程空间在相同的函数中可以复用。路由模型不仅限于配置一个简单的路由分发，还涉及分布式路由等复杂的模型设计，因此，需要确定一个合理的路由模型。在函数设计方面，函数设计直接面向使用者，因此不合理的函数设计会影响使用者的体验。例如，黑盒、回调等问题往往源于不合理的框架设计，而非使用者的代码问题。线程模型的设计更为复杂，包括线程的销毁和复用机制等。合理的线程模型能显著提升性能，而不合理的线程模型可能适得其反。增加线程数量也会增加代码的复杂度，因此线程模型的设计需谨慎。

第三部分是管理平台，管理平台的作用是注册与发现中心，即通过配置同步实现 Serverless 的多种功能。例如，当应用部署时文件发生变更，平台需要确保所有机器同步收到更新，这就是注册与发现的作用。此外，注册与发现还可用于灰度发布等多个场景，通过订阅配置变更消息，实现每台机器的配置同步更新。

以上是三大部分和若干小结构的简要说明，接下来会对每一部分结构进行更深入的阐述，说明每部分设计思路和大体结构。首先进入虚拟机结构设计，深入探讨相关内容。

2.1.2 虚拟机结构设计

在 Serverless 中，虚拟机始终是核心存在，因为所有代码的运行都依赖于这个核心。2.1.1 节提到虚拟机的三大模块分别是模块、代理和执行，但尚未详细解析这几个模块的具体设计。接下来将对这三个模块进行具体的设计说明。

首先是模块层。模块层主要是对应用容器环境进行一层虚拟模块的封装。通过构建模块系统的外壳，可以篡改代码产生的模块引用返回数据，确保数据访问的安全性。例如，当用户需要引用 fs 模块时，如果不希望用户读取文件，可以对用户引用的 fs 模块进行限制，抛出异常告知用户不能使用 fs 模块。甚至，可以返回一个修改后的 fs 模块，使得用户访问的不是文件系统的真实数据，而是预期提供的数据。实现这一功能的方法是，在应用的容器层注入自己的模块系统，使得真实的模块系统无法被容器层代码直接调用。模块的原理如图 2-1 所示。

其次是代理层。代理层的主要

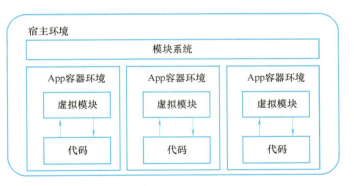

● 图 2-1　模块的原理

作用是对全局变量进行代理，当用户修改全局变量的某些值时，这些修改仅在当前应用的上下文中生效。例如，Serverless 服务的目标是确保函数之间互不干扰。因此，在执行某个函数时，如果这个函数对全局变量进行了修改（如重写了 setTimeout 方法并在其中输出一个字符），不会影响到下一个函数的环境。也就是说，如果第二个函数获取到原来的全局变量，不应影响当前环境。如果直接重启 Node.js 进程或 Docker 容器，成本会远超代码虚拟化的成本。通过对全局变量进行代理，当应用访问或修改全局变量时，使用的是当前环境下的内存数据副本。这样可以确保虚拟环境中的变量修改仅在虚拟环境中生效，而真实环境中的全局变量未被修改。变量代理原理如图 2-2 所示。

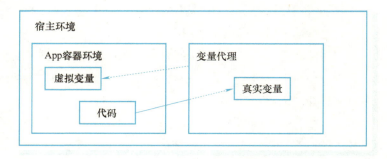

● 图 2-2　变量代理原理

最后是执行层。实现执行层的方法有多种，例如通过虚拟机（VM）或直接使用 JavaScript 的方法，如 eval 和 new Function。因此，虽然执行层非常重要，但更为关键的是将代理层和模块层结合起来，形成一个真正的应用容器环境。执行层的关键在于通过递归传递代理层和模块层。例如，入口文件是 A 文件，A 文件引用了 B 文件，B 文件同时引用了 C 文件。在这种链路关系下，如果仅在 A 文件中使用了代理层和模块层，即通过劫持 A 文件修改 A 文件的上下文，基于模块的隔离性，A 文件引用的 B 文件上下文并不会直接生效，最终导致预期的容器运行环境不再是 B 文件上下文和全局变量。同理可得，B 文件引用 C 文件时，C 文件也不会包含代理层和模块层，最终上下文修改的关系链断开。为此，开发者必须在每一层文件引用时都注入代理层和模块层，来保证被引用文件的上下文劫持生效。每个宿主环境中都有多个应用容器，每个应用容器都需要包含代理层、模块层和执行层。执行层则是具体运行代码的层级，需不断携带代理层和模块层，在引用新文件时在新文件中重新初始化执行层，从而确保每个被引用的文件都能正确应用代理和模块机制，实现整个 App 容器环境正确运行。虚拟容器执行层结构如图 2-3 所示。

通过模块层、代理层和执行层的串联，在 Node.js 环境下可以构建一个基本达到要求的 JavaScript 虚拟机系统。使用这个虚拟机系统，实现相对隔离地运行 JavaScript 代码。当然，仅有这个系统还远远不够，这只是创建了核心功能。接下来，需要设计框架以满足编码需求。

• 图 2-3 虚拟容器执行层结构

▶▶ 2.1.3 框架结构设计

框架设计是一个开发流程，涵盖但不限于命令行工具设计、基础库设计、中间件设计和线程系统设计。中间件和线程系统的设计对于开发者来说一般是无感知的，因此这部分设计可视为细节设计。而命令行工具和基础库的设计则直接影响用户的使用体验。命令行工具会影响用户的开发习惯，基础库则影响函数的输入输出参数和函数路由装饰。这些设计对用户和开发者都有深远影响，因为一旦确定这些设计，再做更改会打破用户已有的开发习惯。因此，框架结构设计时需先确定命令行和基础库的使用方式。

对于命令行工具，需要制定其使用规范。如果命令行工具涉及接口使用，对于框架设计者来说，接口规范的制定也非常重要。通过制定命令行工具的使用规范和接口规范，可以简化命令行工具的实现。例如，确定开发时使用的命令行选项、选项中的参数及其用途。其次是接口定义，包括接口的输入输出参数及请求方式。这些规范不仅能确保用户的使用习惯不受影响，还能在开放和私有化部署时，为公司提供必要的定制能力和明确的发展方向。命令行工具的作用包括开发常用的初始化模板、运行和调试项目等。

接下来是基础库的制定。许多公司，包括主流企业，常在函数的入参和出参中加入自己的基础库。然而，基础库应尽可能对用户无感且通用。例如，它应该只封装最基本的请求对象和返回对象数据，并增加类型提示，这样用户就能使用到最基本、最通用的方法。对于用户常用的工具，建议让用户直接引用，而不是集成到入参中，因为这种方式可能违背用户认知，且可能让用户忽略重要库。基础库应只提供最基本的结构。按照目前的设计，基础库应包括路由装饰器、错误异常定义、请求头封装、返回头封装和 RPC 通信封装等，这些都是构建 Serverless 架构的必要组成部分。因此，基础库对用户来说是一个基本组成部分。

中间件的设计不应过于复杂，主要做好两件事：支持运行函数服务和捕捉函数服务的返回和报错。如果增加过多中间件处理服务，会使服务对用户来说过于复杂。中间件应对用户无感，只对服务进行基础封装。它支持函数运行，包括 HTTP 调用和 RPC 调用等，同时实现函数在返回数据中的对外吞吐。传统方式是使用 callback，中间件将 callback 传递，直到用户调用 callback，此时 callback 的作用是给返回头赋值。当然，现代设计不再采用这种方式，这里只是为了说明支持运行中间件的作用。

线程系统的设计主要有两个作用：一是更好地实现应用环境的隔离，二是优化性能。然而，增加线程会快速加大项目的复杂性，因此，如果仅为了提升性能，相较于增加的复杂度，性能提升并不是那么重要。如果只是为了提升性能，增加线程更像是锦上添花。

通过命令行工具可以创建和运行项目，结合基础库和中间件，再加上框架对开发者的约束和规范，打通整个开发流程，基本的框架也就完成了。如果再加上线程设计，可以进一步增强服务的隔离性。当然，这里只是对结构进行了简要讲解，实现一个完整的框架远不止于此。

▶▶ 2.1.4 平台结构设计

在普通服务中，框架设计到此基本可以结束，但对于 Serverless 来说这远远不够。除了需要管理函数外，还有一个重要功能是管理租户。通常，Serverless 不仅供个人或单个团队使用，还会涉及多个团队。因此，平台设计时必须考虑如何服务更多的团队。

首先，从技术角度来说，Serverless 平台的主要作用是充当注册与发现中心。其职责包括管理每个应用的配置，如权限配置、内存和 CPU 使用配置、灰度配置、域名配置等。这些配置一旦在平台上修改，必须立即生效。由于 Serverless 通常是一个大规模集群，因此需要保证配置的强一致性。可以基于现有数据库设计一个配置中心，也可以直接使用现有工具。Zookeeper 和 ETCD 是很好的选择，因为它们都是分布式键值对系统。通过这些系统，只需修改键值数据，并在 Serverless 运行容器中监听键值变化，就能实现配置同步。这实际上是在 Zookeeper 或 ETCD 的基础上构建一个 UI 界面。

然而，仅有注册与发现中心是不够的，还需要分布式文件服务。因为大量代码需要同步到服务中，而许多情况下不能仅通过修改键值对来改变代码，尤其是在构建服务的流水线中涉及打包数据时。这里有两种方案：一种是使用 NFS，另一种是采用 S3。尽管两者看起来区别很大，但都能实现功能。前者通过文件挂载分享文件，后者提供文件服务，需通过 SDK 或接口拉取数据。

NFS 使用简单，但存在两个问题：一是 NFS 系统挂载需自行维护，主节点出现问题会影响整个服务稳定性；二是 NFS 部署在大量服务中可能出现性能问题，因为 NFS 基于 TCP/IP 实现文件共享，每个服务可能都要建立长期 TCP 连接，对主服务影响较大。而 S3 则不同，虽然它需要开发者自行实现代码拉取操作，但结合配置中心，只需监听变更再拉取数据，反而节约服务资源。S3 经过了大量实践检验，稳定性相对较好。

除了技术实现外，还需考虑多团队系统的设计，因此需要设计一套用户关联模型。这首先涉及团队和组的概念，通过团队和组关联应用和函数，再在组中添加对应的用户角色，以实现不同功能的管理。例如，开发者只能在团队中进行开发和提交工单发布的工作；审核人可以查看开发者的修改并决定是否发布功能；测试人员可以加入测试区域，并调整灰度；验收人员在发布后需要核验功能是否符合预期。当然，这只是举例说明一些常见的角色功能，后期可能会有增加更多角色来实现各种功能。因此，角色可以视为功能权限的集合，如发布工单、审核工单、修改应用配置和灰度功能权限等。开发功能时，只需确定对应的功能权限，一个用户可以具备多个权限。通过组合和层级方式形成应用管理的权限体系，更加合理和简单。

平台设计在技术上需要虚拟的运行环境来实现代码互不干扰的运行，分布式键值系统来实现配置中心的同步，分布式文件系统来实现代码文件在集群中运行；框架的一些功能配置，例如，在用户体系设计上考虑用户组和权限的概念，应用程序（App）的系统模块权限配置，以及内存和起时等使用限制。通过这几个方面组合，构建 Serverless 平台。

2.2 虚拟机的结构拆分

这里开始进一步对虚拟机进行结构拆解。一般来说，虚拟机的用途是虚拟化环境，但既然已经有了容器，为什么在 Serverless 中还需要进行虚拟化呢？原因很简单，因为需要一个更低成本的虚拟化空间。早期的虚拟机是虚拟化整个环境，需要载入完整的镜像，成本非常高，但虚拟化程度也非常高，即基于系统底层不断加载上层应用。

后来开始使用容器来进行虚拟化，成本降低至进程级别，即所有访问的数据都对进程进行了伪装。作为平台即服务（PaaS），这不是特别大的问题。然而，对于 Serverless 来说，这个问题变得明显。因为一段代码是一个很小的单元，如果为每个单元都分配一个进程，当单元数量少时问题不大，但 Serverless 要为数以万计的应用提供成千上万的服务，如果为每个服务都分配一个进程，服务器将难以承受。因此，需要进一步降低虚拟化成本。

进程成本已经较高，那么是否可以使用线程来降低成本呢？答案是否定的，需要打开想象空间，不仅限于线程，而是将虚拟化成本锁定在上下文中，即将代码虚拟化至最小成本单元。这也是将函数成本降至最低的原因，也是在 Serverless 中构建虚拟机环境的最重要的原因。正因为每个服务都需要虚拟机进行环境虚拟化，虚拟机的功能才一直是核心存在。

2.2.1 VM 模块

如果虚拟机模块是整个 Serverless 架构的核心，那么 VM 模块就是核心的核心。VM 模块为执行 JavaScript 的虚拟环境系统，使 JavaScript 与当前的 Node.js 环境隔离。当然，这种系统的实现方式也多种多样的。

早期，很多人使用函数包装方式实现 VM，如利用闭包或 new Function。虽然这种方式可以通过函数参数的上下文优先级高于全局优先级来实现变量替换，但无法完全隔离上下文，容易导致上下文被用户污染。因此，这种情况下，只能通过进程和线程配合。例如，为每个应用单独启动一个 Node.js 进程或线程来实现环境隔离，使得该应用的上下文或全局变量修改不会污染其他环境。

中期，利用 Node.js 的 V8 引擎实现 VM 成为一种主流方式。简而言之，通过 C++ 扩展初始化一个 Isolate，再由 Isolate 生成 Context 层，然后包装 Context 层，最终执行 Script 代码。这种方式在实现上较为理想，但存在维护性问题。因为这种方式必须使用 C++ 编写，维护成本显著增加，需要熟悉 C++ 的人才来维护这套系统。

从长远来看，个人偏向于使用 Node.js 自带的 VM 模块来实现虚拟环境系统。虽然自带的 VM 在安全性上存在隐患，需要通过一些额外的方法加强安全性，但其在安全性和维护性之间取得了一定的平衡，且由官方长期维护，长期迭代会更有保障。

选择 Node.js 自带的 VM 模块进行实现时，方法与 Node.js 模块的实现类似，即读取并运行文件代码，同时注入基本的模块变量，主要包括模块和文件信息。在 Node.js 中，具体注入的变量有 require、module、exports、__filename 和 __dirname。require 是模块引用方法，module 和 exports 用于模块暴露，__filename 和 __dirname 则提供文件信息。因为这些模块都是基于 Common JS 模块规范衍生出的变量和功能，因此，需要针对 CommonJS 模块方式进行实现。

对于模块系统来说，有两个关键点：模块引用的实现和模块间的上下文传递问题。在设计 VM 模块时，需要为这两个关键点预留接口以实现相关功能。这两项功能紧密相连，类似一环扣一环的关系。例如，模块引用的实现问题，一个文件可以不断引用新的文件，而被引用的文件又可以引用另一个文件。因此，这里的处理必须逐环进行，同时考虑到多种情况，如文件已被引用是否重复运行，以及两个文件相互引用时如何处理等。

针对模块引用的实现问题，当虚拟机解释并运行一个文件时，如果该文件引用了另一个文件，应如何处理呢？解决方案是使用 VM 运行被引用的文件，并将结果返回。相当于每次引用都是一个全新的 VM 模块在运行，最终将运行的模块结果作为模块数据返回。这样，每次引用都是一个全新的模块运行环境。

针对模块间的上下文传递问题，需要保持入口文件和应用文件的全局变量一致。例如，假设入口文件为 a.js，a.js 引用了 b.js，而 b.js 又引用了 c.js。要保证 a.js、b.js 和 c.js 三个文件的上下文一致，必须在使用 VM 模块时使用相同的上下文进行运行，如图 2-4 所示。

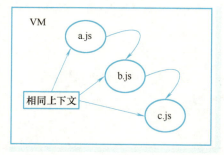

● 图 2-4　VM 的上下文一致性引用

通过上述方法，可以实现虚拟机的基本设计。尽管这个设计与模块系统设计接近，但实际上虚拟机设计只依赖于模块系统设计的一小部分知识点，而模块系统设计本身更为复杂。在讲解模块系统设计之前，需要先了解上下文设计的实现方式。

2.2.2 上下文设计

严格来说，上下文设计包含三个部分。第一部分是虚拟机自带的环境，包括 JavaScript 的各种数据类型和内置方法，这些主要体现在 V8 引擎的 JavaScript 初始环境信息。第二部分是注入的上下文信息，主要包括新增的方法或变量，以及想要替换原上下文环境变量的信息。第三部分是用户生成的上下文信息，包括 JavaScript 代码中用户定义的变量和修改全局变量的行为。这些上下文信息的优先级是：用户在函数内部定义的上下文信息 > 用户在函数外部定义的上下文信息 > 注入的上下文信息 > JavaScript 初始环境信息。由此形成一个完整的上下文链路。

首先讨论第一部分，即虚拟机自带的环境信息。使用 Node.js 的 VM 模块，在初始化上下文时，这个上下文就已包含 JavaScript 的初始环境信息。这个初始化信息非常重要，因为没有它，就无法在容器中直接创建对象、数组等，也会缺失许多全局方法。当然，也可以直接使用宿主环境的上下文来实现这些功能，但这会带来许多问题。例如，用户修改宿主环境的上下文，导致整个宿主环境的上下文发生变化，甚至可能导致虚拟机运行异常。假设将宿主环境的上下文直接提供给用户，用户修改了 String 类型的原型链并修改了 indexOf 方法的功能，使得 indexOf 返回的值比之前多 1。如果宿主环境中的某个条件使用了 indexOf 方法，这会导致条件判断出错，最终导致 if 语句的执行路径异常。因此，使用新生成的上下文来运行虚拟机是更好的选择。此外，还要考虑上下文的传递问题。入口文件与被引用文件共用一个上下文是常见的行为，因此在第一次使用上下文时，不要直接销毁，而是保留并传递上下文，直到所有引用的文件加载完成后再销毁。这样对于应用来说更加合理。

第二部分是注入的上下文信息，主要包括模块上下文、文件上下文及补全 Node.js 环境的上下文。有人可能会问，为什么需要补全 Node.js 环境的上下文，在初始化环境时不应该已经生成好了吗？实际上，V8 默认的上下文并不包括诸多内容，如 console、setTimeout、setInterval 等。这可能令人感到惊讶，因为这些常用的全局变量和方法居然不被包括在内。原因很简单，像 console 这种控制台输出的方法，对于浏览器来说，这是提供给浏览器的接口，因此浏览器的控制台会对其进行替换。而对于 Node.js 或其他使用 V8 作为内核的工具来说，打印的位置并不是浏览器的控制台，所以需要通过终端替换的方式来实现。setTimeout 和 setInterval 与引擎实现的事件循环相关，所以必须作为接口由使用方来实现。例如，Node.js 和 Chrome 浏览器的事件循环在很长一段时间内有很大差距。Node.js 在 11 版本之后才开始关注与浏览器事件循环的一致性问题，并努力使 Node.js 的事件循环与浏览器保持一致。第二部分的主要任务是补全 Node.js 应有的上下文，对缺失的部分进行补足。可以通过两种方式实现：一种是在 VM 虚拟环境中直接注入，另一种是在虚拟环境中设置一个闭包，通过闭包来注入。由于本节侧重于设计，不对此详细说明，后续章节将深入讲解这部分内容。

第三部分主要涉及 JavaScript 的上下文和作用链知识，本节不多做讲解。接下来将进入下一节，即模块系统的设计，探讨模块系统在设计阶段需要考虑的因素。

2.2.3 模块系统设计

模块系统旨在解决 JavaScript 的模块化问题。在 Node.js 中，最早使用 CommonJS 来实现模块化。在 VM 中，需要兼容最早版本和最新 ECMAScript 的方式来实现模块系统。最佳方案可能是使用 ECMAScript 的引用方式，但底层依旧采用 CommonJS 实现，以达到相对兼容的效果。因此，虚拟机的上层只需要实现 CommonJS 的功能。

CommonJS 核心组件包括 require、module 和 exports。require 是引用一个模块的方法，module 代表模块本身，exports 是模块要暴露的部分。需要注意的是，exports 实际上是 module.exports 的引用，如果 module.exports 重新赋值，暴露的部分以 module.exports 为准。

首先要实现的是 require。require 的作用是运行指定路径的代码并获取其暴露的部分内容。路径包括相对路径、绝对路径和包名，包名又分为系统包和第三方依赖包。当引用包名时，首先需要枚举所有系统包名，并检查是否匹配。如果匹配到系统包名，还需判断当前应用是否具有访问该系统包的权限。如果存在权限，则返回该系统包；如果权限不足，则提示权限不足。同时，可以决定是否返回重写过的系统包，如果不返回重写过的系统包，可以返回宿主环境下封装的对应系统包方法和变量。如果没有匹配系统包名，则开始查询是否存在第三方依赖。首先检查当前项目路径下是否存在 node_modules 文件夹。如果存在，则继续在当前路径下查找 node_modules 中的包名，并根据 package.json 的 main 字段获取引用文件。这个步骤在后续被称作包的执行文件查找。如果当前路径下不存在 node_modules，则继续查找上级目录的包的执行文件，直至根目录。如果仍未找到，则查找 Node.js 全局包。如果还未找到，则报错提示该包不存在。

如果匹配到对应文件，需要将新的 require、module、exports 变量（一般还包括__dirname 和 __filename，这里主要是简化模型的说明）注入新的模块中运行。

此时需要实现 module 和 exports 功能。首先，根据前述内容，将 module 和 exports 注入新的模块中，使用虚拟机重新生成并注入这三个变量，其中将 module 和 exports 的初始值设置为空对象。这么做的目的是防止循环引用。有人可能会问，为什么空对象能防止循环引用呢？当运行某个文件代码时，会先设置其模块为空对象。正常情况下，当引用文件代码时，会运行代码并获取对应文件暴露的方法。但在异常情况下，可能会引用同一个文件多次，即发生循环引用。对此，在第一次引用时，通过缓存做标记，再次引用时可以发现缓存标记并直接返回，从而避免死循环问题。在注入默认的 module 和 exports 后，由于 exports 是 module.exports 的引用，因此无需关心 exports 的数据，只需获取 module.exports 的数据。在使用 require 时，获取并返回 module.exports 的数据即可。这样，一个模块的简单设计就基本完成了。

2.2.4 变量代理设计

变量代理主要用于在模拟容器上下文环境的同时保护宿主环境，它本质上是一种虚拟变量的存在。为什么需要变量代理的设计呢？原因在于虚拟机中 VM 模块仅初始化 JavaScript 的相关上下文环境，并没有包含 Node.js 的变量。当代码在 Node.js 环境中运行时，需要将 Node.js 中的一些变量注入虚拟环境中。同时，宿主环境的 Node.js 变量不能被应用影响，因此需要代理宿主 Node.js 中的变量，并将其注入应用的虚拟环境中作为上下文。这样，应用虚拟环境中的修改只能在该虚拟环境中生效，而不会影响宿主环境。

举个例子来说明为什么它是一个虚拟的变量。当需要获取一个环境变量时，通常会使用 process.env。但是，如果在应用环境中直接修改 process.env 某个值，假设宿主环境的 process.env 是直接透传下来的，那么会出现问题：应用中的修改会影响 Node.js 的宿主环境。假设在 Node.js 宿主环境中启动另一个应用，那么当前应用的修改可能会对下一个应用产生影响，如果下一个应用使用了被修改的 process.env，就会导致意外的结果。因此，使用变量代理将宿主环境中的变量注入应用的虚拟环境中，并确保应用对这些变量的修改只在其虚拟环境中生效，而不会影响到宿主环境。这种设计保护了宿主环境，同时为每个应用提供了独立的上下文环境。

那么该如何解决这个问题呢？其实很简单，可以在 Node.js 宿主环境的变量外层再包一层代理，所有应用的操作都先在代理上进行记录，代理再决定返回什么样的数据。这个代理就类似于变量的一个外壳。例如，在图书馆借书，借书的人不能自己去拿，必须经过图书管理员的传递。在这个程序中，图书管理员可以直接把原有的书籍直接借出，也可以选择抄录本书并进行修改，再将修改后的抄录本递出，甚至直接拒绝借书。同理，在做代码的环境变量代理时，也可以在代码读取某个变量之前，在这个变量前增加一个代理，那么代码读到这个变量时，可以由代理来决定是否进行修改，是否要记录调用，甚至是否要拒绝代码读取这个变量。同理，在应用容器环境中，可以设置一个变量，用于记录应用容器对 Node.js 宿主环境变量的操作行为。当应用容器访问 Node.js 宿主环境变量时，代理还可以根据修改记录返回数据。这样，应用容器以为自己操作了变量，实际上这个操作一直保留在自己的应用容器变量中。因此，当应用容器销毁后，这些操作也会一起销毁。而对于 Node.js 宿主环境来说，变量仍然保持原样，并没有被修改，可以将这些变量给予下一个容器使用。

当然，代理远不止这么简单。继续以图书馆和图书管理员为例，如果借书的人拿到一本书，书中的某个地点是捏造的，借书的人觉得这个地点特别奇怪，于是决定再借一本书来核查这个地点是否真实存在。那么，图书管理员应该怎么做？许多人可能认为"纸包不住火"，但只要在这个图书馆中借书，这个图书管理员就可以继续修改即将要借出的正确版本，增加一个虚假的地点，再交给借书人。这样，借书人就完全相信了。同样，对于应用容器环境来说，不仅要返回修改的数据，还需要将虚拟容器修改的变量记录放到当前的虚拟容器中，那么这个变量的修改就会在当前容器中完全生效，下次读取相关变量时还能根据修改的记录来重新修改。因此，变量代理的设计实现必须具有代理可传递性，通过修改记录在容器环境中保存，一方面可以使得宿主的变量不需要被修改，另一方面可以让虚拟的变量看起来更加逼真。

2.3 框架的结构拆分

谈到框架，许多人会觉得框架设计非常复杂，但实际上，框架的作用主要有两点：一是通过固定的开发模式提升开发效率，二是通过框架的约束规避代码的不可维护性。在提升开发效率方面，首先是开发模式的创新，其次是固定的流程。开发模式的创新取决于开发者的思维，而固定流程可以通过一定的结构和方法来实现。要创建一个 Node.js 后端框架，首先要设计命令行工具，以便进行项目管理，如初始化项目模板、运行和调试项目，以及方便地部署项目。其次，通过基础库的设计决定框架的运行方式。如果采用函数式编程方式，基础库可以围绕入参结构、出参结构、代码提示和远程调用功能的定义等进行设计。中间件决定服务如何与函数交互，包括函数的错误异常处理、输入和输出在服务中的展现方式、服务配置如何决定服务的运行等。同时，对于不同请求由不同线程处理的问题，线程的生成和销毁策略需要通过线程池管理机制进行管理。

一个复杂的框架往往涉及许多方面，尤其在开发者体验上需要做很多工作。如果不关注开发体验，仅关注框架本身，那么实际需要涉及的要点并不多，可能只是对各种组件的组合和封装再供用户使用。然而，如果框架不仅是项目一次性使用，尤其是面向大量用户时，框架通常会包含更多组件。Serverless 架构不仅涉及框架的搭建，更重要的是提供给更多用户使用，并且需要承接不同租户带来的大量请求。因此，Serverless 框架设计比普通框架搭建更复杂，且更注重用户体验。

2.3.1 命令行工具设计

对于命令行工具的设计，主要分为几个方向：项目的初始化、项目的调试与运行、项目的发布与部署。项目的初始化指通过用户选择对应的模板，下载模板并协助用户完成依赖安装，同时对项目的运行进行指引。项目的调试与运行指提供项目的编译运行方法，并使用框架整体进行运行。项目的发布与部署指与服务协商一个部署接口，将产物构建后调用服务接口进行功能发布。

对于框架整体，首先要对功能进行拆分，将代码按照功能分为几个大块。然后设计命令行的交互处理，通过交互处理的结果绑定功能进行运行。这类似于服务路由，每个路由对应相应的功能。此外，命令行除了基本功能外，还需支持插件扩展。例如，支持其他用户编写的命令行插件，通过这些插件执行用户自定义的特殊命令。这实际上也是项目的分化策略，即提供底层能力，而上层功能由用户和上层开发者决定。

针对项目的初始化，可以使用 npm 自带的初始化策略，即通过 npm init 命令来创建初始化脚本。例如，使用 npm init abc 命令实际上等同于 npx create-abc。此时，npm 会优先安装依赖包 create-abc，并执行该包中的 create-abc 脚本命令。因此，首先需要注册一个用于命名初始化的 npm 包，然后在包中完成项目的初始化选择工作。对于模板的初始化，应先准备好对应的模板地址，后续可以直接使用该地址下载模板。用户选择模板后，系统会进行模板的下载，并在下载好的模板中自动帮助用户安装依赖，或指引用户安装依赖及运行项目。引导结束后，项目初始化流程即完成。

在项目调试方面，对于已初始化的项目，可以进行监听化编译。使用 nodemon 或自定义的项目文件监听工具，通过监听文件变化，触发编译并启动框架。在启动框架时，通过调用框架入口手动启动，将框架与项目代码关联，并通过框架运行项目。因此，项目对框架的依赖是必不可少的。在命令行工具设计阶段，尽管框架入口功能尚未实现，但在后续实现框架时需要保留一个手动启动的入口，并将该入口暴露的接口方法提供给命令行工具。命令行工具可以根据暴露的接口方法优先实现，最终框架层只需实现对应的入口方法即可。

在 Serverless 架构中，项目的命令行部署通常在 Serverless 平台上进行。一般将 Serverless 平台理解为一个函数和 Serverless 服务的界面化管理中心。在发布和部署时，需要依赖 Serverless 平台的服务接口，通过构建后将构建的产物推送到对应的接口，再通过 Serverless 平台进行服务发布。因此，在设计命令行时，首先需要与 Serverless 平台定义一个接口，命令行框架则负责进行编译，并将产物上传。虽然可以使用命令行工具在每个用户的计算机上完成编译和产物上传，但由于用户的计算机环境各异，构建的产物和服务可能存在差异。建议使用 Jenkins 或类似的工具进行构建，并调用发布接口。通过构建平台依赖流水线和特定环境，才能更好地使用命令行工具完成这一过程。

▶▶ 2.3.2 基础库设计

基础库的设计通常被误认为是工具库的设计，但实际上，它是对基础能力和结构的设计。以 HTTP 请求和响应的函数入参设计为例，这主要涉及请求和响应结构的设计，以及该结构下的多种功能设计。然而，许多人将其简化为工具库设计，导致大量黑盒功能被集成到服务中。

对于基础库的设计，需要关注以下几个方面：类型提示功能、函数装饰器设计、RPC 调用功能设计及错误异常处理。

类型提示功能通常被认为是框架的一部分，但一个优秀的框架需要具备良好的类型提示功能，以提升开发者的使用体验。类型提示通常有三种实现思路，其中两种依赖 TypeScript：一种是通过直接使用类型获取提示，另一种是仅引用类型作为提示。第三种方式是使用 JSDoc 实现。尽管 JSDoc 可以为框架或组件提供类型提示，但在业务项目开发中，TypeScript 的实现方式更为优越。原因在于：首先，希望业务开发者尽可能减少在类型编写上花费的时间。如果类型提示由框架层提供，而不是在业务实现时进行，会更高效。使用 TypeScript 实现时，可以根据需求选择两种方式：如果开发者需要自己编写一些类，并使用到这些类和对应类的类型，则可以直接使用类型获取提示来实现提示；如果希望更灵活且不需要在项目中实现具体的类，只需要符合基础库类的接口，则可以使用引用类型的方式来实现提示。对于 Serverless 架构，通常希望用户能够以更灵活的方式使用。由于 Serverless 函数设计可能有多种形式，用户的使用方法也多种多样。如果通过直接使用类型获取提示，反而可能会限制用户的使用方式，使得用户被强制使用基础库实例，而不是符合基础库接口即可。

第二个方面是函数装饰器的设计。首先明确一下装饰器的作用，装饰器主要用于标记函数和类，以便在服务设计中明确这些函数和类的具体作用。例如，对于 HTTP 和 RPC 协议，可以通过装饰器标记函数的协议类型。同时，对于 HTTP 协议，还可以细化设计，如指定 HTTP 路由、HTTP 方法（GET、POST、PUT、DELETE 等）。通过装饰器，开发者可以用简单的方式标记函数的功能，并且从代码中清晰地看到配置。在基础库设计中，函数的入参是一个重要部分。函数的入参必须包含 request 和 response。对于开发者来说，有了 request 和 response 就可以完全操控一个 HTTP 协议。但是，Node.js 的 HTTP 模块中，request 和 response 的很多功能是冗余的，将大量非必要信息抛给用户使用是不合理的。基于最小知道原则，可以实现核心版本的 request 和 response 功能给用户，同时在类型定义上也相对简单。

对于 RPC 调用也是如此，RPC 的关键信息是调用来源和调用链 ID 的透传。因此，在设计 RPC 调用时，需要保留 RPC 上下文功能，这个功能可以将上一个函数的上下文保留并透传到最后一个调用者。

最后，谈谈错误异常的设计。错误异常设计基于 JavaScript 的 Error 进行扩展。例如，原本的 Error 只有 message、name 和 stack 三个主要属性。当 Error 携带状态时，就需要思考它需要包含哪些字段；希望页面返回具体内容时，Error 又要包含哪些字段。因此，在基础库中，错误异常的设计很大程度上要考虑错误协议的设计。

▶▶ 2.3.3 中间件设计

中间件的设计在很大程度上决定了代码的实际运行方式。一个 HTTP 请求到达服务后最终到达函数，中间发生的所有事情都是中间件的工作。设计中间件时，重要的一点是尽可能让开发者对其没有感知，让开发者只专注于函数编程，并且明确知道只要代码按照预定方式编写，中间件就能将请求准确地引导到对应的代码中。中间件只需默默承担保障稳定性和性能的工作，没有感知就是其最大的价值。因此，中间件的设计核心在于围绕代码的运行方式，这包括两个方面：输入后如何运转和输出后如何展现。

对于输入后如何运转，即当一个数据请求进来时，如何将数据最终传递到代码中。数据源一般有两个：一个是 RPC 通信请求，另一个是 HTTP 通信请求。对于 HTTP 来说，由于 WebSocket 的出现，还可以设计出两种不同的函数接口服务。由于函数的特性，只需要根据输入参数计算出输出参数结果，因此不需要关心长连接问题，只需关心是否能根据输入参数返回结果。长连接的维护工作应由中间件处理，特别是需要考虑 Socket 这种双工通信的场景。许多 Serverless 架构没有涉及这种场景，导致许多开发者，甚至架构设计者，认为 Serverless 因函数特性不适合双工通信。对此，笔者有不同看法。设计架构时，应做分层处理。例如，网络层包含 RPC 和 HTTP 层，HTTP 层负责短连接、长连接和双工通信的处理，而函数层只关心函数本身，而不是与上层强关联，分层架构设计如图 2-5 所示。通过层级的分离就可以解决函数层无法处理双工通信的问题。

那这种情况下如何处理双工通信问题呢，尤其是一个请求的通信如何在一个函数中处理呢？其实，函数只需要接受每次客户端的请求中通信的消息，服务端则是接收通信中的消息并进行订阅即可。简单来说，虽然 WebSocket 是一个请求，但是如果把它的每个消息都作为一个函数消息订阅，同时把这个 WebSocket 连接指向一个函数，这样每一个消

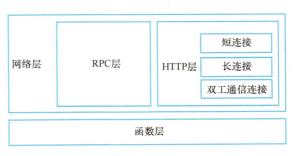

● 图 2-5　分层架构设计

息都会重新运行函数，函数只需要关心入参和出参的实现即可。由于 Serverless 本身也是一种被动式的处理，对于需要主动发送消息的情况也可以使用一种被动的方法实现。例如，客户端每次通过 Socket 发送类似 Ping 的请求来实现，如果客户端想要保持一个长连接，就要在超时前发送一次 Ping 请求，要保持主动则需要对 Ping 的频率进行修改。

当然，中间件主要负责网络层的处理，上面的设计主要是针对 HTTP 层的一种情况，其实在设计这套系统时，对于其他情况反而相对更简单一些。所以，这里列举了一个相对复杂的设计案例。对于中间件通用的部分来说，其核心功能是路由的转发和服务的运行，最终将运行结果返回。在返回的结果处理时进行两方面的考虑：正常结果的返回和异常结果的返回，从而完成中间层的设计实现。

从网络层到函数层可能还有其他的层级，比如线程系统，再到虚拟机的虚化，最终执行并运行函数。之后，结果会返回中间层进行对网络的吞吐处理。所以，欢迎进入到下一节，聊一聊线程系统的总体设计。

2.3.4 线程系统设计

首先，线程系统对于整个框架来说是一个加分项。然而，如果不是为了更好的应用隔离，或者不是构建一个平台级的框架，而仅是一个项目使用的框架，笔者认为不适合使用多进程和多线程手段。因为一旦使用多进程和多线程手段，就需要一个服务来管理这些进程和线程，这会极大增加项目的复杂度，同时给开发者带来许多异常情况。对于项目框架来说，单进程、单线程的开发方式已经足够。在上线时，有很多手段可以提升性能。例如，可以利用容器的动态伸缩，或者在单机上使用 PM2（Node.js 进程守护管理器）进行管理。采用这种方式可以极大降低框架的复杂度。

在线程系统设计中，使用多线程来实现框架设计的主要原因如下：首先，可以更好地实现应用程序（App）的隔离，特别是在 CPU 资源和计算方面的隔离，避免一个 App 的计算阻塞另一个 App；此外，环境隔离性也得到提升，因为在 Node.js 的线程中，每个线程本质上都是一个全新的 Node.js 环境。在 V8 的层级设计中，每个线程都是一个全新的 Isolate 层级，相当于一个全新的浏览器标签页。由于这是一个全新的 Node.js 环境，Node.js 的变量实际上被分别管理在每个 Isolate 层级的 Heap（内存堆栈）中。因此，Node.js 的多线程与许多底层语言的多线程不同，Node.js 的多线程变量不能直接在线程间共享，而是通过序列化和反序列化的方式通过通信传递到另一个线程中。这种方式可能会对部分性能产生影响，但好处也非常明显，即许多语言中常见的线程安全问题在这种设计中不存在。线程安全问题通常源于将内存中的数据复制到寄存器，然后在寄存器中修改，再复制回内存，而多个线程在修改数据并复制回内存时存在一定时差，导致数据覆盖。在 Node.js 中，由于每个线程的变量都单独管理在自己的 Heap（内存堆栈）中，因此不会相互影响。

目前，Node.js 不支持实现共享内存变量，因为基于 V8 引擎的实现做不到这一点。V8 引擎实现了一套自己的内存管理策略（Heap、即内存堆栈），并非直接基于系统层面，目的是更好地管理 JavaScript 的变量。基于这一点，在设计框架时，必须早期就包含序列化和反序列化的策略。例如，设计 request 和 response 的核心版本的主要原因有两点：一是原版本过于复杂，二是在线程管理策略中，要实现这些功能，相当于在线程中实现一套 request 和 response 方法，记录操作，并在主线程中复原。因此，对于传入 Node.js 线程的设计，都需要进行结构化处理，包括错误异常处理、返回结果序列化问题处理及 request 和 response 的数据问题处理等。

这里有两种分流策略。第一种是根据 App 名字进行分流。例如，将 A 开头的 App 分配到 A

机器中,假设只有 26 个字母和 26 台机器,这样每台机器的最大线程数是所有应用线程数的 1/26。实际上,常见的做法是对 App 名字进行数字化转换,确保机器数量为质数,并通过取模来分配,这样可以保证每台机器的线程数量在一个可控范围内。第二种方法是限制每台机器的流量,确保不超过最大的线程流量。这种方法虽然可能会导致一些资源的损耗,但影响并不大。

综上所述,对于线程总体设计,只要框架涉及线程,就需要注意上述问题,并通过合理的实现方案解决这些问题。

2.4 框架线程系统的结构拆分

除了框架线程的整体设计,框架线程的设计还包含许多模块。例如,随着线程数量的增加,如何管理线程成为一个关键问题。为此,可能需要设计一个线程池来统一管理线程。此外,由于框架可能是多 App 模式或多租户模式运行,不仅线程池需要设计,每个 App 也需要一个资源池,以决定每个 App 可分配的最大线程资源。引入线程池进行线程管理后,还需要设计一个线程回收策略。很多情况下,线程在使用完毕后并不会立即回收,而是希望在恰当时机能够复用,以提升性能。简而言之,框架基础线程的设计比预想的要复杂得多,但由于业务需求,这个功能在框架中又是必不可少的。因此,这个功能不能仅作为一个功能来实现,而需要作为一个组件来完成,以便后续转除或替换。同时,线程系统也包含若干子模块,这些子模块也可以通过设计进行管理,以指导实现。

在启动线程时,线程的初始化过程并不简单,中间涉及虚拟机运行代码。因此,线程需要搭载虚拟机进行代码的动态运行。从线程初始化到线程通信,直至启动代码、运行内容、运行方式及返回结果,这一过程需要详细设计。同时,线程的动态运行代码也需要仔细设计,以确保线程的动态化运行。

综上所述,框架线程的设计包括线程池管理、线程回收策略、子模块设计、虚拟机代码运行等多个方面。通过对这些模块的设计,可以更好地实现框架的功能和性能。

2.4.1 线程池设计

首先,需要线程池的原因可以通过一个简单的场景来说明。假设为了避免主进程阻塞,需要计算一组复杂的数据,可以开启一个线程进行运算,然后获取线程的运算结果。如果请求量不是特别大,这种情况下是合理的,即每个请求都开启一个线程进行运算。然而,如果请求量特别大,假设机器最多只能同时开启 1000 个线程,而并发请求超过了 10000 个,在这种情况下,线程作为有限资源,需要进行管理。管理有限资源可以引入池的概念。线程池的作用之一是设置池的最大容量,如设置池的最大容量为 1000 个线程。当请求进来时,池可以初始化线程,直至达到 1000 个。如果再有请求进来，池会检查空闲线程数量。如果存在空闲线程，空闲线程将被分配给请求使用，直至使用完毕。如果池中没有空闲线程，请求将进入等待状态，直至池中有空闲线程，再通知请求并分配线程。因此，池的作用在于管理线程。

明白了线程池的作用后，可以在 Serverless 架构中设计一套线程池。首先，可以设计一个总池，总池的意义在于限制最大线程数。同时，可以设计 App 池，App 池的意义在于为某个 App 分配最大资源数量。当然，线程池不能只增加而不减少，因此需要设计线程的销毁策略，使得线程池相对动态。线程回收是一个复杂的模块，需拆分进行详细描述。

综上所述，线程池通过管理线程的分配和回收，能够有效应对大量并发请求，避免资源浪费和主进程阻塞。设计合理的线程池策略是实现高效 Serverless 架构的重要步骤。

那么基于上述观点可以进行线程池的设计，可以"由细到粗"，先设计 App 池。App 池往往是服务于特定的 App 的，所以 App 池可以根据 App 的配置来设定其最大数量限制，例如，某个 App 最大线程池是 3，那么就可以根据这个配置来进行动态初始化。当请求到达这个 App 时，如果线程数量低于 3，则可以一直初始化来应对请求，如果发现线程数量等于 3，则可以根据策略进行负载均衡，当然这个策略理论上也是可以配置在 App 当中，常见的策略有轮询策略、最小使用策略、空闲策略及根据 HTTP 的路径进行取模负载的策略。只要有请求，直接向这 3 个线程按负载均衡发送即可，不需要关心线程是否空闲。举线程空闲的例子主要是为了保持线程的稳定使用，但 App 接口一般并不是 CPU 密集型运算，如果是，建议 App 的线程数配置设置的相对大一些，对应的付费也会相应高一点。其次 App 的线程阻塞对整体服务影响有限，基本只影响 App 本身。所以对于某个 App 的线程池来说，一旦出现线程无空闲，也就意味着 App 的全部线程都被阻塞，阻塞有很多原因，如死循环、大数据的计算等，一旦全部的线程被阻塞一般则说明 App 的某些代码编写出现问题，就不仅需要通过增加线程数来解决，可能更重要的是排查 App 代码中的问题。

对于总池的设计，需要基于 App 池的设计。总池决定整个服务的最大线程数，因此在请求进入时，首先在 App 池中判断是否需要新创建一个线程。如果 App 池决定需要创建新线程，则在总线程池中增加总线程数，并向 App 池发出创建线程的指令，使其能够创建线程。当 App 池中的线程触发销毁机制后，总线程池的线程数量将相应减少，使整个总池动态运转。若请求需要创建线程但没有资源创建，则根据服务策略决定让请求等待或直接拒绝服务。这与 App 池的策略不同，因为总池需保证整个服务的稳定性，而非单个 App 的稳定性，因此总体服务的线程限制至关重要。

总之，总池和 App 池需紧密配合。总池负责全局线程数的控制和动态调整，确保整体服务稳定，而 App 池根据配置和策略进行具体的线程管理。在设计过程中，需考虑到不同的负载均衡策略及资源限制，以确保高效和可靠的服务运行。

▶▶ 2.4.2 回收机制设计

2.4.1 节讨论了线程池的设计，其中提到线程池中的线程具备销毁策略。本节将详细探讨线程回收机制的设计，以及如何通过该机制避免内存泄漏问题。

首先，总池用于限制线程数量在可控范围内，而 App 池管理则主要负责线程的创建和销毁。创建线程通常在接收到请求后进行，直至达到最大线程数，此时请求会复用现有线程。同样，销毁线程与请求关系密切。由于请求的持续性，某个 App 可能会存在请求热点，即频繁访问该 App 接口请求数据。在回收线程时，若在 App 最需要线程时进行回收，会导致频繁的线程销毁和重新启动，这不仅增加了使用线程的成本，还需初始化 Node.js 的环境，从而耗费更多资源。因此，在请求热点期间不应回收线程，即便这是最简单的回收方式。在设计回收机制时，可在请求到来时给线程加上时间戳标记，每次请求使用该线程后更新标记，从而保证线程在接收请求后能记录最后一次请求的时间戳。回收策略可基于此标记进行，例如，在请求结束后一段时间间隔后，将线程标记为不可用或待回收。当总线程池检查到线程不可用时，即可直接回收该线程。通过这种回收机制，确保线程在请求高峰期间保持活跃，避免频繁销毁和重启，降低系统资源消耗。同时，通过时间戳标记和合理的回收策略，确保在适当的时机回收线程，避免内存泄漏问题。

关于回收机制如何解决内存泄漏问题，先要讨论为什么会出现内存泄漏的问题。内存泄漏常见于常驻语言（如 C++、Java、Node.js）服务中，而非常驻服务，如 PHP，则不易出现此问题。原因在于，常驻服务处理请求时，某些数据未被及时销毁，导致内存逐渐累积，最终超过服务的承载能力。在 Web 服务中，内存泄漏一般是请求导致的，有些持续运行的脚本每次运行某些方法，不断叠加数据，也会导致内存泄漏。以 Web 请求为例，先以常驻服务举例，假设有一个数组记录每个请求的唯一 ID，每个请求进入服务后都会记录一次。如果这些记录未及时入库，内存将不断被占用，最终导致内存直接被占满。而非常驻服务则不会出现这种情况，同样的一个例子，记录请求的唯一 ID，请求进入后会进行一次记录，请求结束后记录直接进行销毁，无数请求进来都会经历这一个周期，即使没有及时入库的内存数据也会跟着一起销毁。仿照这个机制，并在此基础上进行优化，设置一个内存阈值，超过这个阈值就进行内存的销毁。例如，Node.js 服务内存的最大容量是 1.4GB，可以设置内存阈值为 1GB。当内存占用超过此阈值时，标记线程暂时不被使用，等待当前请求结束后进行销毁。设定内存阈值后，在保证服务复用的同时，也能及时销毁超出阈值的线程，避免内存达到最大容量。可能有人会问，如果一个请求就超过最大值了怎么办？那刚好可以通过报错迅速定位内存泄漏原因。内存泄漏之所以很难排查就是因为每次泄漏的量很小，并且大概率导致内存不足的原因并不是泄漏源，而是由于内存不足后，像"最后一根稻草"一样，将内存消耗完毕。所以换个角度来说，通过优化线程池的回收机制，可以有效避免内存泄漏问题，确保常驻服务的高效稳定运行，同时大幅降低内存泄漏问题的排查成本。

整体思路是将服务的内存作为一个整体，如果销毁则一起销毁，这种动态运行的方式就很适合这种销毁机制。至于线程的代码动态运行又是如何实现的，将在下一节讨论。

2.4.3 动态运行时设计

有了虚拟机来运行代码，对于线程来说，动态运行其实就是调用对应虚拟机的方式和方法，这就好比虚拟机里面有对应 App 的函数代码，对于线程来说，要做的就是组装虚拟机和对应函数代码，并将参数传入对应的 App 代码中，最终使虚拟机正确运行代码。

第一步是参数的传递，之前说到 Node.js 的线程不支持直接传输变量，同时每个 Node.js 线程的堆栈都是重新生成的。所以，对于 Node.js 来说，参数传递要通过序列化来进行，根据访问的路径来确定目标 App，在对应 App 的线程池中生成对应 App 的线程。但仅获取 App 还不够，由于分布式路由在 App 中，所以要先对 App 进行初始化，等待 App 初始化完成后，就可以获取 App 的配置信息，通过 App 的配置信息就可以获取到路由的信息，最后，通过路由的信息生成请求并下发，最终获取到可执行的方法。

除了获取执行的方法，还需要参数的透传和返回，这就涉及参数结构化和序列化的问题，通过定义 HTTP 协议的核心参数，可以实现最基本的赋值，从而实现 HTTP 请求的获取和返回的设置。当然在序列化的过程中最容易出现问题的就是函数的序列化，所以通常在出参的时候一般要对函数进行过滤。函数无法被序列化原因，通常是很多时候函数依赖的上下文并不在函数内，例如，在 A 文件中定义了 a 对象的 a 属性等于 1，那么在 B 文件中引用了 A 文件的 a 对象，并且在 B 文件的 b 方法中设置 a 对象的 a 属性等于 2。所以，对于 b 方法来说，b 的上下文就依赖了 A 文件的 a 对象，而在序列化时，往往只能获取到 b 方法是如何编写的，但是对于整个 b 方法的上下文链路并不能完全地复制，所以，JavaScript 方法的序列化一般是无法实现，而如果将结构定义完善，对于用户来说，传递方法的必要性几乎就没有了。

执行过程包含两步：线程的初始化，以及代码本身的初始化和运行。所以，可以将代码的初始化和运行分离，代码的初始化主要包括上下文和环境变量的初始化，而运行则是将参数进行传入，但是函数本身的上下文依然是使用初始化的上下文。所以，是否可以使用虚拟机实现一个虚拟的环境用于初始化，而运行时，再使用线程来传入参数运行呢？这样做主要有两个原因：第一个原因是上下文和环境已经完备，也就是说函数已经和现有的环境做了一层隔离。第二个原因就是如果每一次都用虚拟机来进行虚拟化，会导致每次运行都需要编译代码，这样会直接影响到性能。既然环境已经隔离，而且对于 App 来说线程是专属线程，那么在函数初始化完毕之后，就不必再重复使用虚拟机进行初始化，而是直接运行函数，同时，这样也会大幅降低虚拟机的成本。除了该线程的第一次请求以外，后续所有的请求都处于一个准备好并直接运行的状态。这种方式无论是效率还是性能都有相对较大的提升，同时还具备了环境隔离的能力。

2.5 运行时模块拆分

运行时旨在虚拟化一个 Node.js 环境，以便服务代码在其中运行时仿佛置身于真实的 Node.js 环境中，这是运行时的最终目标。高效性也是运行时不可或缺的一部分。在虚拟化过程中，虚拟机仅作为基础，需要在其基础上扩展运行时，使其能够在框架中合理运转。

虚拟机不能直接完成虚拟化的原因在于需要对上层进行定制化。VM 主要是针对 JavaScript 的虚拟化环境，那么就会缺乏很多针对系统级别的 API，如文件读取、操作数据库等。而 Serverless 需要在服务器中运行，这不是使用 JavaScript 这门语言就可以了，更重要的是运行一些系统级别的 API。Node.js 作为主流的服务器的运行时，受众较多，文档也较全面，更重要的是 Node.js 环境也是基于 JavaScript 并增加了系统级别操作的 API。所以选择将 Node.js 作为虚拟化的系统是一个更优的选择。同样只需要的将 JavaScript 的虚拟化环境进行扩展，注入更多 Node.js 的上下文和环境变量到 JavaScript 虚拟机中，模拟完整的 Node.js 环境。当然这样做还需考虑许多特性。例如，理论上框架不需要在每个 App 中进行安装，而是在总体依赖中安装一次即可，因此需要注入一些特殊模块包进行处理。

代码的载入可以通过一些规则来判断。例如，入口文件应取自项目的哪个文件进行运作，如何在包中关联 RPC 功能到当前 App，以及对包的控制，如路径引用如何进行限制等，都是需要策略来解决的问题。设计这样一个框架中的运行时，需要一些独特的技巧或精妙的设计。

▶ 2.5.1 运行时与虚拟机的关系

虚拟机与运行时的关系是上层应用与底层基座的关系。然而，虚拟机的设计成本远高于运行时。虚拟机是 V8 引擎的个性化抽象，而运行时则是在这些个性化功能基础上进行延展。

虚拟机必须为运行时提供一些基本接口，如入口文件加载接口、环境变量注入接口和模块引用重写接口。这些接口是运行时实现关键功能的最短路径。接下来将逐步讲解这些接口在运行时中到底应该如何设计。

首先是入口文件加载接口，考虑到每个 App 都是可以单独加载依赖的，每个 App 中都应有 package.json 文件记录依赖。同时，package.json 其实还有很多功能，例如，可以指定入口文件的位置，若不想指定每个 App 的入口文件为某个指定路径，还可以使用 package.json 的 main 字段来做指定，而这个字段也作为 npm 包的入口文件字段来使用，虽然并不一定要把 App 当作一个 npm 包，但是延续之前的 package.json 规范也不是一件坏事。那么，什么叫不想指定入口文件路径呢？例如，通用的入口文件方式一般是放在文件夹中的 index.js 文件，当然这种规范的延续很大程度上是受早期的 HTML 静态资源服务的影响，当时很多人将 index.html 作为页面的默认入口。但是有人可能未必就希望使用 index.js 作为入口文件，在这种情况下，就可以针对配置来读取入口文件，同时在没有入口文件的情况下，读取默认通用的入口文件方式，通过这样来解决入口文件的加载问题。

对于环境变量的注入，虚拟机需要提供一个环境变量的注入接口，能将 Node.js 中的一些环境变量进行注入，同时虚拟机还需要提供一个代理变量的接口能力，这两个接口能确保将 Node.js 中的环境变量注入虚拟机中，同时保护宿主环境中的变量不被 App 修改。可以实现宿主变量仅为 App 提供一个镜像，而实际的变量操作会记录在 App 中，不会影响宿主环境，这点在之前的变量代理中也有所提及。通过虚拟机提供环境变量注入接口和代理变量接口，可以在虚拟机中模拟运行时所需的环境变量。

模块引用重写接口相对核心，模块引用重写接口用于对模块引用进行重写，实现对系统模块的权限控制和文件路径的范围限制。这些功能确保 App 运行时的安全性和独立性。那么这个功能到底有什么用途呢？模块引用重写接口可以判断引用的模块是否为系统模块，并决定是否返回系统模块或重写模块。如果不允许 App 读写文件，在引用 fs 模块时进行报错，从而实现权限控制。此外，对于文件路径来说，模块引用重写接口还可以检查文件路径，确保引用的文件在 App 文件夹内部，否则报出异常，防止 App 超出文件范围进行引用。通过设计模块引用重写接口，可以实现对系统模块的权限控制和文件路径的范围限制。这些功能确保了 App 运行时的安全性和独立性，避免了在业务代码中增加冗余逻辑。结合环境变量注入和代理接口，实现了一个灵活、安全的虚拟化 Node.js 运行时环境。

▶▶ 2.5.2 环境变量注入与模块逻辑设计

本节重点讲述这两个功能在运行时中需要如何设计，环境变量注入的思路是怎么样的，模块逻辑又应该怎么去设计会合理，设计需要涉及哪些方面，都需要进行思考。

对于环境变量注入来说，首先涉及代理的能力，而这个代理的能力的记录和存储，可以通过定义一个对象来实现，代理存储对宿主变量的操作记录。通过代理将 App 内部对宿主变量的操作进行记录，并优先读取 App 内部存储的变量。同时，对子属性进行递归包装，实现完整的代理模块。而对象的环境变量注入则采用两种不同的设计思路：一种是在虚拟机的全局变量中做注入，另一种则是在虚拟机中包装一个方法，真正运行的代码正是这个方法。根据方法的上下文优先级高于全局上下文优先级的原理，通过函数包装的方式来进行上下文的传导，最终将变量注入运行的代码中。这种方式的好处是既保证了上下文优先级，同时函数内的代码会覆盖全局上下文的变量，函数外部依然可以使用虚拟机内部的全局变量，也不会直接替换掉虚拟机内部的全局变量。

模块逻辑又应当如何设计呢？可能很多人简单地以为只需要把模块引入的字符串传入模块重写功能接口就好了，但是实际上并不是。作为模块重写功能接口的使用者，首先需要原始的模块引用功能，例如，在 Node.js 中使用 require 来引用，第一步就要将这个文件的原始 require 提供给使用者，使用者决定是否使用原始 require 进行引用。在使用模块重写接口的时候，很多时候需要对当前模块的路径进行判断，尤其是使用相对路径进行引用时，如果没有文件路径，那么该如何获取这个相对路径的绝对路径来进行引用呢？在引用模块的时候，有一个先引用更近模块的规则，即假设入口文件为 A 的路径则是优先引用 A 路径文件夹下的模块，如果 A 路径文件夹下并没有该模块则会引用 A 路径上一层路径的模块，如果还没有则会持续向上查找，直至查找到根目录，如果还没有，则会去全局模块中进行查找，这也是必须要有一个文件路径作为参数的原因。有了文件参数接下来最好还是同时返回原来引用的字符串作为数据和最近的引用文件作为路径。同时，在这里还需要给系统模块进行打标，让用户明白这是一个系统模块，而不是简单地通过枚举来进行系统模块的确定。因为系统模块的引用路径有多样性，好比可以很本能的认为 fs 模块是一个系统模块，所以仅枚举了 fs 模块作为系统模块之一。然而，即使不知道 fs/promises 是系统模块，但是也不能用开头的模块名来进行判断，而要用原生的模块系统本身来进行判断，通过原生的模块系统判断得出 fs/promises 是 fs 模块的一个子类。那么，模块重写接口有了这些数据，就可以根据模块接口返回的数据来决定是否返回原生的模块引用数据，或者根据文件的数据来进行判断，从而返回不同的模块数据，甚至，通过判断该模块是否为系统模块来判断用户是否存在对该模块的权限。

最后，需要设计好模块重写的返回协议。比如，返回特定数据时，需要对原来的模块进行重写；返回另一类数据时，则不进行重写。明确什么情况下继续使用虚拟运行时加载，什么情况下使用原生的模块系统进行加载。

▶▶ 2.5.3 服务载入虚拟机设计

服务载入虚拟机包含多个步骤。首先，需要将虚拟机虚拟化为一个运行时环境。接下来，使用该运行时环境初始化业务代码。初始化完成后，获取该应用程序对应的方法，并等待请求信号以执行这些方法。最终，将执行结果返回服务中进行渲染。

在之前已讨论过虚拟化运行时的步骤，这里将侧重讨论初始化代码及其后续步骤的设计。首先，代码初始化并不是在请求到达时进行，而是随线程初始化同时进行。这种设计避免了许多判断和重复初始化的问题。若代码初始化随请求进行，则需增加多重判断以确认代码是否已初始化，还要防止重复初始化。相反，若随线程初始化一同进行，当线程初始化成功后，即可直接使用该线程对应的应用程序代码及方法。如此设计的好处在于简化了逻辑结构，提高了运行效率。线程初始化完成后，即可无缝调用应用程序代码及方法，确保系统的高效性和稳定性。

要想根据请求获取 App 对应的方法，可以根据方法的路由配置生成一份路由表，最终使用路由表来渲染路由。路由表中每个路由已对应方法名称，在路由渲染时即可获取与该路由绑定的方法名称。通过路由与方法名的绑定关系，接收到请求后，可以将对应的方法名称传递下来。获取方法名后，便可开始执行业务代码。然而，通知 App 有请求到达并传递数据的方法通常是异步的，因此需要一个数据的等待流转状态，直到主进程接收请求并最终向外传递。这种设计保证了请求处理的高效和有序，同时确保异步方法的顺畅运行和数据的正确传递。

服务载入除了通过正常的 HTTP 请求载入虚拟机外，也可以通过 RPC（远程过程调用）发送请求最终载入虚拟机。通常通过 App 和函数名来指向对应的 App 和函数方法。在本地进行 RPC 时，可以直接从线程池中找到对应的 App 线程，并传递请求，最终执行该线程的任务。这个过程涉及多次通信：在线程中发送消息通知主进程，主进程查找到对应的 App 线程，然后在对应的 App 线程中执行任务。App 线程执行完成后将结果通知主进程，最后主进程将结果通知给对应的执行线程。在实际应用中，RPC 通常会先访问服务注册和发现中心，获取适合的服务地址。然后，通过该服务地址使用 TCP 协议传输数据，在对应的 App 中运行并获取结果，最终通过先前的 TCP 连接返回数据。相对于本地设计可能更复杂，本地方法的好处在于比正常网络通信少了一次 TCP 连接和注册中心的访问。这种复杂性可能让性能提升显得微不足道，但对于本地开发来说极其重要，因为大部分开发者在本地无法启动一个注册中心。总之，路由表的使用和异步方法的数据等待机制保证了请求处理的高效性和有序性。无论是通过 HTTP 请求还是 RPC，设计合理的通信流程和线程管理可以确保服务载入的高效运行。

最后，在服务载入虚拟机的过程中，有一个重要且容易被忽略的问题：错误处理。在大多数情况下，或者说在理想情况下，服务会正常运行，但一旦发生错误，应该如何处理呢？首先，初始化阶段的错误处理至关重要。这些错误一般发生在虚拟机运行初始化代码时，可分为两种：第一种错误是代码的正常错误和由于虚拟机限制触发的错误。虚拟机限制可能导致的错误包括服务初始化超时，或代码超过服务的内存和 CPU 限制等。这类初始化错误应该在线程初始化时即时报错，并对线程进行销毁，同时在后续的请求中抛出异常。第二种错误是运行时错误。对于这类错误，应该将错误信息进行封装，并绑定一个请求 ID，以便进行错误返回。特别是在 JavaScript 中，存在未捕捉到错误的情况，例如，在计时器中抛出的异常，如果这些异常没有通过 Promise 的 reject 进行捕捉，则会升级为未捕捉的异常。对于这类错误，通常应在最近一个未返回结果的请求中进行处理。

尽管这部分设计看似更像是注意事项的说明，但这些说明非常重要且不应被忽略，因此需要在设计文档中明确展现。确保错误处理机制的完整和有效，是保证服务稳定性和可靠性的关键。

2.6 平台的结构拆分

Serverless 平台是管理和配置 Serverless 服务的关键组件。在没有这样的平台的情况下，函数服务将缺乏必要的支持结构。许多人认为服务在本地运行良好，直接部署到自己的服务器上就足够了，但这种方式存在缺点：一旦服务出现异常，就需要开发者自行处理。在 Serverless 平台上，通常需要处理大规模服务，这不仅要求保证单个服务的运行，更重要的是确保每个服务的稳定运行。这涉及多种服务调配手段和动态的缩放能力。通过平台提供的各种功能，开发者无需再担心服务的稳定性、机器故障、存储空间等运维问题。

Serverless 平台主要涉及三个核心组件：第一是去中心文件系统，主要负责代码文件的存储，确保数据的可靠性和访问速度；第二是服务的注册与发现中心，负责解决服务的配置同步和服务注册问题，使服务发现过程更加高效和自动化；第三是结合框架的功能配置，负责设计特殊的功能，如应用程序（App）的系统模块权限配置，及内存和超时等使用限制。通过集成这些功能，Serverless 平台使得应用部署和运维更加简便，同时提高了系统的灵活性和扩展性。这样，开发者可以更专注于功能开发，而不是底层的基础设施管理和维护。

所以，有了 Serverless 平台，就可以开始在开发步骤后实现一条龙服务，包括线上构建、代码发布、线上调试、灰度能力等。Serverless 平台不仅提供了服务的运维能力，而且通过其界面化操作简化了复杂的运维需求。这使得开发者能够将更多精力投入到创造性的编程和产品创新中，加速产品从概念到市场的转变。

2.6.1 去中心文件系统设计

平台的去中心文件系统，一般基于 S3 进行设计，而为什么使用 S3 而不是使用 NFS 来构建文件系统，2.1.4 节已经做过比较，本节不作重点赘述，本节重点探讨 S3 的实现和思考。

为什么使用 S3 构建去中心文件系统？S3 是亚马逊提供云储存服务，在这个服务下实现了高可靠性、可扩展性、安全性及 API 接口能力，目前使用的 S3 一般是社区的开源版本，各大云服务提供商都有提供 S3 的服务。S3 广泛应用于文件的存储和读取，互联网公司内部也大量使用。S3 本身是一个去中心文件系统，使用它的接口来做 Serverless 的文件系统的设计再合适不过了。

在什么情况下使用去中心文件系统呢？首先，在开发完成并准备部署时，有一个重要的构建阶段。由于代码通常不能直接运行，往往需要经过编译，生成最终可运行的产物，交由虚拟机执行。无论是线上构建还是本地构建，都是运行构建指令，生成构建产物。接着，通过调用 S3 服务上传构建产物，并根据 Git 版本信息进行标注，最终获取 S3 连接。在配置中心更新 S3 连接和当前应用版本后，Serverless 平台监测到配置中心的版本号变更，便会拉取新产物。拉取完成后，服务进行软更新，即新的流量使用新版本的服务，老版本的服务在请求结束后销毁，从而实现代码部署和版本轮换。

同理，在代码需要回滚的情况下，平台会选择要部署的版本，并将部署版本修改为需要回滚的版本。这里可以使用自动版本销毁策略。例如，只保留近一年的 S3 文件，如果超过一年，则只保留最近的 10 个版本。这种策略既能保证有可回滚的版本，又不会过度浪费 S3 的存储空间。选择回滚版本后，可以在配置中心修改当前需要部署的版本。机器检测到部署版本修改后，会从 S3 拉取对应的文件，该文件也是一个产物文件，并将其放置在应用对应的版本目录下，继续进行软更新。

在分布式场景下，这种配置修改需要通知多台机器。例如，有 7 台机器，那么这 7 台机器都会订阅配置更新。当配置更新后，7 台机器会同时从 S3 拉取文件，并在拉取结束后进行软更新，确保每台机器上的服务都是当前最新的部署版本。

▶▶ 2.6.2 代码服务端部署设计

代码服务端部署设计是一个较好的例子，能够展示去中心化文件系统的使用及配置与注册中心的功能。这种方式也是代码部署不断演化的结果。

在早期，代码部署需要先登录机器，通过 FTP 或其他文件上传方式将代码上传到服务器中，然后手动配置和添加依赖，接着编译代码，最后重新运行服务来完成代码部署。这种方式虽然简单，但存在明显的缺点。首先，本地和服务器环境的不一致问题可能导致本地运行正常的代码在服务器上出现问题。其次，操作相对复杂，手动配置、手动添加依赖及编译代码需要花费较多时间，手动操作失误还可能导致服务部署异常。

后来，程序员们将代码部署自动化。首先，利用 Git 或 SVN 将代码整合到仓库中，然后将早期的功能做成一个按钮，通过这个按钮可以自动在服务器上执行代码拉取、自动添加依赖、自动编译代码。这解决了操作复杂的问题，使代码部署变得轻松许多。然而，本地和服务器环境不一致的问题依旧存在，系统版本不一致甚至会导致编译问题。

再后来，Docker 的出现解决了环境统一的问题。利用 Dockerfile 进行构建，然后将代码运行在 Docker 中，实现了环境隔离。通过自动化构建脚本，可以轻松地将服务替换并最终部署到服务器上。这似乎完美地解决了服务代码的部署问题。然而，随着项目数量的增加，虽然项目部署变得简单，但 Docker 需要更多维护。例如，Docker 历史镜像过大导致硬盘资源被过度占用，Docker 容器部署和端口管理变得混乱。虽然开发工作量变轻松了，但运维工作量却增加了。

为降低运维成本，通过 Serverless 平台可以实现这些目标。首先，将运维平台化，使所有人都使用 Serverless 平台进行部署。代码变更后，可以向 Serverless 平台发送指令，提示其开始部署。构建完成后，可以选择分流策略和灰度策略来部署服务，通过版本引导服务加载。Docker 的维护交由 Serverless 平台的专门人员负责，以确保服务稳定。

在具体设计上，应该支持流水线的自动构建发布方式和手动发送方式来实现服务部署。构建能力和发布能力需要分离，无论是自动还是手动，都应有单独的构建选项。构建完成后，提供一个 Serverless 平台接口上传构建结果，这可以使用去中心文件系统实现。最后，修改注册与发现中心的配置，使发布能通知所有机器，并按照特定策略加载服务代码。开发者既可以通过 Serverless 平台简单单击实现代码发布，也可以使用命令行工具调用 Serverless 平台接口进行发布，实现代码部署到服务端的目的。

▶▶ 2.6.3 配置与注册中心设计

配置与注册中心是 Serverless 平台的核心，因为它承载了所有服务的配置及服务之间的关联关系。通过它可以决定服务的版本和管控，并找到对应服务的具体位置。

从技术角度来看，配置与注册中心可以理解为高一致性的键值对数据库。当服务启动时，会定期向该数据库发送消息，告知服务的作用和位置，并通过定期消息告知主服务的存活状态。当需要进行远程调用时，可以在配置与注册中心发现服务的变化，并查询到服务的地址进行访问。此外，该数据库还存储了许多关于函数的配置，如版本信息和灰度信息，这些信息在配置变更时需要读取。

在读取配置时会涉及流量问题，因为读取配置本身的流量是巨大的，甚至每个请求发起时可能都会进行一次配置读取。那么在这种情况下，应该如何应对呢？首先，流量大，即使是高性能的键值对数据库也不一定能承受住每次读取的压力。因此，不能每次都进行读取。对于这种情况，有两套方案。第一种方案是给请求加缓存，设定一个缓存时间，比如 3 s。这个方法的好处是简单，但缺点是实时性不佳，且存在缓存击穿问题。如果大量服务在 3 s 后同时失效，就会同时发起请求，从而导致缓存击穿。第二种方案是处理这种情况的最佳方案，即订阅对应键值的变化。在服务启动时，将对应的键值下发到服务本地，当键值更新时，同步更新内存和文件。在读取配置时，如果因服务重启、内存过期淘汰、内存热点策略或其他原因导致内存中不存在该配置，可以直接读取文件。这种方式可以保证配置始终是最新的，即使订阅服务出现问题，也可以读取本地文件进行兜底。第二种方案在设计上相对复杂，在早期或非商业阶段可以使用第一种方案进行配置读取，而在流量剧增和商业阶段，可以采用第二种方案以强化稳定性。关于第二种方案设计，合理的配置读取设计如图 2-6 所示。

当然，技术细节很多，如域名配置功能等。可能会有人疑问，为什么需要配置域名呢？直接把域名指向业务的服务不行吗？为什么还要在配置中心进行配置呢？其实可以将任意域名指向业务的服务并渲染该服务，但这中间有两个问题。第一，域名对应的应用程序是什么，需要通过域名配置决定其最终指向哪个应用程序。第二，防止外部攻击。例如，一个域名是 aaa.com，而黑客拥有域名 bbb.com，黑客发现 aaa.com 下有个接口很好用，想免费使用该服务。黑客可以包一层自己的服务，将 bbb.com 映射到该业务服务上。这就如同李逵和李鬼问题，因此需要在域名上做一些配置，以确保服务与域名的对应关系。

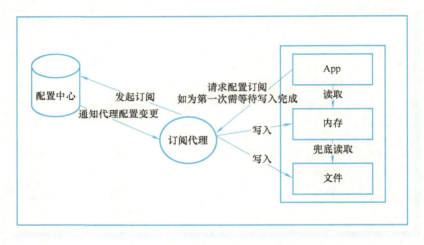

• 图 2-6　合理的配置读取设计

简而言之，Serverless 平台的大量功能都是通过与配置中心交互来实现的，以便配置服务，确保服务策略得以实现。

2.7　平台功能结构设计

如果说平台结构设计决定了需要使用什么技术手段来实现平台，那么平台功能设计则是基于平台结构设计的功能演变。平台结构设计和功能设计的不同点在于，平台结构设计主要突出平台的基础能力，而平台功能设计则深入每个功能点，通过具体的设计片段组合，获取相对全面的平台理解。

通过 App 的注册与配置，可以了解 App 和平台的交互与沟通。App 通过上报实现注册，再由平台配置对 App 进行下发，使 App 最终运行。这个过程揭示了 App 和平台的关系，也解释了为何 App 受平台的统一管理。

通过分流和灰度配置，可以发现版本设计理念，了解如何依赖平台控制版本，实现代码分流能力。分流可以衍生出灰度发布，甚至 A/B 测试。理解分流和版本设计，使得实现相应的衍生场景更加简单。这也是学习软件设计的重要原因。

通过 App 域名配置，可以了解到整个链路设计，理解域名转发过程。域名配置中不谈及整个域名链路是不完整的。通过域名链路到 App 配置，再到 App 渲染的展现，是一个有意义的课题。

从基础设计到功能上层设计，通过这些设计的整合，可以学习如何设计 Serverless 平台。这不仅是对 Serverless 平台设计的学习，更是对大项目设计的整合能力的提升。

2.7.1 App 的注册与配置

在 Serverless 平台中，所有行为都是围绕 App 的管理展开的，而 App 管理的核心在于注册和配置的设计。注册决定了 App 在平台上的使用方式，而配置则决定了 App 的具体使用方式。通过 App 的注册和配置，可以在平台上运行 App 服务。例如，App 注册后，可以根据默认配置路径进行渲染；通过权限配置、线程和内存限制配置，可以控制 App 的服务资源，实现容量预估，更好地服务每个 App。

为什么要进行 App 注册？App 注册有两个不同的方面：一是 App 在平台上注册以获取平台的使用权，二是在注册和发现中心进行服务地址的注册。这两个是完全不同的事情。在平台上注册获取 App 使用权，类似于在游戏中注册账号，获取游戏使用权；而在注册和发现中心进行注册，类似于游戏的通关卡，只有按照指定路径操作才能通关。这里主要讨论的是平台的注册。使用平台，包括部署时调用平台接口进行部署，必须得到平台的允许，所以需要在平台上进行注册。注册完毕后，用户可以获得使用该 App 的权限。同时，每个 App 的名字必须唯一。因为有两种方式通过外部访问 App：一种是通过域名访问 App 服务，另一种是平台提供域名但使用路径区分，这种方式在企业内部较为常见。因此，如果使用路径区分，路径必须唯一，App 也必须在平台进行注册以保证路径的唯一性。

由于配置存放在配置中心，而配置中心是一个分布式强一致性数据库，App 获取配置通过这个数据库实现。因此，App 的注册信息也适合存储在配置中心。在填写 App 名字后，可以初始化一些默认配置项，如 App 的权限配置、最大线程配置、超时时间配置等。当用户修改这些配置时，通过配置中心下发数据，确保 App 运行时保持最新配置。当 App 未运行时，注册信息可能只是存储在配置中心中的描述信息。

那么 App 的配置包含哪些信息呢？第一是 App 的唯一标识，一般包括 App 的名称和 App 的路径标识。然后是描述，用于阐述 App 的用处，很多时候可能会管理多个 App，在使用多个 App 的时候通过描述更容易了解到 App 的用途。再就是 App 的权限管控，之前也说过权限管控的用途，例如，可以通过权限管控来限制 fs 模块的使用使 App 没有访问文件的能力，而权限管控主要用于限制 App 的基础类库的能力，包括 App 使用第三方依赖的基础类库的能力。此外，还用于一些资源的限制，包括：最大线程数，这其实是对 App 的一个计算能力的限制，通过线程数的限制来控制单位时间内有限的计算资源；超时时间，超时时间有两个方面，一个是请求的超时时间，用来控制请求一直没有返回的情况，通过控制超时间来限制内容的返回情况，另一个则是控制线程的最大超时时间，可以通过控制线程的最大时间来决定线程的销毁时机，而一般来说线程的超时时间大于请求的超时时间，这样可以更好的保证请求结束后能再进行一个线程的销毁。除此之外，还能配置一些关于内存的控制，例如，调整新生代和老生代的空间来对整个 App 进行控制。甚至可以通过调整堆栈的大小来控制非尾递归的数量。

上述可以说是一个基础的配置集合，还有一些并不是基础的配置，比如说分流的配置，它需要 App 的版本和 App 分流配置做一个整合，那么接下来就聊聊分流配置的实现方法。

2.7.2 分流和灰度配置

在高流量项目中，灰度发布是不可或缺的功能。灰度发布允许一部分用户体验新功能和版本，而大部分用户继续使用旧版本。尤其是当开发的新功能面向大量用户时，稳定性尚未得到有效验证，通过灰度发布，可以逐步增加用户数量，同时调整功能和策略，使其更加符合用户习惯和产品预期。

灰度发布的好处有很多：第一，风险把控。新功能往往不够完善和稳定，通过灰度发布，一旦发现问题，可以在影响最小的情况下进行修复。灰度发布避免了新功能直接影响所有用户，从而提升用户体验；第二，验证服务稳定性。新功能和服务通常未经过大流量验证，通过逐步增加流量，可以在不同环境下测试使用情况。同时，通过周期性提升流量，可以更好地预估服务容量，确定服务的承受峰值，并及时调整代码或设备资源；第三，优化用户调研。在发布新产品时，通常需要抽取一定的样本用户进行调研。灰度发布中，可以在灰度用户中选取少量样本用户进行调研，而不是在全量用户中选取样本，从而更好地控制影响范围。

在 Serverless 平台中设计灰度发布，首先需要考虑分流模式，即通过特定方式将流量引导至特定版本的 App。分流方式可以作为灰度发布、A/B 测试或开发人员编程分流的一种方法。以下是几种常见的分流方式：

第一种是权重分流。权重分流带有一定的随机性，通过版本权重来分配流量。这种分流方式的优点是可以很好地控制分流比例，但缺点是随机性较强。实现这种分流方式时，可以使用随机数命中机制。例如，假设有两个版本 A 和 B，权重分别为 30% 和 70%，可以通过生成 0~99 的随机数，如果随机数为 0~29，则请求分流到 A 版本，否则分流到 B 版本。

第二种则是轮询的分流。它根据配置的版本进行轮询，可以保证下一个请求一定是配置的另一个版本，这种分流的好处则是公平分配，确保每个被配置的分流版本都能获得同等的流量。一般可以使用环状链表的设计来实现，简单来说，环状链表是将链表尾重新指向链表头，实现环状结构。每次请求到达时，版本分流会使用下一个节点。环状链原理如图 2-7 所示。

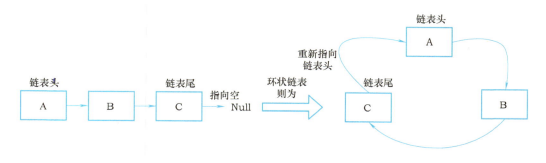

• 图 2-7 环状链原理

第三种是标识分流。该方法通过在请求中附加灰度标识来实现分流。例如，可以在请求头中包含版本号以便进行分流。这种方法的优势在于可以实现有目的性的版本控制。然而，其缺点是客户端能够影响分流比率。实现该方法相对简单，只需根据标识匹配相应版本即可。需要注意的是，若标识未命中已配置的灰度版本，则通常会指向默认版本或最新版本。此外，建议使用匿名 ID 或其他加密手段来设置标识，以防止恶意用户利用这些标识访问特定的版本。

第四种是基于 IP 的分流。这种方式常用于地理位置分流，即根据用户的 IP 段，将用户引导至对应配置的版本。该方法的优势在于能够有效地覆盖特定地区的用户。其限制在于，扩展通常仅限于 IP 段。通常，可以利用 TCP 握手过程中获取的 IP 信息来识别用户 IP，尽管存在被伪造的可能性，但对于灰度测试来说，只要保证大部分用户的正常使用即可。

▶▶ 2.7.3 App 域名配置

在讨论 App 域名配置设计之前，有必要先了解域名的相关知识，这有助于理解为何应用需要进行域名配置。

域名的出现主要是为了解决 IP 地址难以记忆的问题。早期，人们需要记住 IP 地址以访问特定的网站，类似于记忆广播电台的频道。为了简化这一过程，域名被创造出来，其主要功能是将易于记忆的名称映射到 IP 地址上。当输入一个域名时，系统首先会联系 DNS 服务器，这是一台存储域名与 IP 映射关系的服务器。用户可以通过 DNS 服务提供商购买域名，并获得对该域名在 DNS 服务中的解析权，从而将域名指向指定的服务 IP。这一过程意味着，每次域名解析都会经过 DNS 服务器以获取相应的 IP 地址，然后通过该 IP 地址访问服务。早在 21 世纪初，DNS 服务的中断会导致无法访问某些网站。随着技术的发展，DNS 服务引入了动态获取和负载均衡策略，使得 DNS 更为稳定。近年来，随着 IPv6 的推广，DNS 服务的重要性进一步增加。然而，某些网络运营商和地区，出于特定利益考虑，仍然可能对 DNS 进行域名劫持，将域名解析指向非预期的服务。此外，许多公司为了实现内部网络的域名功能，选择自建 DNS 服务器，以便在办公网络内进行域名解析和必要的域名劫持，以支持内网域名的使用和管理。这种做法确保了公司内部网络的高效和安全运行。

当域名解析得到对应的 IP 地址后，仍需确保该域名有访问对应服务的权限。在现代企业架构中，许多公司的服务入口 IP 实际上是负载均衡器，而这要求明确域名对应的具体服务，以保证服务的性能和稳定性。确保域名的合法性和其服务定向的实现可以通过两种主要方式进行：第一种是负载均衡层实现，即在负载均衡器上配置域名映射，由它负责将流量转发到正确的服务。这种方式的优势在于高性能和简单的配置过程。不足之处在于，如使用 Serverless 平台，域名配置需要同步更新至负载均衡层，可能引起配置管理上的复杂性；第二种是服务层实现，即流量经过负载均衡后直接到达服务端，由服务端根据请求的域名进行判断和处理。这种方式的优点在于不依赖负载均衡的配置，使得服务更灵活，便于实时更新配置而不影响系统的基础稳定性。鉴于现代服务架构通常采用多租户模式，涉及大量的域名配置和频繁的更新，建议在服务层实现域名的校验和配置。这种方式能更好地适应租户数量的增加和配置的动态变化，避免频繁修改负载均衡层的配置。

为有效实施这种设计，可以利用 Serverless 平台的配置中心。在配置中心中维护域名与对应应用的配置信息，当请求到达 Serverless 服务时，服务能够即时识别域名并获取对应应用的配置。这些配置包括应用的基本信息和分流策略，从而正确渲染所请求的应用。通过这种方法，可以灵活地实现域名到应用配置的映射，确保了服务的适应性和灵活性。

第 3 章

Serverless架构的脚手架设计

3.1 脚手架功能概述

在许多平台或框架中，脚手架起到了极为重要的辅助作用，Serverless 平台也不例外。脚手架的主要功能是简化服务的搭建和开发过程，使得原本需要复杂操作的服务可以轻松运行，从而简化了整个服务的编译和部署流程。

通过脚手架，项目的构建过程可以遵循一定的规范，这不仅有助于标准化代码开发，还能简化复杂项目的管理。例如，脚手架的模板初始化功能允许开发者根据现有的线上模板或特定规则快速组建项目，极大地节约了搭建时间，特别是对初学者而言，这种方式能显著降低入门难度，加快项目启动速度。

脚手架不仅限于初始化功能，它还涵盖了许多细节操作，如项目的启动方式和路径配置等。在大型 Serverless 服务环境中，手动启动各个服务节点可能会非常复杂。脚手架通过自动化这些过程，确保服务的顺畅运行，从而提高了效率。

在代码编译方面，脚手架同样发挥重要作用。它并不直接集成编译器，而是组织和调用所需的编译资源，简化编译过程。这种方法不仅提高了编译效率，还增强了编译过程的灵活性。

最后，脚手架还集成了部署能力，简化了服务的部署流程。Serverless 架构的核心目的是使用户能够更快速、简单地开发应用，而脚手架正是实现这一目标的关键工具。通过集成多种开发、编译和部署工具，脚手架不仅提高了开发效率，还优化了整个服务的生命周期管理。

3.1.1 服务运行

简单来说，许多平台和框架是通过脚手架工具启动服务。然而，在设计 Serverless 平台的脚手架工具与框架的脚手架工具时，存在一些显著的差异。对于平台而言，需要同步配置，同时针对每个独立的项目开发，开发者们都希望拥有适合自己项目特色的打包工具。因此，不同的需求对服务运行的设计也提出了更高的要求。

Serverless 平台与框架的不同之处在于，每个 App 在 Serverless 平台中都可以拥有自己独特的配置，在运行的时候，可以将这些配置从平台中拉取。当然，如果最终不需要在这个平台上运行，只是作为一个框架使用，本身也可以不需要这些配置。作为 Serverless 平台的服务，为了保证线上环境与开发环境的一致性，需要对配置下发进行集成，以避免开发过程中正常运行但上线后出现问题的情况。

设计脚手架时，需要考虑是否支持插件机制。对于一个平台脚手架而言，除了基本功能外，还应具备可编程性和可扩展性。通常，脚手架可能需要根据不同需求对初始化的项目进行划分。例如，有些项目可能集成前端的打包功能，另一些项目则需要与机器设备进行交互。然而，这些功能不应全部集成在一个脚手架中。当脚手架功能过度集成时，其自身会变得非常庞大和复杂，这对用户而言是不合理的，因为它会占用大量的空间和资源。因此，必须对外提供扩展能力，使用户可以根据自身需求安装相应的插件。这样，脚手架整体会更加轻量，用户的依赖性也会降低很多。这就像只想吃一个鸡翅，却被要求购买整个全家桶。虽然可以吃到鸡翅，但用户并不需要其他部分，却仍需为整个全家桶买单。

脚手架的插件可以有多种形式。例如，许多前端开发人员希望快速实现后端接口，Serverless 就是一个非常方便的选择。这些开发者可能希望避免在开发过程中打开两个窗口分别运行 Serverless 服务和前端服务。对此，Serverless 脚手架可以提供服务运行接口的可插拔功能，允许开发者编写插件，实现统一的服务运行或整体打包功能。虽然有观点认为 Serverless 是纯粹的后端服务，不宜将前后端功能混合在一起，但从基础设计的角度来看，只需关注纯后端服务的接口实现即可。接口提供运行和渲染静态资源的能力也是接口功能的一部分。这种接口功能类似于提供静态资源，因此，平台只需实现基本的接口能力即可，而是否引入前端功能应由用户自行决定。如果用户群体主要是前端开发者，可以考虑推出全栈插件，但不必实现所有前端功能。可以开发一些主流前端框架的脚手架插件作为示范案例，其他前端框架的开发者或用户可以参考这些案例，完成他们所需的脚手架插件。

▶▶ 3.1.2 代码编译

代码的编译过程也可以通过脚手架来实现，同样为用户提供插件机制。这样一来，用户可以在编译 Serverless 服务代码的过程前后添加其他插件，实现额外的扩展功能，这种扩展功能可以包括其他框架甚至其他编程语言的编译。编译的目的在于生成一个可运行的结果，因此，编译的实现应围绕这一目标展开。通过插件机制，用户可以灵活地自定义编译流程，满足不同的需求和场景。

对于使用 TypeScript 作为主要开发语言的 Serverless 服务代码，脚手架应支持 TypeScript 编译器，以便将 TypeScript 代码编译为 JavaScript，从而生成服务器端可执行的代码。但不应将 TypeScript 直接集成到脚手架中，而是应通过插件实现 TypeScript 的编译功能。对于类似这种几乎是开发必需的插件，可以将其集成在 Serverless 初始化项目的模板中。之所以不直接将 TypeScript 作为脚手架的一部分，是因为 TypeScript 版本会不断迭代更新，将 TypeScript 作为接口提供可以让用户自主选择和控制版本。用户可以使用模板中提供的默认版本进行开发，若需要使用新特性或特定版本的 TypeScript，可以自行升级。开发脚手架和插件时，功能应尽量稳定，不建议频繁迭代。脚手架作为用户工具，频繁地更新和参数修改可能会影响用户体验，打破用户的使用习惯。因此，以插件方式实现编译功能是一个良好的实践。这样，前端用户可以自由选择所需的框架编译器版本，进行代码的编译和产物的合并，直至最终输出目标结果。

关于目标结果的处理，如果产物包含文件夹及其数据，直接上传文件夹不是理想的做法。这不仅对服务不够友好，也可能导致产物的不准确性。例如，某些操作系统（如 Mac 系统）可能会在文件夹中自动添加 .DS_Store 文件，影响到功能的实际结果，尤其是在静态渲染功能中，可能导致多余文件的渲染。为了解决这些问题，避免版本混乱和不必要的文件夹内容混入，考虑使用产物包的方式来编译和打包产物。通过将产物打包成一个压缩文件（如 Zip 包），确保产物的版本一致性和完整性。每次打包产物时，文件包的解压结果总是固定的文件集，这避免了因多次打包合并而导致的混淆问题。即使没有版本信息，通过覆盖打包的方式，产物文件也仅代表一次打包的结果，而非多个结果的叠加。在这种打包过程中，脚手架可以提供相应的打包能力，而不是让用户手动记住和执行各个命令行。这种自动化的打包功能不仅提升了用户体验，也确保了打包过程的一致性和可靠性。

3.1.3 服务部署

在大多数脚手架中，服务的部署通常不会直接在脚手架内实现。然而，对于 Serverless 架构而言，由于其依赖平台的特性，平台往往集成了从发布到部署的全流程。因此，对于习惯于使用命令行工具的用户来说，在脚手架中实现服务部署能力显得尤为重要。那么，如何设计这一功能成为关键。

服务部署的实现可以分为几个部分。首先，服务部署的一个重要环节是通知平台进行发布。一般有两种实现方式：一种是 Serverless 平台通过订阅 Git 来实现，另一种是将打包好的结果直接上传到 Serverless 平台进行部署。这两种方式虽然看似独立，但实际上是相互关联的。

对于 Serverless 平台订阅 Git 的实现方式，流程通常如下：先检查代码是否已经提交，然后将相关信息发送给平台，通知平台进行构建；接着，在命令行工具中等待构建完成后，选择需要发布的服务，最终实现功能的发布。这种方式的优点是可以消除不同机器之间的差异，因为所有的打包和构建工作都在 Serverless 平台上完成。平台上的打包系统和软件版本能够尽可能保持与线上环境一致，是一种较为理想的方式。但是这种方式的缺点在于成本较高，需要搭建和维护自己的自动构建平台。另一种方式是将打包好的结果直接上传到 Serverless 平台进行部署。虽然这种方式可能更加简便，但对环境的一致性和控制不如前者严格。因此，设计脚手架的部署功能时，可以考虑同时支持这两种方式，根据用户的需求和环境进行灵活的选择。

鉴于第二种方式需要在本地将服务进行打包再发布到 Serverless 平台，所以还是对代码进行打包，通过获取到完整的打包方式来进行发布。这种方式的优点就是比较简单，但缺点也很明显，当团队相对较大的时候，每位开发者的机器环境可能各不相同。总的来说，这种方式对私有化部署的 Serverless 平台的一些小团队来说可能比较划算，对多租户和大团队来说不太友好。

所以对于脚手架的服务的部署来说，两种方式都需要实现，因为这两种方式有进行组合最终拼装成想要的服务部署效果的可能。准确地说，通过 Serverless 的平台订阅最终实现自动构建并发布，这一过程需要依赖于本地打包再发布到 Serverless 平台。为什么这样说呢？这里涉及代码构建的升级。好比服务的早期是本地打包，再通过 FTP 的方式进行一个文件的上传，然后重启服务最终实现服务的运行。后来为了解决本地环境不一致的问题，引入了自动化构建工具，在自动构建的流水线中进行打包，通过自动化脚本来上传文件和重启服务。再后来引入 Docker 来进行环境的可配置化的工作，同时替换容器来升级服务，在完成打包文件后，使用分布式文件工具进行文件的上传，最终通知配置中心，由其触发服务代码的升级。但是打包能力始终是需要去实现的，主要的区别可能是，这个打包的执行命令是在本地执行还是在自动构建的机器或在 Docker 中进行构建，完成打包后再进行文件的上传，最后通知 Serverless 平台服务。所以，站在这个角度，本地的打包和发布仅是一个基础版本，后续的打包能力可以基于这个基础版本实现。

至此，基本完成了整体服务部署的简单阐述，接下来开始对整个脚手架进行具体功能的拆解，最终描述整个脚手架的画像。

3.2 服务运行功能概述

在 Serverless 架构中，为了在本地运行函数服务，脚手架需要具备一定的本地开发能力。一般而言，这种能力可以通过两种方式实现。

第一种方式是本地修改后将修改的页面上传至 Serverless 平台，最终在平台上实现函数的调试和运行。这种方法能够满足用户需求，但对网络环境和服务构建速度有较高要求，否则可能导致用户体验不佳。当然，有些 Serverless 平台不需要代码构建，即本地变更后将文件上传至测试服务器，测试服务直接重启，从而实现快速开发。这种方式的优点在于不需要在本地实现运行环境，能够保持环境的绝对统一。然而，其缺点是每次代码修改可能产生更多的等待时间，并限制了用户代码的构建方式及其扩展能力。

第二种方式是在脚手架中集成功能服务的框架，通过运行该框架在本地启动服务进行调试。这种方式类似于使用某个框架的脚手架来运行框架及其代码，具有相对较低的实现成本，对于私有化部署较为友好。然而，其主要缺点是环境不够统一，开发依赖于开发者本地的运行环境。

站在开源和开发者方便运行的角度，更倾向于使用第二种方式，即本地实现一个函数服务框架来运行服务，同时尽可能地保持与线上运行的一致性。具体实现方法将在本节进行深入探讨。

▶ 3.2.1 配置获取设计

在设计一个函数服务框架以运行服务时，首先会面临配置差异问题。为解决这一问题，在设计时应对配置进行定义和划分，以便更好地实现配置获取。

配置通常包括以下几个部分：

一是应用配置（App 配置），即与应用和函数相关的配置。包括：应用限制条件，如可使用的模块、内存和 CPU 资源的限制、超时时间等；分流配置和域名配置，这些配置只在线上生效，本地仅需拉取与应用相关的限制配置，以实现与线上功能的同步。当然，除了运行外，可能还要获取一些其他的配置，如部署方式和部署接口的配置，以便后续使用。

二是 Serverless 平台的运行配置。对于脚手架运行服务来说，这些配置只需在 Serverless 平台中，而无需放在本地。本地所需的平台配置应包括与应用和函数相关且对运行有影响的配置。

三是脚手架配置。脚手架本身也需要一些配置，如在本地打印日志、热更新的等待时间和方式。

结合上述条件，可以归纳出所需的配置，并通过配置交集获取所需的配置。这样可以确保配置合理、有效，并能够在本地和线上环境中实现一致性。获取配置交集如图 3-1 所示。

当然，通过获取配置交集的方式可以知道需要哪些配置，但并不需要开发单独的接口来获取数据。实际上，可以在脚手架中进行数据转换，最终获取运行 App 所需的配置。

既然有了运行 App 所需的配置，就可以根据这些参数设计脚手架的运行框架。这些配置随后成为框架的启动参数，因此，当配置发生变更时，就一定会影响服务的启动。在这种情况下，需要为脚手架增加版本的概念，即根据脚手架的版本来决定配置的版本。配置版本、脚手架版本及框架版本将会有一定的关联。

● 图 3-1　获取配置交集

有了这些配置后，可以开始着手框架的开发。通过框架的开发，可以实现服务的运行。有了框架，就可以根据它实现对应的模板。通过模板，可以对开发模式进行一些约束。关于开发模式的具体设计，将在下一节中详细探讨。

3.2.2　开发模式设计

脚手架功能的设计，实际上决定了开发模式的设计，而开发模式又进一步决定整个开发流程。所以，在设计脚手架中，要尽可能考虑开发流程的设计是否会影响开发的效率。开发流程主要有以下几个环节：初始化项目、开发运行和项目发布。对于开发人员来说，最重要的可能是开发运行阶段，开发运行有很多方面，如项目的运行方式、代码的结构、调试的方式等，更加细节的可能还会有类型引用的方式、代码提示的生成、RPC 的调用方式等。这些都与脚手架的设计有很强的相关性，设计时应该对这些进行考虑。

在项目开发流程中，初始化项目是关键的第一步。初始化项目可以通过两种主要方式进行：平台初始化和脚手架初始化。平台初始化的流程有四个步骤：第一步选择模板，在 Serverless 平台中，用户可以选择合适的项目模板，这些模板预先配置了代码结构、依赖库和基本设置；第二步创建项目，平台根据选择的模板创建项目，包括建立代码仓库和配置 Serverless 平台相关信息；第三步关联配置，平台会自动将项目与上线的 App 相关配置进行关联；第四步克隆到本地，用户通过平台提供的仓库地址，将项目复制到本地进行开发。脚手架初始化的流程则有五个步骤：第一步拉取模板，用户通过脚手架工具拉取服务模板；第二步创建服务，脚手架根据模板在本地生成服务项目；第三步配置仓库地址，用户设置本地项目的代码仓库地址；第四步关联 Serverless 平台，用户在本地模板中配置 App 的唯一 ID，将本地代码与 Serverless 平台上的服务关联；最后一步注册配置，将模板的 App 信息注册到 Serverless 平台。脚手架初始化的流程看起来更加复杂，但实际上其复杂程度主要和用户的使用习惯有关，很多用户喜欢配置特定的仓库地址等过程，并不那么喜欢一键化生成。一键化生成会忽略很多个性化的配置，同时，如果在 Serverless 平台中选择开发模板功能可能会比脚手架开发初始化功能的工作量要大很多。所以，这个时候选择是否开发脚手架的初始化功能还得根据团队大小来做决定。如果团队较小，可能不需要脚手架的初始化功能，直接复制现有模板修改即可；如果团队人数中等，则脚手架的初始化功能可以解决团队中初始化需求；而团队较大，甚至说对外开放的话，不仅应该实现脚手架的初始化辅助功能，更应该在 Serverless 平台中选择模板初始化功能，根据 Serverless 平台初始化好的模板，通过脚手架工具来协助拉取项目并自动安装依赖，原因主要是，如果使用脚手架来实现完全的初始化功能，在每个使用者计算机的环境都是不一样的，同时，脚手架的升级也远比直接在平台上进行更麻烦，这意味着修复问题的成本偏高。很多时候可能并不是脚手架出现问题，而是使用者环境的问题导致使用出现问题，同时使用者选择不升级脚手架工具也是常见的一个情况。所以根据不同的情况去实现不同的开发模式才是对设计更好的选择。

在开发和运行阶段，Serverless 项目的使用者通常会花费最多的时间，因此，这一阶段的运行和实现必须在本地具备方便的运行和调试能力。此时，更需考虑用户开发的体验问题，如是否能使用脚手架工具实现一键启动、项目间的依赖是否过重、调试项目的难度是否较大等。例如，许多函数服务会将前端和后端分离。因为从本质来看，函数服务是一个后端。如果这样处理，前端和后端的仓库可能不会在同一个项目中，要运行函数项目并看到效果就必须运行两个项目，这显然不符合使用者的预期，会增加启动项目的复杂性。再例如，对于全栈项目，有些脚手架工具会直接将前端的打包运行集成到脚手架中，并限定前端的结构和范围。这样一来，前端开发者在想更换框架或升级框架时变得非常困难。通过以上两个例子可以看出，无论是不集成前端运行工具，还是过度集成前端运行工具，都不可取。最佳的方式是脚手架本身不集成前端运行工具，以保证函数服务的纯粹性，但脚手架工具要提供扩展能力，支持前端运行工具的集成。接下来，将讨论可插拔扩展在脚手架中的设计。

3.2.3 可插拔扩展设计

可插拔扩展在脚手架设计中可以分为多个方面，如运行的扩展、构建的扩展及命令选项的扩展。这些扩展的接入方式主要有两种：一种是按照特定规则进行接入，例如，拓展的包名有一定的规则，脚手架在运行的时候根据依赖读取到特定规则的包名并直接进行载入；另一种是通过配置文件进行扩展的接入，也就是提供脚手架配置文件，用户在配置文件中配置拓展。对于不同的阶段、不同的扩展能力及不同的扩展方法，在设计的时候是应该如何考虑这些功能呢？

对于扩展的方式，按照特定规则来读取扩展一定程度上不如直接使用用户配置来实现扩展能力，原因是直接通过特定规则来读取扩展这个过程对模板的使用者来说不够透明，而通过配置来实现扩展则可以让扩展更加显式。这意味着，在使用扩展的时候可以明确知道自己已经使用了这个扩展，不会被脚手架悄悄地加载，这样能规避很多异常的排查。例如，如果使用特定规则来读取扩展，但开发者并不知道加载了这个扩展，最终可能导致编译出的文件无法达到想要的效果，运行出现失败，这就是按照特定规则来读取扩展的一个弊端。

在文件编译阶段，文件的编译是根据配置确定的文件或文件夹进行的。编译器的第一步是根据待编译文件的内容进行文件的查找与递归，因此文件路径需要传递到每个编译插件中，再由插件决定是否对该文件进行代码编译。编译的上下文包含了所需的数据，如文件路径和编译器对文件的标记。这些信息可以作为编译的上下文的一部分。例如，一个插件可能需要进行两段编译，第一段编译在脚手架自带的编译之前，第二段编译在脚手架编译之后。如果第一段编译处理过某个文件，并需要在第二段编译中传递该信息，可以在第一段编译时在上下文中为该文件添加一个标记字段。当第二段编译发现上下文中存在这个标记字段时，就可以确认该文件已在第一段编译中处理过。这种方式保证了编译上下文在不同阶段之间的有效传递。

那么，在已有上下文的基础上，为了确保上下文不被随意修改，需要对每个插件的上下文进行命名空间的权限划分。插件只能修改自己的命名空间，而对其他插件的命名空间仅有读取权限，除非对方插件授予修改权限。默认情况下，这种设计防止一个插件对另一个插件的配置产生不必要的影响。实现这种命名空间的方法可以简单地通过代理来完成。

以编译为例，无论是插件编译还是脚手架自带编译，编译的顺序都至关重要。因此，扩展插件的设计至少需要两个接口：一个是脚手架自带编译前的接口，另一个是脚手架自带编译后的结果接口。这两个接口可以通过一个函数实现，该函数接收一个方法作为参数，让插件执行下一步编译操作。类似于 Koa 的中间件设计，这种方式允许插件在脚手架自带编译前和编译后执行特定的操作。对于插件的执行顺序，可以由插件在配置列表中的顺序决定，即配置列表中越靠前的插件优先执行编译前的功能，而越靠后的插件执行编译后的功能。这种方式类似于 Koa 中间件的洋葱模型设计，最先运行的中间件拥有优先处理的能力和功能。

以上内容概述了可插拔扩展的设计思路，下节将深入探讨可插拔扩展的具体功能实现。

3.3 可插拔扩展设计与功能实现

在 3.2.3 节中，讨论了可插拔扩展的设计思路。本节将详细探讨其具体实现，包括三个主要部分：插件出口和入口的设计与实现、依赖扩展的设计与实现、扩展链路的设计与实现。

首先，关于插件出口和入口的设计与实现，这与函数的定义类似。关键在于定义好函数的入参和出参结构，确定插件接口的格式。具体来说，插件入口定义了插件的初始化逻辑及其接受的参数，而出口则定义了插件的输出结果。在实现时，入口和出口的具体逻辑由插件自身决定，可以通过回调函数或预定义的接口进行处理。这种方式确保了插件的独立性和灵活性，使其可以独立开发和维护。

其次，依赖扩展的设计与实现主要解决扩展之间的依赖关系问题。有时，一个扩展插件的功能可能依赖于另一个扩展插件的输出。因此，需要明确这些依赖关系并确保它们的正确性。在实现时，可以通过配置文件或插件管理器来声明和管理这些依赖关系，确保插件之间的通信和数据传递不互相干扰。此外，为了防止插件之间的冲突，可以通过命名空间的隔离或插件沙盒化来保护插件的独立性。

最后，扩展链路的设计与实现则是对整个扩展系统的运行流程进行设计。这包括扩展如何启动、如何与脚手架的核心功能交互及如何管理和调度各个扩展的执行顺序。通常，扩展链路的实现会采用中间件或管道模型，将不同的扩展按顺序或依赖关系串联起来。扩展的运行流程可以通过事件驱动、回调机制或任务队列来控制，确保各个扩展按预定顺序执行。

总之，本节详细介绍了可插拔扩展的设计与功能实现。了解这些内容，有助于更深入地理解可插拔扩展的结构及其在实际应用中的运作方式。

3.3.1 插件出口入口设计与实现

Serverless 平台的脚手架实现，重点不仅在于功能的实现，还在于实现强大的可扩展性，旨在将依赖集成转化为脚手架的插件扩展能力，鼓励更多开发者参与插件的开发。在这样的背景下，合理设计入口和出口文件显得尤为重要。以下是笔者对如何实现该功能的一些看法。

之前，以编译为例说明插件的实现，本次以运行为例，因为运行本身是一种基于编译实现的方式，即运行是编译和热更的一个组合。那么来拆解一下运行流程：首先，需要实现项目的编译，然后运行编译的文件以启动；第二步则是开发过程中，当监听到文件变更时，只对变更的文件进行重新编译，最后再重新启动项目或发送消息通知进程刷新对应资源。

因为编译和运行其实是两个阶段，所以入口也需要有两个阶段，一个是编译阶段，一个是运行阶段。这类似中间件的实现，但它不是一个继续运行的方法，而是两个方法都触发才能继续运行，也就是说，一个是编译继续运行的方法，一个是重新运行的方法，以此来通知下一个脚手架的扩展运行编译或运行操作，可以设置一个类似这样的结构，来实现运行的钩子。脚手架钩子的接口伪代码如图 3-2 所示。

```
async function runSript({ctx,compile,load}) {
    // 当前扩展进行编译
    await compileSomeCode(ctx)
    // 运行此方法标识编译完成，通知下一个扩展运行编译
    await compile()
    // 重新载入代码
    await reloadCode(ctx)
    // 运行此方法标识重载代码完成，通知下一个扩展重载代码
    await load()
}
```

● 图 3-2　脚手架钩子的接口伪代码

所有编译完成后，再进行服务运行，通过这种方法进行滚动启动，将扩展逐个运行。这样可以保证每个插件的构建和载入流程按照一定顺序进行。对于单独构建来说，不需要再调用上方的 load 方法即可完成构建流程，因为构建过程会触发不同阶段的钩子。

有了这种实现方法，可以实现在脚手架的前置和后置操作。脚手架本身有默认的构建路径，对于这种默认构建路径，可以自定义扩展的构建和运行路径。例如，若想在默认构建路径前进行编译，可以将编译放到 compile 方法前面；若需要在默认构建路径行为执行后进行编译，可以将扩展的编译放到 compile 方法后面。这样的设计可以自定义脚手架和默认构建的执行流程。对于多个扩展的顺序，根据插件配置的位置决定优先级，即配置位置越前，扩展配置的优先级越高。这对于重载流程也适用，可以根据扩展代码和配置的优先级决定运行顺序。

▶ 3.3.2　依赖扩展设计与实现

对于依赖扩展的设计，需要考虑扩展之间的依赖关系。例如，A 扩展需要依赖 B 扩展的编译，即 B 扩展先编译后，A 扩展才能编译。扩展的顺序可以通过代码实现控制，但如果用户忘记添加 B 扩展，A 扩展需要通过何种途径给出提示呢？

这涉及扩展的上下文实现。当某个扩展完成编译后，应对其进行标记，通过上下文传递这个标记。以此为例，如果 A 扩展未收到该标记，有两种可能性。第一种可能性是未配置或安装 B 扩展，在这种情况下，B 扩展不会参与编译，也不会存在编译标识，因此 A 扩展无法接收到标识。第二种可能性是 B 扩展配置在 A 扩展后面，在这种情况下，A 扩展的编译运行如果在编译钩子之前进行，则无法接收到 B 扩展的编译标识。当然，这种情况并非绝对。如果 B 扩展的编译流程在编译钩子之前，而 A 扩展的编译流程在编译钩子之后，则 A 扩展可以收到 B 扩展的编译完成标识。而如果 B 扩展的编译流程也在编译钩子之后，则 A 扩展无论通过何种方法都无法获得 B 扩展的编译完成标记。这些设计确保了扩展和扩展依赖关系的明确处理，有助于更好地管理和控制扩展的构建和运行流程。

讲述了扩展和扩展之间的关系后，现在谈谈扩展与脚手架默认流程之间的关系。脚手架的

默认流程实际上也算是扩展的一种，但区别在于它本身集成在脚手架中。假设 A 扩展目前不依赖 B 扩展，而是依赖默认流程。根据之前的说法，脚手架的默认流程优先级最低，因此 A 扩展始终需要在编译钩子运行后进行编译实现。对于编译标记，不应在扩展或默认脚手架流程中实现，而应通过运行编译钩子来实现。在编译钩子的方法中，对扩展或默认流程进行标记，这样标记即可被其他扩展使用。

如果所有标记都集中在一个对象中，会出现一个问题：需要区分扩展与扩展或扩展与默认流程之间的标记。因此，需要通过另一种方式实现，即让每个扩展拥有自己的上下文。上下文是指整个编译流程或运行流程中一直存在的对象，生成于流程的发起，销毁于流程的结束。在流程中，每个扩展的上下文可以被读写或获取。为实现这一点，首先要有一个总上下文的概念，其中存储每个扩展的上下文。在运行扩展时，在总上下文中增加扩展的特征属性，如扩展的唯一 ID 等，通过这些特征属性在总上下文中生成一个对应的上下文，最终使用对应扩展的上下文进行传递。同时，扩展上下文还需要增加一个方法，用于获取其他扩展上下文的信息。当扩展获取其他扩展上下文时，可以将其他扩展上下文的对象冻结并提供给当前扩展。通过这种方法，实现了扩展上下文的有效管理和使用。

3.3.3 扩展链路设计与实现

了解了依赖扩展的大致设计与实现后，现在讨论扩展链路的具体设计与实现。扩展本身存在一个运行路径，可以称为扩展的运行链路。对于这个运行链路的设计，需要深入思考。

首先面临一个问题，运行阶段是否应该有关联？例如，开发阶段的热加载功能实际上是编译和运行。那么，对于单纯的编译阶段，是否需要对编译进行复用？笔者认为功能应该隔离，从功能隔离的角度来看，编译器模块在开发阶段和编译阶段可能只有少数参数有区别，因此可以进行功能复用。然而，依然应该使用不同的钩子来分别处理开发阶段和编译阶段的接口，这样可以确保每个阶段的功能不会互相影响。

对于阶段的设计，一般需要涵盖开发、编译和部署等基本阶段。然而，这些阶段的目的是实现功能，而不是将命令固定化。具体来说，假设开发阶段的命令是 vaas-cli run dev，那么这个设计仅是将 dev 指令注册，使脚手架能够根据注册的命令运行。这样一来，插件可以参考这种实现方式，自定义自己的阶段和指令。这种设计的必要性在于确保了各阶段之间的非关联性，以及插件之间的关联性。例如，在开发阶段，所有使用该指令的插件在执行时都会被运行。通过这种设计，不仅能实现插件自定义指令，还能使插件之间的指令互相关联和联动，从而形成一个动态的关系。

如果进一步细化到每个阶段，那么扩展的链路是如何运作的呢？首先，在运行阶段开始时，第一步并不是直接运行程序，而是加载插件和脚手架配置。通过插件和脚手架配置来确定运行链路的参数，然后通过初始化参数开始加载插件和脚手架的运行方法。一般来说，初始化参数包括上下文参数，以及每个开发阶段所注册的下一步运行钩子。这个钩子类似于 Koa 中的 next，但具有参数性，即仅对注册相同参数的 next 钩子进行传递。以开发阶段为例，假设有三个插件 A、B、C。A 插件注册了 compile 和 load 两个钩子，B 插件也注册了 compile 和 load 两个钩子，而 C 插件仅注册了 load 钩子。其中，compile 是一个编译钩子，load 是一个热加载钩子。C 依赖于 B 的热加载完成，B 的编译依赖于 A 的编译完成，B 的热加载也依赖于 A 的热加载完成，同时 A 和 B 的热加载都需要在编译后完成。在这个场景中，A 插件运行 compile 钩子后，进入 B 插件的运行。B 插件完成 compile 钩子后，如果没有其他插件注册 compile 钩子，A 插件的 compile 钩子才彻底运行完成。然后 A 插件会进行服务的热加载，并在热加载完成后运行 load 钩子。接着，B 插件进入热加载的运行，并通过 load 钩子通知后续插件热加载已经完成，最后 C 插件开始运行热加载，并运行 load 钩子完成整个链路。因此，具有参数性的 next 钩子只会对相同参数的 next 钩子进行下一步运行。结合具有命名空间的上下文，整个扩展链路实现相当于一个升级版本的中间件系统。

3.4 项目初始化功能设计

初始化项目是脚手架使用的第一步。在这个过程中，用户开始了解脚手架，但对新手来说，脚手架依然是陌生的。为减轻这种陌生感，最好的方法是建立引导机制，通过切换场景来增强用户的使用意愿和探索欲望。

虽然文档通常会有详细说明和解释步骤，指导用户使用脚手架，但文档本身是静态资源，缺乏交互性。许多人只能通过文档了解基本功能，而无法全面掌握脚手架和项目的使用方法。那么，如何让用户更好地学习项目使用并顺利过渡到项目开发呢？脚手架工具可以实现交互性，通过这种交互性，用户更愿意使用和探索，使他们感受到脚手架的操作性。通过这种操作性，用户会更加愿意通过脚手架学习项目的使用方法。因此，脚手架中的引导是必不可少的。通过丰富的引导逐步加深用户的使用习惯，将脚手架变成用户的"第二文档"是初始化功能设计中的一个重要考虑因素。

除了在文档中提供初始化命令的起始部分，其余部分应通过脚手架引导用户，以便他们更深入地了解脚手架。那么，该如何设计这些功能才更加合理呢？接下来，从初始化功能入手，开始构建脚手架的第一印象。

▶▶ 3.4.1 初始化模板的构建

初始化模板是许多框架的重要功能之一，Serverless 框架也不例外。然而，与其他脚手架相比，Serverless 在初始化模板方面可能更加强大，因为它可以通过界面选择用户需要的模板。

首先，探讨为什么需要模板。如果没有模板会是什么情况呢？模板实际上是引导框架使用的一种方式。假设没有模板，熟练用户可能相对容易基于框架库搭建项目，但新手可能连基本的项目搭建都很困难。因此，实现初始化模板功能相当于提供了一种新手引导功能，通过这个引导功能帮助开发者进行开发。同时，这些模板作为案例，既为新手提供了学习和参考的资料，也可以让开发者根据这些案例开发自己的产品。

开发者选择模板的大致流程是：选择不同需求，确定唯一路径，以更接近自己需要的模板。由于每种需求的组合最终生成的模板都不一致，为了提高效率，可以采用模板层级继承的方式来实现。这种方式是先使用基础模板文件，然后在其基础上不断增加模板文件，形成模板层级关系。也就是先生成一个模板的基础仓库，然后在基础仓库的文件中增加若干个模板插槽，可以通过模板插槽让后面仓库的文件和其他仓库的文件进行合并，直到最终的选择。例如，基础模板仓库为 A，需求选择一号仓库为 B，假设要在 A 模板的 package.json 文件中增加插槽，可以让需求一号仓库的 B 在 package.json 文件中使用插槽，那么在仓库合并时，A 的 package.json 和 B 的 package.json 可以通过插槽来进行合并，最终组合成需要的模板仓库。模板合并层级如图 3-3 所示。

上述方法适合模板分支较多的情况。如果模板组合数量可控且可枚举，将所有可能的模板组合预先生成并列出会更加合适。这种方式可以确保各模板之间互不影响，且模板相对独立。也就是说，在选择模板的过程中，将全部模板的可能组合整合到一个单独的模板仓库中，根据用户的模板组合最终得到一个模板仓库地址，从对应的模板仓库中拉取模板，最后进行模板的生成。

● 图 3-3　模板合并层级

如前文所述，这种模板的组合是一种相对基础的实现，通过这种脚手架工具生成的模板内容总是相对单一的。但 Serverless 不仅是一个框架，更重要的是，它具有平台属性。在这个平台中，用户可以共享项目作为模板，这样不仅方便自己开发项目，也可以支持其他项目以不同的方式运行。

3.4.2　模板拉取功能的实现

上一节讨论了模板的构建，这一节将讨论模板拉取的实现。模板拉取主要涉及模板生成方式的实现，通常通过 Git 仓库存储模板。然而，当需要组合和拉取多个 Git 仓库时，需要将 Git 仓库转换为静态资源文件，最终通过拉取静态资源文件来初始化仓库。

针对这种情况，可以为模板仓库增加自动构建功能。当模板仓库发生变更时，将模板文件上传到静态资源服务中，这样在需要获取模板文件时，只需要通过一定规则进行数据拉取。当需要拉取一个模板组合时，可能需要获取模板组合定义的 ID，并根据这个 ID 配置对应的模板静态文件地址，然后通过该地址拉取若干模板组合文件，实现模板文件的合并。

在模板仓库自动化构建的实现中，可以在构建脚本中使用 git archive 命令指定某次提交进行仓库文件资源导出。这种方式可以不包含仓库信息，避免打包非仓库依赖的内容。例如，在开发或调试模板时，可能会安装 npm 依赖，但使用 git archive 打包的文件只会导出提交到分支的内容，而这些内容通常通过 .gitignore 判断是否被提交。因此，使用 git archive 不会导出被 Git 忽略的内容，从而获取到相对纯粹的模板文件数据。在下载模板时，可以按照文件进行下载，下载完成后解压文件以得到完整的模板目录结构。通过这种拉取方法，可以解决模板在文件拉取过程中的碎片化问题。

模板拉取的本质是定义一个接口，用于规定模板文件和对应的拉取地址。然而，如何实现自动化的模板生成呢？无论是脚手架还是前端界面，最终获得的都是一个组合的 key。为了通过这个组合的 key 生成模板，可以借鉴化学中的终态法。终态法是根据最终的反应结果进行计算，得出反应过程中的计量或混合物结果。同理，可以通过这种逆向思维，在获取最终模板时，确定所需的数据结构，从而理清模板之间的依赖关系。这类似于一棵倒着的树，树的顶点是最终结果，根枝节点是依赖项。合成最终模板时，可以遍历这些依赖项，按照顺序下载并合并模板。

最终的模板由多个模板仓库的内容拼合而成。如果模板仓库的文件内容不冲突，如没有重名文件，那么合并过程相对简单。但如果存在重名文件，该如何处理呢？正如上节提到的，通过插槽进行合并。插槽是什么呢？举个例子来说，一个农场主需要挖三个洞分别种土豆、红薯和花生。这些洞类似于模板设计中的插槽，而土豆、红薯和花生则是插槽的内容。这意味着挖好的洞可以随意种植任何内容，甚至可以三个洞都种上花生。在模板设计中，基础镜像需要提供插槽，而上层镜像则需提供插槽位置对应的内容。在拉取最终模板时，需要不断拉取下层模板，直至拉取到基础模板，最终完成模板的生成。

3.5 产物构建设计

在线上的运行环境中，最重要的是运行服务的目标内容。有了运行服务的目标内容，就可以根据内容来运行服务，而服务的目标内容来源于开发的产物。在不同语言和开发环境中，产物的概念是普遍存在的。许多打包工具的出现正是为了应对产物构建的复杂性，解决相关问题。因此，产物构建本身也有许多内容值得讨论。

一个合理的产物构建流程能帮助解决许多问题。例如，通过代码的变量检测，可以发现未被使用的变量和使用但未申明的变量。这种方式能在上线前发现开发过程中未注意到的问题，从而返回开发阶段解决这些问题，规避上线时的一系列风险。

在构建产物时，还可以对代码进行一些优化。例如，如果不希望他人了解代码的运行逻辑，可以将代码编译成不可读的文件。对于对代码体积有要求的场景，也可以对代码进行体积优化。甚至可以在代码中提前进行运算，以加速代码运行。

对于 Serverless 来说，打包设计尤为重要。Serverless 是一种函数式编程架构，对函数本身的打包需要特别注意。此外，如何将服务最终发送到运行的环境，以及如何限定包的版本，以确保生产产物的稳定性，都是需要考虑的问题。确保打包的版本一致性，能够保证线上版本的稳定性。这些都是构建产物时必须关注的关键点。

3.5.1 打包的前置检测

前置检测通常包括语法检测、语义检测、类型检测、符号检测和依赖检测。语法检测可以发现某些不符合运行时版本环境的语法问题，并通过编译进行语法版本转换。语义检测用于处理二义性问题，例如，当缺少分号时，上下两行代码可能产生歧义，此时需要提醒开发者注意。类型检测则检查传入参数的类型或结构是否匹配，避免运行时错误。符号检测在编码时也很常见，有些开发者使用高版本的符号，但当前版本不支持，这可能导致本地运行正常而线上运行出错的问题，这种问题通常难以排查，因此需要在编译时给予报错提示。依赖检测则可以判断依赖是否缺失或依赖版本升级导致结构变化。通过这些检测，可以保证编译流程的正常运行，并在上线后功能正常。通常，这些检测依赖于一些语法检测工具，这些工具可以在开发阶段提供提示，确保代码的健壮性。

在构建过程中，可以增加语法检测的插件扩展，以满足用户对项目代码风格和检测要求的不同需求。对于一些用户来说，可能不需要严格的语法检查，尤其是在类型和写法上，他们更注重效率和个人风格的开发模式。如果项目由个人开发，语法检查的需求可能较低。然而，在团队开发环境中，为了统一代码风格、增强代码检测能力并减少项目中的潜在问题，代码检测就显得尤为重要。要实现代码检测，可以通过安装依赖和配置来实现。例如，使用 eslint 等工具，在制作代码检测扩展时，将 eslint 作为底层包打包进扩展中，并在构建前的操作中调用 eslint 进行代码检测。

尽管可以自己实现代码检测工具，但成本较高。最难的一步是将代码转换成抽象语法树（AST）。简单来说，这个流程将代码转换成一个对象，用来描述代码的行为，然后根据 AST 内容进行取值和判断，以确定代码是否符合检测需求。因此，需要定义一套规则来判断代码是否符合定义的标准。可以借助 babel 实现 AST 转换。babel 是一个语法转换器，包含将代码转换成 AST 的能力。获取 AST 后，就可以根据规则判断代码是否符合要求。使用 AST 而非直接代码进行判断的原因在于，AST 将代码规则化，避免了直接匹配判断时容易出错的问题。变量命名和语法写法可能各异，但转换成 AST 后，它们变成了统一的对象表达形式，这样就不需要适配各种匹配规则来实现语法判断了。不同场景下，可以根据具体需求实现相应的检测工具。通过这种方法，可以灵活地扩展语法检测功能，满足不同用户和项目的需求。AST 案例如图 3-4 所示。

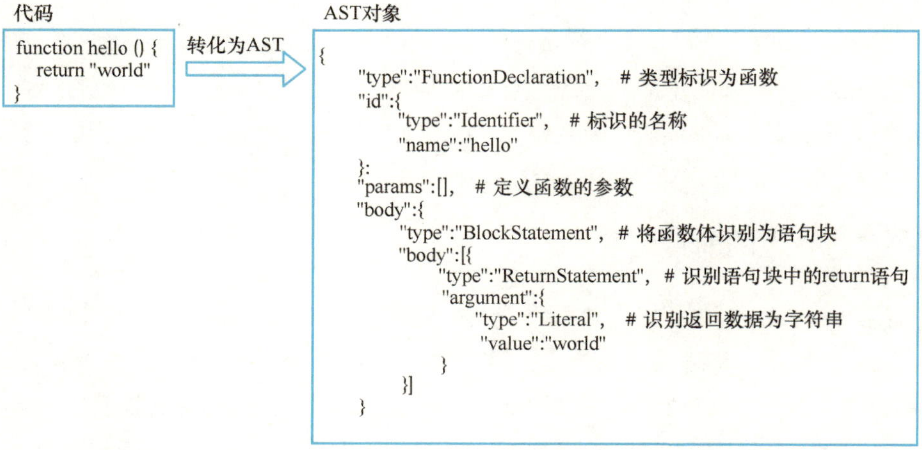

```
代码                              AST对象
function hello () {    转化为AST   {
    return "world"                  "type":"FunctionDeclaration",   # 类型标识为函数
}                                   "id":{
                                        "type":"Identifier",   # 标识的名称
                                        "name":"hello"
                                    },
                                    "params":[],   # 定义函数的参数
                                    "body":{
                                        "type":"BlockStatement",   # 将函数体识别为语句块
                                        "body":[{
                                            "type":"ReturnStatement",   # 识别语句块中的return语句
                                            "argument":{
                                                "type":"Literal",   # 识别返回数据为字符串
                                                "value":"world"
                                            }
                                        }]
                                    }
                                  }
```

● 图 3-4　AST 案例

▶ 3.5.2　文件的构建和编译

由于运行时使用 Node.js 来运行 JavaScript 代码文件，所以很多人可能疑惑，为什么还要编译，直接让 JavaScript 代码在 Serverless 平台运行不就好了吗？

实际情况是，编译的必要性在于解决模块系统的不一致性。在 Node.js 中，import 和 require 是两种不同的模块引用方式。为了在一个重写的模块系统中统一这两种引用方式，引入了 TypeScript 作为编译器。通过 TypeScript 编译，import 和 require 最终都被编译成 CommonJS 模块引用方式。这种编译的方式弥合了不同模块模式之间的差异。尽管也可以选择重写 import 模块的方式，使所有模块系统按照重写后的模块系统运转，但目前仍处于过渡期，同时维护两套模块引用系统会非常复杂和麻烦。因此，使用编译器消除模块系统差异是更实际的选择。在未来，如果全面采用 import 模块系统，可以直接对 import 模块系统进行重写，使整个系统更加统一。但在当前阶段，使用编译器是更为可行和稳妥的解决方案。因此，通过 TypeScript 编译，可以确保 import 和 require 模式都能正常工作，并且在重写 Node.js 模块系统的过程中，不必维护两套模块系统，减少了复杂性和维护成本。

当然除了上面这种比较特殊的原因，还有一个重要原因是不想让其他人看到代码的原文。

通过编译，可以使代码变得不那么可读，但对于 Node.js 运行时来说仍然可以正常运行。这种方法提高了代码的安全性，防止源码泄露。然而，这种强安全的编译策略也会带来一些问题。例如，当线上出现问题时，调试会变得相对复杂。因此，如果不是对代码安全要求特别高的项目，不建议在编译阶段对代码进行加密。现实情况是，数据的安全性往往比代码的安全性更重要。因此，更倾向于对数据进行加密。即使数据被黑客盗取，加密技术也可以防止数据泄漏，避免造成严重的安全问题。通过这种方式，可以在保证数据安全的同时，减少编译代码带来的调试复杂性。

在构建项目时，通常会使用脚手架命令进行构建。然而，为了确保构建流程的合理性，应该在自动构建的流水线中使用脚手架命令，而不是在个人计算机上使用脚手架命令进行构建。个人计算机中的环境和服务版本可能不一致，导致打包结果与预期不符，最终影响线上使用。这是使用脚手架构建项目时需要格外注意的一点。在脚手架中，首先会加载各种扩展，然后在构建项目时，根据类似洋葱模型的状态运行这些扩展。当所有脚手架扩展标记构建完成后，默认构建服务开始构建。在默认构建服务中，使用 TypeScript 进行打包，调用 TypeScript 进行构建。构建策略采用增量构建，增量构建的原理是，每构建完一个文件，就对其进行标记。当文件发生变更时，标记也会变化，存储编译文件的标记信息。下次编译构建时，读取文件标记信息，如果发现文件已构建完毕，则不再重复构建，而是仅构建变更的文件。这极大地提高了编译构建的速度，尤其在需要热更新的场景中能发挥巨大作用。

在 Serverless 架构中，通常有许多函数方法，因此不仅要考虑单个文件或项目的构建，还需要考虑多项目的构建，确保多项目构建的产物不会相互影响。这将在下节，即单应用和多应用打包的实现中详细探讨。

3.5.3 单应用和多应用打包的实现

Serverless 架构的打包方式与其他架构相比，存在一些差异。由于 Serverless 本身包含多个函数，在开发项目时可能涉及多个应用的开发，因此，它的打包方式与许多将所有代码打包成一个入口的架构相比，有所不同。

首先，Serverless 架构可以支持多应用的开发，每个应用中可能包含若干函数。在这种情况下，每个应用的依赖版本可能并不一致。因此，在打包时，必须根据应用的依赖关系进行功能的打包。例如，假设有 A、B 两个应用，这两个应用对依赖 C 有不同版本的依赖关系，比如 A 依赖 C 的 1.0.0 版本，而 B 依赖 C 的 1.1.0 版本。虽然这两个版本的差异不大，但这种微小的差异依旧会导致应用产生不同的运行结果。因此，A、B 在引用 C 依赖时，理论上只引用应用内的依赖。在查找依赖时，遵循依赖向上查找的原则。例如，A 应用的 D 文件在 A 应用的 F 文件夹中，应该先查找 F 文件夹中是否具有依赖。如果 F 文件夹具有依赖，则直接应用 F 文件夹内的依赖；

如果 F 文件夹中没有依赖，则会进行向上查找，直到在 A 应用的根目录中进行最后一次查找。如果 A 应用的根目录文件夹中没有该文件，则停止向上查找，并在整个 A 应用的查找过程中抛出异常。这种设计的实现需要关注两个方面：一是对整个应用目录进行编译，二是记录每个应用的根路径并监听编译器的编译路径。一旦发现超出应用的编译文件，则直接抛出异常，表明该编译是一个异常的引用。

为了保持开发服务框架与线上服务框架的内容一致，需要尽可能地保持服务框架在开发过程中的最新版本。通过版本检测进行强制升级，可以确保使用最新的开发服务框架版本。然而，将 Serverless 开发服务框架作为每个 App 的依赖项并不合适，原因如前所述，即 Serverless 开发服务框架并不是 App 真正的依赖项。因此，不宜将其直接放入每个 App 的依赖项中。鉴于该框架是一个公共依赖，可以考虑将这类依赖放入项目的公共目录中，使任何一个 App 都可以直接引用该依赖。在查询依赖时，如果依赖项不在 App 应用内，需要抛出异常。然而，对于公共引用的依赖包，需要在功能上做一些额外处理。如果发现依赖是公共引用的包，可以在编译阶段直接通过编译，使该包跳过编译阶段。这样可以确保公共引用的依赖部分在编译时被合理处理，从而实现正常的引用和运行。

3.6 服务部署设计

对于服务部署而言，Serverless 的部署方式通常比其他方式更加简单。在传统的部署流程中，代码提交后需要经过一系列的构建，然后审批，最终才能进行部署和发布，将服务上线。在这个过程中，构建、审批和部署往往不在同一个平台上完成。而 Serverless 不仅能在一个平台中完成这些步骤，甚至可以通过脚手架工具的一条简单部署命令实现服务的部署。

Serverless 部署的简单性仅是其设计的一部分，其服务部署的技术实现则会复杂一些。一个简单的部署命令往往涉及分布式文件服务、Serverless 平台、分布式配置中心及若干调度方式，最终实现整个服务的部署。通过一个部署命令，可以了解整个 Serverless 服务部署的设计流程。

部署命令的运行通常包括以下几个步骤：首先是应用的打包。其次是服务包的上传，并将服务的更新情况同步到多个线上服务器。每个服务器接收到更新信号后进行服务包的部署，部署完成后进行服务版本的切换。每个步骤并非一句简单的文字即可概括，如服务器如何接收服务更新指令并进行服务更新，服务切换过程中如何确保旧服务没有流量后再进行版本切换以及如何保证服务资源的合理分配，都要经过细致的考虑和设计。

这些步骤在服务部署设计中都有具体实现。通过详细分析，可以理解这些技术细节在服务部署中的具体运作方式，确保部署流程的高效性和可靠性。

3.6.1 App 的上传与同步

Serverless 服务由应用（App）对应的若干函数组成，这些函数最终在 Serverless 服务平台中运行。为了使代码在 Serverless 平台中生效，必须将开发的代码上传到 Serverless 平台服务中，并通过 Serverless 平台进行代码的同步，确保开发的代码能够最终在 Serverless 平台中运行。

简单来说，在将应用部署到 Serverless 平台时，首先需要对应用进行打包和版本关联。对于多个应用的开发，可以分别打包每个应用并上传打包文件，最终实现应用在平台中的部署。在设计这一过程中，可以采用批量操作的方式，将多个应用打包成一个文件，再批量部署这些应用。也可以分别打包每个应用，再调用对应的部署接口进行单独部署。看似批量部署对程序性能更友好，但实际上多次调用单个应用的部署接口在设计上更为合理。例如，每个应用都有对应的账户用于鉴权。如果实现批量部署，需要上传全部应用的账户，并声明若干账户与应用的关系，这会导致程序代码变得复杂。而单个应用部署仅需上传当前应用的鉴权信息，整个部署流程更加有序，功能也更加单一和纯粹。因此，通过命令行自动调用单个应用的部署功能，实际上是做一些重复和队列化的操作，使得部署命令的设计相对简单。这样不仅保持了程序的简洁性，还确保了部署过程的顺利进行。

既然提到 App 的部署功能，那么在 App 的部署接口究竟执行了哪些操作呢？首先，它接收到命令行工具打包的 App 文件。因此，第一步是将这个文件转换成链接，此时需要使用之前提到的 S3 文件系统，App 部署接口本身不应该提供文件上传的能力。用户将文件上传到服务器中，服务器再将文件转换到文件系统中，这种方法并不合理，因为系统运行了两次上传操作：一次是用户上传到接口服务系统，另一次是接口服务系统再上传到文件系统中。为了优化这一流程，用户可以直接上传到文件系统中，并获取文件系统的文件链接。在 S3 的设计中，服务器通过签名生成一个上传链接，用户将文件上传到这个链接中，接口服务再获取到这个链接，实现仅一次的文件上传。当文件上传到接口系统后，如何让整个 Serverless 平台都收到这个 App 更新呢？需要依赖注册配置中心，如 Zookeeper、Etcd 等，用来监听配置中心的变化。在注册配置中心的 App 配置发生变化后，进行 App 的部署。App 的部署接口不直接进行服务的部署，而是修改注册配置中心，更新 App 的版本和打包文件地址。App 部署机器会监听到 App 信息的变化，通过比对服务 App 版本和注册配置中心 App 版本的不同，再根据策略决定是否对 App 进行更新，如图 3-5 所示。

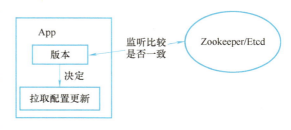

● 图 3-5 监听配置中心实现 App 更新

那么 App 部署的服务器是如何进行服务载入的呢？下节将详细讨论。

3.6.2 服务器的服务载入

上节提到，每台 App 的服务器在监听到 App 的版本更新后，需要进行 App 的部署，最终将 App 部署到 Serverless 的服务中。为什么要让服务去监听 App 的信息变更，而不是发送变更信息给对应的服务，让服务进行更新呢？很多人可能不明白为什么要做这样的设计，以及这样设计的好处到底是什么，下面详细讨论这种设计的实现原理以及设计动机。

首先，讨论将 App 发送至对应服务器进行变更适用于何种场景。当服务器相对固定且数量不多时，可以将若干 App 包发送至对应机器进行更新。这种操作相对简单，流程固定。然而，对于 Serverless 平台，除了涉及的自身服务，还需依赖容器平台。容器平台的主要目的是动态生成和销毁容器。例如，当流量进入时会动态生成容器，检测到无流量后则会销毁容器。如果依旧采用原路径，将 App 发送至对应容器中，首先需要获取存活容器列表，然后逐步将服务发送到各个容器中。然而，这存在一个问题：在获取存活容器列表时，容器可能存在，但在发送过程中，如果有多台机器，刚发送完前几台，后几台容器可能因无流量被销毁，导致出现各种异常。此外，直接对容器发包的做法也不合理。合理的实现方式是让容器自身进行更新，即容器订阅更新内容，发现订阅内容更新后，容器内部开始更新。如果流量持续进入，更新完毕后会将后续流量切换至新版本。对于原有版本，待流量返回或请求超时后，原有版本的虚拟机和对应线程将被销毁。若容器正好要被销毁，由于更新在容器内部开始，一旦容器被销毁，更新也随之结束，不会影响服务，还节约了资源。因此，在多方面，订阅更新优于直接发送 App 包至服务器。

此外，直接发送 App 包到 App 服务器还存在一些问题。例如，除了 App 所在的容器需要接收包并消耗流量外，发送方也需承担网络带宽的消耗。许多人可能认为带宽消耗不是问题，但在许多情况下，带宽消耗可能成为服务瓶颈。这不仅涉及网络费用，还包括其他问题，例如，下载包的流量过大使得网卡带宽被占满，导致在 CPU 资源和内存资源充足的情况下，服务反而变得异常缓慢。如果采用订阅系统，发送方可以节约这部分带宽，尤其是在发送方还需要从文件系统中进行下载的情况下。通过订阅文件系统中 App 包的链接进行更新，不需要发送方进行来回地流量传递，避免了带宽的消耗。

因此，在动态容器场景下，通过订阅方式更新 App 服务明显优于直接发送 App 包到对应的 App 服务中。唯一可能带来的问题是增加了一个第三方依赖，即依赖一个注册配置中心，通过注册配置中心实现 App 的部署和通知逻辑。关于注册配置中心如何实现对每个 App 服务的通知更新，将在下节部署通知逻辑中详细讨论。

3.6.3 部署通知逻辑

上节说到部署流程是需要通过监听部署通知逻辑来实现整个 App 的部署流程，那么通知流程如何实现呢？大量配置出现变更的情况该如何处理呢？如果配置监听出现异常，又应该如何实现兜底行为？

针对并发导致配置读取异常的问题，需要设计兜底机制，并将情况分为两种：第一次拉取配置和后续变更订阅。配置订阅应按需进行，而非一次性拉取所有配置。为此，应有专门的服务订阅配置变更，按需拉取所需配置。订阅完成后，为防止配置服务挂断导致无法兜底，应将配置存储到本地。例如，每次向配置中心获取数据可能增加其负载，且配置中心出现异常时，需要确保使用上一次配置进行兜底。换句话说，如果每次都向配置中心获取数据，对于配置中心来说可能承受的机器成本也是偏高的，退一步说，如果配置中心出现异常，至少要保证能使用上一次的配置来进行兜底。所以要如何实现更高的可用性呢？设计获取配置的 SDK 时，第一次获取配置后将其写入本地，完成后再从本地读取配置。后续监听到配置变更后，将最新配置写入本地。这样，读取配置时，即使服务中断，也能从本地读取配置信息，从而减少对配置中心的依赖，降低配置中心的负担和流量。这样配置中心的压力仅是配置的订阅的拉取，整体流量会小很多。正常读取配置可采用上述流程，App 版本更新配置则需要在此基础上进行升级。

由于容器在没有流量时会被销毁，因此更新时机只有两种：在容器初始化的第一次获取配置时进行更新，以及容器在有请求到达情况下进行配置更新。这两种情况是否都在有请求到达的情况下发生，是否可以在请求时获取配置进行更新？这种思路可行，但不是最合理的，因为只有在流量进来时才会更新服务，从而导致更新延后。最合理的方式是监听到配置变更后立即进行更新。在读取配置时，需要对订阅服务进行升级，使其能够通知变更。即订阅服务发现变更后，将本地配置更新，并通知服务进行更新。初始化的 App 信息获取，对于要订阅某个 App 的信息更新情况，有两种方式来实现。第一种方式，如果服务是动态的，App 部署到某个机器相对动态，则需要等待机器的第一次请求来决定当前容器需要部署的 App。第二种方式是，当前容器一定会部署某个 App，也就是说容器和 App 的关系相对确定，则在生成容器时确定这个 App 的配置地址，并订阅该配置地址。可能大家会觉得第二种方式会好很多，从正常的编程角度来说确实如此，包括隔离性及编写代码的难度都会降低。但是这两种方式是两种不同的模式，第一种方式旨在最大程度上避免容器被销毁，在一个容器上部署尽可能多的 App；第二种方式更具动态性和隔离性，App 独享容器，不需要考虑复用，仅依赖容器的动态性实现 App 部署运行。

3.7 分布式代码更新

上传代码，然后进入服务器手动构建和重启服务以完成升级。然而，随着服务规模的扩大，往往需要更多的机器进行部署，此时 FTP 工具上传代码的方式不再适用，转而使用自动流水线工具进行代码打包并发送到对应机器上运行，从而实现服务升级。然而，当服务规模变得更庞大时，原有的升级方式可能变得不再高效。这时，需要引入更复杂的管理机制。可以用一个比喻来说明这个问题：假设你作为公司老板，手下仅有一名大将，可以直接分配任务。当手下有十几名大将时，就需要进行任务分发。而当人数继续增加，超过管理幅度的极限时，就需要进行分级管理以更有效地下达任务。这与管理大量机器类似，当机器数量超过一定数量时，不能通过简单方式维护，而需要引入管理概念。在 Serverless 架构中，实现分布式代码更新也是基于类似的道理。引用物理学中的一句话：当速度接近光速时，经典力学就不再适用，虽然这对描述这个功能有些夸张，但确实如此。

在 Serverless 架构中，函数往往分布在不同的容器甚至机器上，因此，需要更多地考虑如何将代码合理部署到多台机器中，如何将损耗降到最低，并能够相对实时地完成代码更新。这涉及多个方面的优化，以满足分布式代码更新的要求。

▶ 3.7.1 分布式代码更新的目的

上文聊过，在 Serverless 架构中，通常是按照分布式代码更新方式来更新服务代码，由此可知，整个流程还是相对比较复杂的。那为什么要使用一个这么复杂的流程实现代码的更新功能呢？本节详细讨论为什么要使用这种复杂的方式来实现代码更新体系。

首先，由于机器数量庞大，代码更新必须由各个租户分别完成。针对这一点，代码更新需要进行严格的管理。在海量机器中进行动态代码管理，必须设计一套有效的驱动流程，以确保动态更新不会出现问题，同时尽可能减少异常情况的发生。复杂的更新流程能够有效地协调和管理这些分布式的更新任务，保证系统的稳定性和更新的可靠性。

在动态更新的早期，曾使用一种原始的方式进行更新，这种方式依赖于请求访问。具体来说，是在第一次访问时，根据访问地址向文件系统拉取代码数据。如果需要进行代码更新，则通过不断遍历服务器中的代码来实现服务代码的更新。然而，这种实现方式问题重重。一方面，第一次访问时会拖慢响应时间，因为在这次访问中同时进行了代码的拉取操作，这一点容易理解。另一方面，这种更新方式存在更新不及时和极度浪费服务器资源的问题。现实情况下，代码更新，特别是同一个应用在线上的更新频率，往往是每周一次迭代更新。通过遍历去拉取文件更新，大多数情况下并没有更新内容，而且这种不断拉取的操作往往是无效的。同时，这种遍历行为本质上是一种排队更新策略，当大概率取不到需要更新的文件时，会出现新的问题：真正需要更新的文件排在后面，而不需要更新的文件排在前面。这导致真正需要更新的用户始终等不到文件的更新。针对这种情况，后来提出了新的方案来解决这些问题。

为了应对文件更新不及时的问题，后来设计了一种主动通知机器拉取代码文件的方案。具体来说，设计了一个专门的服务来通知机器进行拉取工作。当发布完毕时，通知服务会获取到若干机器的列表信息，并分别向这些机器或容器发送服务更新消息。机器或容器接收到这些部署信息后，进行逐步部署。一般情况下，这种方案可以解决部署问题。然而，由于机器或容器的IP往往是动态的，存在一种情况：在获取列表之后又有新的机器或容器出现。其他机器获取到了更新通知，而新的机器由于未能获取到更新通知信息，导致未被更新。虽然这种情况概率较小，但在用户数量较多时，再小的问题都会被放大。

基于这些教训，人们决定开发一个更强大的代码更新系统。因此，提出了分布式代码更新的方案。接下来将进一步了解这一方案。

3.7.2 单机和多机代码更新的区别

目标是做一个具备多机代码更新能力的系统，但是在开发调试的时候，往往只有单机来进行调试，那么在开发过程中，如果单机不能够实现部署能力，那整个开发和部署的流程复杂度会更高。单机和多机在代码更新上有显著的区别，那么这些区别到底是什么呢？

首先，根据动态代码更新的设计方案，应至少有以下三个环节：注册配置中心、Serverless 发布平台和 App 运行服务。注册配置中心用于存储或获取 App 信息；Serverless 发布平台用于上传 App 包并更新注册配置中心数据；App 运行服务用于真正部署和运行 App 服务。多机环境通常指的是 App 运行服务。在本地开发这套方案时，需要解决如何让本地服务作为这三个环节中的任意一个节点，当然也可以同时启动三个环节。然而，同时启动三个环节本身就较为麻烦，因此，开发多节点项目时，如果每个节点都能独立运行，将极大简化开发流程。梳理一下调用关系。对于 Serverless 平台，由命令行工具发起接口调用，最终调用 Serverless 发布平台上传 App 包并修改注册配置中心数据。如果要将本地服务作为 Serverless 发布平台，需要将命令行工具配置的发布平台服务设置为本地发布平台服务，同时将配置中心的服务地址配置到本地 Serverless 发布平台。这样，Serverless 发布平台就能作为一个可调试的发布平台运行。注册配置中心实际上是一个键值对数据库，可以是 Zookeeper、Etcd，甚至 Redis。虽然 Redis 偏向于高性能数据库，而不是强一致性数据库，但本地调试不需要真正的数据库，可以使用可视化界面观测这些数据库，以确保服务在修改数据库服务时能够正确达到预期。重点在于如何模拟 App 的多台机器。在实际部署时，服务往往会先在注册配置中心进行注册，并定期发送注册包表示服务的存活性。如果超过间隔时间，注册服务中心会抹去该键值。因此，要模拟流量进入，可以直接修改注册配置中心的数据，将服务修改为本地服务地址。修改注册配置中心服务地址的目的是测试部署场景。仅需将订阅配置中心的地址进行修改，单节点运行 App 运行服务时，在 App 版本信息变更后进行调试。这样，每个环节都可以作为单机运行服务。

因此，在单机更新和多机更新的设计上，应尽可能保持一致性。对于服务器或机房而言，它们实际上是由少数大型单机组成的集群。即使如此，在使用这些机房时，并不能直接利用单台大单机的全部性能。因为在开发调试时，本地机器往往无法满足如此高的性能要求，开发者更倾向于将一台高性能机器拆解成若干性能受限的容器。这样，在开发软件时，本地机器可以作为集群中的一环，从而实现整体开发目标。

3.7.3 分布式代码更新实现

聊到这里，已经充分总结了过往的经验，如轮询更新和通知更新的不足之处。那么，可以探讨一个更好的方式来解决代码更新的问题，并且解决开发阶段的调试问题。接下来，就来详细讨论分布式代码更新的实现。

优化是一个永无止境的过程。最早的轮询更新方式既徒增了性能消耗，又存在更新不及时的问题。随后，更新通知功能的实现，解决了多余性能损耗和更新不及时的问题，但也有小概率出现更新丢失的情况。这种小概率事件通常不会对整体系统产生重大影响，因为未更新的机器或容器被销毁后，新的机器或容器依然可以获取到最新数据，仅增加了一些更新的等待时间。更准确地说，小概率事件导致某台机器长时间未更新，原因是在准备通知容器的过程中容器出现了轮换。既然通知的方式也不完美，是否可以让服务自己主动拉取代码呢？如果服务能主动拉取代码，是否能解决问题？

这种思路非常不错，通过订阅注册配置中心的配置来实现更新，可以有效地实现 App 运行服务与 Serverless 部署平台的解耦。与之前依赖 Serverless 部署平台获取机器列表并发送部署更新信息的方法相比，这种方式只需要 Serverless 部署平台修改注册配置中心的数据，App 运行服务便能自动更新代码。具体而言，Serverless 部署平台只需要更新注册配置中心的数据，App 运行服务通过订阅注册配置中心的配置变更来实现自我更新。这样，Serverless 部署平台不再需要获取 App 运行服务的 IP 或其他运行信息。App 运行服务可以通过注册配置中心的订阅机制，实时得知数据的变更，从而实现自我更新。在这种模式下，App 运行服务与 Serverless 部署平台可以通过注册配置中心实现松耦合，不再需要紧密关联在一起。

按照这个思路来实现。在使用命令行工具发布部署命令时，首先会打包应用程序（App）。在 App 打包完成后，会调用 Serverless 部署平台的接口来发布 App。Serverless 部署平台通过下发静态资源服务生成链接，命令行工具则将打包好的 App 包上传至静态服务器生成的链接。上传完成后，将 App 包地址和 App 的主要信息（包括 App 的 ID 和版本信息）提交给 Serverless 部署平台。接下来，Serverless 部署平台会修改注册配置中心的 App 信息，通过 App 的 ID 更新 App 的版本，并增加该版本的 App 包地址的配置。至此，命令行工具的部署指令和 Serverless 部署平台的任务已完成。接下来是 App 运行服务的部分，如果 App 运行服务是第一次启动，会先拉取 App 信息和对应最新的 App 包地址进行部署。部署完成后，App 运行服务开始开放流量，用户即可访问该 App。如果 App 运行服务在运行中接收到注册配置中心的 App 配置变更，则启动更新和灰度策略。以使用最新 App 版本为例，App 运行服务会下载最新的 App 配置，并比较当前运行 App

配置的版本。如果注册配置中心的 App 配置版本比当前服务版本新，系统将下载最新的 App 包并解压，开启新线程运行新版本 App。新版本 App 运行完成后，会进行流量切换，将新流量转到最新版本的服务中。旧版本 App 等待旧流量访问结束后，触发回收机制，回收旧版本 App 的线程，从而完成整个 App 代码的更新。这种容器主动拉取的方式，即使容器数量众多，也能有效实现分布式代码更新。分布式代码更新生命周期如图 3-6 所示。

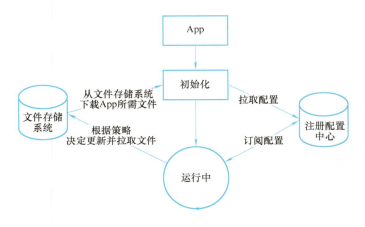

- 图 3-6　分布式代码更新生命周期

第 4 章

Serverless架构的模块设计

第 4 章
Serverless 架构的模块设计

4.1 设计模块化系统的目的

很多人可能会疑惑，若要实现 Serverless 功能，是否可以直接依赖容器，只需在其中运行 Node.js 即可，为什么还要设计一个模块化系统呢？确实，如果完全依靠容器进行服务的创建和销毁，能够与模块系统无关。然而，如果希望更快、更高效地生成服务，则需要降低生成服务的成本。直接使用容器时，每次请求可能都需要重新生成容器，而如果采用代码虚拟运行的方式，只需更改代码的上下文即可实现服务的初始化，这样产生的成本会低得多。

低成本带来的优势是更高的性能和更大的容量。但对于 Serverless 架构来说，这只是其中一个方面的考虑，更重要的往往是功能上的考虑。这里需要提到模块系统，模块系统实现了代码的隔离和复用功能，即模块之间理论上应做到互不影响，同时通过某种方式实现代码的复用。一个典型的例子是 Node.js 的 require，它实现了模块系统的基本功能。那么，是否实现了 require 就意味着实现了模块系统？从功能上看，确实如此，本章将围绕如何实现 require 而展开。

那么，模块系统究竟有哪些好处呢？设想一下，若实现了 require，可以做些什么？首先，可以决定用户是否能引用某些模块，同时，用户在使用时，可以决定返回给用户的数据。例如，fs 模块可以实现独特的功能或函数，并返回给用户，从而控制用户的文件读写，使其不是真正在本机进行读写。当然，实现 require 的功能比预期更加强大。接下来，让我们进入 Serverless 架构的模块实现流程中吧。

4.1.1 代码的解耦合和复用

在设计模块系统之初，其目的是实现代码的解耦合和复用。解耦合是很好理解的。在模块系统诞生之前，早期前端开发在浏览器中，将代码都集中在一个文件中，各文件之间的关联性非常强。如果要使文件分离，每个文件都需要将变量或方法注册到全局变量中，或全局变量的某个字段上。因此，无论是将代码集中写在一个文件中，还是将其注册到全局变量，都会无形中增强代码的耦合性。在没有模块系统的情况下，代码复用的成本也相对较高。很多人会选择在一个文件中定义复用方法，但这种方式往往缺乏结构和层次。尤其在项目较大时，虽然某些方法功能相同，但常被重写，导致项目的复用能力较弱。

基于上述情况，模块系统应运而生。早期，很多人尝试通过某些方式实现 JavaScript 的模块引用。例如，backbone.js 很早就使用了 AMD 规范来加载模块代码。Node.js 则通过其内部的模块系统使用了 CommonJS 模块系统来完成代码的模块化。直至原生模块系统的出现，模块系统才趋于统一。目前，较新的前端框架几乎都采用 ECMAScript modules 这一原生标准来实现模块化引用。在后端方面，Node.js 也在积极推进从 CommonJS 向 ECMAScript modules 的过渡。此外，其他新兴的运行时，如 deno.js 和 bun.js，更是直接支持原生模块系统 ECMAScript modules。因此，从趋势来看，原生模块系统将统一 JavaScript 的模块系统。

在 Serverless 平台的模块设计之初，必然要朝向原生模块系统 ECMAScript modules 进行设计。然而，由于一般使用 Node.js 作为运行时来运行程序，同样需要对 CommonJS 进行实现。可以通过扩展 CommonJS 最终实现 ECMAScript modules。因此，在构建自定义模块系统时，需要考虑兼容 Node.js 的模块系统。因为就目前而言，Node.js 的模块系统生态最好，所以在构建自定义模块系统时，兼容 Node.js 模块系统是最优选择，这样对用户来说也是最有价值的模块系统实现方式之一。

对于模块系统来说，可以用其实现代码之间的解耦。模块之间不再需要写在同一个文件或注册到全局变量中，而是通过某个方法对文件进行引用，从而显著减少代码之间的耦合。同时，代码的复用也会变得更加简单。以前，总是选择在一个文件中实现代码复用，或者通过注册全局变量的方式实现代码复用。而现在，只需要根据模块的协议或规则暴露模块接口，就可以实现代码和模块之间的交互，从而提升代码复用的能力。

当然，这只是对模块作用的简单描述。那么，对于模块实现本身，如果重新实现模块系统，又该如何确保模块之间不会相互影响呢？或许在下一小节中，我们可以找到答案。

▶▶ 4.1.2　互不影响的模块

设计模块化系统的意义在于实现互不影响的模块。模块之间保持独立性是如何实现的呢？其实，实现的方法有很多种，在不同运行时的实现往往也有所不同。我们可以先借鉴前人的经验，看看他们是如何实现互不影响的模块的。

对于 Node.js 来说，模块的隔离性是通过闭包来实现的。在每个闭包函数中包含了 module、exports、require、__filename 和 __dirname 参数。在第一次引用一个模块时，会初始化该模块的 module 和 exports，作为模块的暴露变量，以便其他代码通过读取这两个变量来引用对应暴露的内容。同时，模块在生成 module 和 exports 时还会直接生成对应的缓存。缓存有两个好处：一是提升模块引用的性能，二是解决代码之间互相引用的问题。例如，a 文件和 b 文件相互引用时，由于存在循环引用，代码不会执行。因此，通过引用对方的缓存来实现引用，在相互引用的情况下，引用的结果会是一个空对象。而 require、__filename、__dirname 则是针对每个文件路径生成的。很多人可能认为 __filename 和 __dirname 需要通过文件路径来生成，但为什么 require 也需要通过文件路径来生成呢？原因很简单，require 可以进行相对路径的引用。如果能引用文件的相对路径，那么说明其知道自己的路径。因此，每个模块的 require 本质上都是通过文件路径重新生成的方法，所以每个模块中的 require 并不是同一个 require。在使用 require 文件时，require 方法会首先进行相对路径和绝对路径的判断。如果是绝对路径，则可以直接通过这个绝对路径生成并引用模块；如果是相对路径，则需要与 require 当前文件路径进行比较，通过比较得出引用文件的绝对引用地址，再通过这个绝对引用地址进行引用。

在 Serverless 的模块设计中，可以参考 Node.js 的实现方式，并在此基础上进行隔离性的升级。由于 Serverless 由一个 JavaScript 虚拟机来运行代码，可以将每个文件作为一个虚拟机来运行代码。可以在虚拟机中先生成闭包，再生成 module、exports、require、__filename 及 __dirname 参数，并传入 JavaScript 虚拟机的闭包中。当需要使用代码时，调用 JavaScript 虚拟机运行代码，并在运行完毕后，通过 module.exports 获取 exports 的值，从而实现模块的运行。与 Node.js 不同的是，Node.js 是生成一个模块类来运行代码的，而重新实现的模块系统则是通过 JavaScript 虚拟机来运行代码的，但最终返回的结果是一致的。针对模块的 require 方法，在引用模块时，除了需要调用虚拟机运行代码外，还要基于运行代码的文件重新生成该文件的 require。通过这种方式传递 require，确保每个文件在运行引用时通过实现的 require 来进行，从而确保每个引用的代码都会调用 JavaScript 虚拟机最终实现模块的引用。

实现了模块后，在服务框架中，如何嵌入新的模块系统呢？例如，框架中的一些规范如何应用于模块系统中？下一节将详细讨论关于新模块系统的最佳实践。

4.1.3 规范和模块的扩展

在 Serverless 架构中实现模块化系统的目的是为了完善这一架构。那么，为什么要实现这个模块化系统，目前还没有详细说明。在 Serverless 架构中，模块化系统的作用主要体现在限制引用和控制权限。在 Serverless 架构中，每个服务都是一个独立的 App，并且可以支持多个 App 在一个项目中运行。因此，需要做两个限制：一是 App 只能引用 App 文件夹内的文件和依赖；二是限制 App 的权限，如限制 App 的文件读写。

将模块化集成到 Serverless 架构中，还需要实现很多特例。第一个特例，Serverless 框架本身就是一个依赖，是每个 App 的基础依赖。如果每个 App 都需要单独安装这个框架依赖，不仅管理不便，而且会徒增空间消耗。因此，在实现模块化系统时，可以进行判断：如果当前依赖是框架的依赖，那么就直接允许 App 引用 App 外层的依赖代码，从而实现框架依赖只需要安装到最外层，而不需要在每个 App 中都进行安装。另一个特例是 Node.js 的 C++扩展。理论上，这种情况是不允许引用的，因为虚拟机是 JavaScript 虚拟机。如果使用 C++扩展，只能通过原生引用来运行，这会导致后续代码不会再使用自己的模块系统，进而出现越权问题。目前的趋势是逐渐将 C++扩展迁移到 JavaScript 代码中，例如，sass 和 grpc 等知名库都在逐步迁移或编译到原生代码中。这一扩展的趋势有两个原因：一是使用者在不同环境或不同 Node.js 版本中需要重新编译，这对编译环境有要求，可能不太方便；二是在编写 Node.js 的 C++扩展过程中，还需要编写 JavaScript 代码，Node.js 平台的开发者对 JavaScript 较为熟悉，这导致 C++扩展的维护相对较难。以上是特例的实现方式，接下来正式讲解如何让模块系统只引用 App 内的文件。

要实现模块系统只引用 App 内的文件其实很简单。由于模块系统是自行实现和生成的，因此可以控制模块系统的行为。模块系统在第一次初始化时，可以在线程载入 App 时，将 App 文件夹路径传入设计的模块系统中。模块系统根据传入的引用名进行判断，首先判断是相对路径还是绝对路径。例如，相对路径的开头必然是"./"或"../"，而绝对路径的开头则是"/"。如果是相对路径，则先将相对路径与当前文件的路径进行比对。由于当前路径在生成模块时会传入，所以可以根据这两种路径获取需要引用文件的绝对路径，并比较该路径是否包含在 App 文件夹内。如果不在 App 文件夹内，则抛出异常。还有一种情况是依赖引用。可以先检查是否为系统依赖，因为系统依赖是可被枚举的，因此容易判断。如果不是系统依赖，则从当前文件的起点开始，不断向上查找。如果发现查找依赖的路径超出 App 文件夹路径，也可以抛出异常。通过这些步骤，就基本实现了 App 只能引用 App 文件夹内的文件的功能。

在下一节将讲解如何在模块系统中实现 App 权限控制，这个功能是 Node.js 没有的。这也相当于扩展了 Node.js 的模块系统能力。

▶▶ 4.1.4 依赖的权限控制

上一节提到模块系统最终要应用于 Serverless 的架构中，并简单介绍了如何实现限制代码在 App 文件夹外部的引用及 App 的权限限制，但没有详细展开。本节将全面讲解依赖的权限控制如何实现。

首先，什么是权限控制？权限控制就是对代码能力的限制。例如，在浏览器中，JavaScript 的权限被限制，无法直接读取计算机系统中的文件。而在 Node.js 中，开发者通过修改 V8 引擎，创造了 require 方法并实现若干模块，赋予了 JavaScript 对系统的操作能力。假设要限制对系统的操作能力，有两种方式：一是限制引用某些系统模块、二是重新实现这些能力并在使用方法时抛出异常。对于权限控制来说，这两种方式各有优劣：第一种方式成本相对较低，直接通过判断引用模块的名字来做限制，对于用户来说配置也相对简单；第二种方式实现成本较高，需要将每个可能被引用的系统模块重新实现，并在使用方法时抛出异常。这种方式的优点是配置的颗粒度更细，可以达到方法级别的限制。针对于此，可以采用渐进式配置的方式。例如，在禁用模块时使用高级选项，高级选项可以针对某些模块的方法进行禁用。而对于内部使用版本，则不需要做到如此细致的控制。通过这两种方式，可以有效地实现对 App 权限的控制，保障系统的安全性和稳定性。

那么，为什么要对 App 进行权限控制呢？每个 App 都配备了一个服务容器，虽然容器并不完全安全，但权限控制并不是对服务权限管理的主要限制手段。对于服务管控来说，权限控制可以实现用户对 App 的管理，保障用户对其服务安全能力的管控。对于将所有 App 都放在一个容器或机器中的系统（如一容器多租户的系统），这种系统通常是私有化部署的系统或小型内部系统。在这类系统中，权限管控可以发挥一些重要作用，例如，限制开发者使用错误的模块导致资源过度消耗。在这种内部系统中，往往会限制 http、https 及 net 模块，因为这些模块可能导致容器或机器的端口被过度占用。这主要是为了防止内部系统中开发的某些模块被滥用。因此，需要实现 App 的权限控制功能，以满足不同阶段对 Serverless 架构的要求。

讲完了前因，接下来讲一讲目前的实现情况。首先，模块系统已经实现，同时在虚拟机运行的每个文件中都会生成一个 require 方法。那么，生成的 require 方法是否可以增加一个判断：如果发现 require 引用了系统模块，可以从配置中心获取当前 App 允许引用的系统模块列表，并进行比对。如果引用的系统模块在允许的列表中，就给予通过，否则报错。表面上看，这是一个很简单的实现，但其中有两个隐藏的实现。一是代码依赖的代码或第三方依赖包是否实现了限制。这里实际上已经完成了实现，因为每次引用代码或第三方依赖时都会重新生成 require 方法，而限制就在 require 方法中，通过 require 的传递性，实现整个权限能力的限制。二是每次获取配置中心的系统模块列表是否会影响服务的运行速度。实际上，不能在 require 时获取权限列表。首先，require 是一个同步方法，而调用配置中心获取配置是一个异步方法，这样无法在 require 中实现权限限制。因此，选择在初始化 App 服务时获取系统模块权限列表来实现权限控制。也就是说，在服务运行之前，这些配置就已经获取，并直接用于系统权限的判断。

4.2　上下文的注入实现

在面试中常常会听到"上下文"一词，不了解的同学乍一听可能会疑惑。上下文最早出现在语言学科中，主要用于描写某件事情发生的背景和环境。那么，在计算机的世界中，上下文又代表了什么呢？简单来说，可以把上下文理解为一段代码运行的背景和环境。可能很多人感受不到代码的运行背景和环境，正因为如此，很少人对此有所了解。那么，为什么代码的运行需要背景和环境呢？

例如，虽然在浏览器和 Node.js 运行时都会运行 JavaScript 代码，但上下文其实是不一样的。在 Node.js 中，可以使用 fs 模块来读取文件，但如果将这段代码放到浏览器中，它是无法运行的，因为在浏览器的上下文中并没有 fs 模块，更不能直接读取系统中的文件数据。可以简单地理解上下文为运行的环境。当然，上下文的差异不仅出现在不同的运行时中，不同的语言有不同的上下文，不同模块其实也有不同的上下文。

本章将讲述在 Serverless 架构中的上下文注入实现。上下文与模块有什么关系？上下文注入又是什么意思？请继续阅读后续小节来详细了解上下文的相关内容。

4.2.1 上下文概述

在章节说明中提到，什么是上下文，简单来说，就是代码的运行环境。在 V8 引擎中，上下文也是一个重要的存在。V8 的运行层级包括 Isolate、Context、Script、Handle。Isolate 可以简单理解为一个页面；Context 是 V8 中的上下文，即代码运行环境；Script 指的是代码本身；Handle 指的是定义的变量，变量分为临时变量和常驻变量，用于决定变量是否进入回收流程。本节主要讲解的是 Context。

Node.js 作为运行时，可以简单理解为上下文被大量修改的浏览器引擎，可见上下文的重要性。如果要实现一个自定义的运行时，也可以考虑在上下文上下功夫。然而，这种方法并不好，因为这需要通过大量的文档来说明该运行时和其他运行时上下文的区别。例如，Node.js 的文档就是一篇讲述 Node.js 和浏览器上下文不同点的文档。这也是 Deno 出现的原因之一，即保持与浏览器上下文的基本一致。但与此同时，Deno 也需要模拟 Node.js 的上下文环境，满足开发者需求。因此，重点是 Node.js 的上下文实现。Node.js 上下文可以大致分为模块相关、文件相关、全局变量和方法的上下文。上下文分类如图 4-1 所示。

其中，模块相关的上下文主要是为 Node.js 的模块系统服务的，涉及模块的引用和模块的暴露。当需要引用一个第三方模块时，模块相关的上下文就起作用了。如果重写这部分上下文，可以改变模块引用和暴露的规则。比如，决定是否允许引用 fs 模块，或者是否可以引用某个路径的代码。

文件相关的上下文主要描述当前文件的一些信息，如文件的路径和当前文件夹的路径。在使用 Node.js 时，经常需要使用这些信息来获取当前文件的路径。在引用某个文件时，需要获取当前文件的路径，并生成文件信息相关的变量，然后将其注入引用

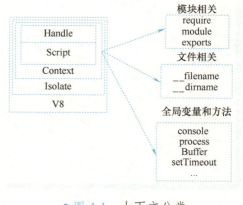

• 图 4-1 上下文分类

文件的代码上下文中。如果对文件相关的上下文及 Node.js 模块系统的 path 和 fs 模块进行修改，可以使得代码获取到的文件相关上下文是所期望的文件上下文，从而实现对代码文件系统的操控。

全局变量和方法是 Node.js 在全局生成的变量和方法，如 Buffer 和 process，旨在方便用户在全局使用。可能有人会说，console 和 setTimeout 不是浏览器注入的方法吗？其实，console 本身也需要改造才能被使用。在 V8 中，console 需要重新实现，在浏览器中实现的是在调试器中输出的，而在 Node.js 中，则改造为在终端中输出。同样，setTimeout 也被改造过，因为 Node.js 的事

件循环与浏览器不同，所以涉及的所有计时器组件都需要重写。这也导致早期 Node.js 的宏微任务触发顺序与浏览器不同，但目前 Node.js 也在推进，尽可能保持与浏览器行为一致。全局变量这一部分，如果要实现全部功能，是复杂的。因此，可以通过劫持和包装宿主 Node.js 的全局变量，并将其传入 VM 环境中。在 4.3 节中将详细讲解上下文的代理。

要实现上下文，需要实现上述模块相关、文件相关、全局变量和方法的上下文内容。虽然这看似是一个复杂的工程，但实际上，拆解后并不复杂。接下来将对上下文进行拆解并逐步实现。

▶▶ 4.2.2 模块和文件的上下文

什么是模块的上下文？简单来说，模块的上下文包括依赖模块的方法，如 require。此外，模块和模块的依赖关系共同构建了模块的上下文。模块与模块的关系与代码文件的路径之间存在强相关性。模块与模块的引用，以及模块与子模块的引用，构成了一个类似树状的引用结构。模块之间的树状结构如图 4-2 所示。

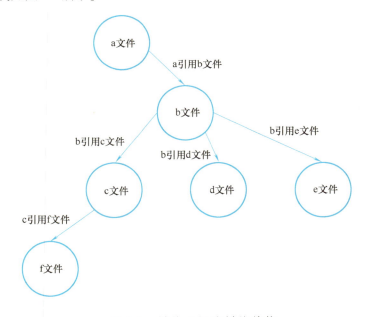

• 图 4-2　模块之间的树状结构

例如，代码入口文件在 /a.js 这个文件路径中，当需要引用一个路径为 /b/b.js 的文件时，可以通过 require ('./b/b.js')。而在对应的 b 文件中，假设需要引用一个文件路径为 /c.js 的文件，可以在 b 文件中使用 require ('../c.js')。也就是说，当在某个文件中引用另一个文件时，实际上都是以当前文件的绝对路径地址为起点，加上要引用的相对路径地址，从而得到被引用文件的绝对路径地址。因此，一个地址被引用时，模块的路径上下文会发生改变。这也是为什么在构建模块的上下文时，require、module、exports、__filename、__dirname 是不可缺少的环境变量。接下来分别讲述这些环境变量的作用。

大家对 require 可能比较熟悉，这是引用模块的方法，主要用于引用文件和第三方依赖。在初始化一个模块时，会生成一个 require 方法，也就是说，每个文件的 require 环境变量其实都不是同一个 require。这个环境变量需要在文件的上下文初始化时生成，同时这个 require 的生成具有一定的递归效果。例如，a 文件的 require 引用了 b 文件，那么在 b 文件中需要重新生成 require 方法。同时，当 a 文件和 b 文件相互依赖时，会返回 require 缓存对象中已初始化的 module.exports 对象。

module 是一个模块暴露的主对象。

exports 对象实际上是 module.exports 的引用，主要用于暴露模块的方法和变量。

__filename 代表当前文件的路径。__dirname 是当前文件路径所在的文件夹。这两个变量通常在文件运行时和 require 生成模块时一并生成。每个文件都有不同的路径值。在生成这两个变量时，也可以对其值进行篡改，以对代码进行操控。因此，当判断一个文件是否被重复引用时，更可靠的方法是使用文件的绝对路径来判断该文件是否已被初始化。

▶▶ 4.2.3　全局变量和方法上下文的注入

4.2.2 节讲到模块的实现和文件上下文的注入实现，但 Node.js 中存在很多全局变量。这些全局变量提供了一些必要的方法，帮助开发人员更好地编写和开发代码。例如，获取环境变量时，可以调用 process.env 来获取。再例如，需要生成文件流时，可能会使用 Buffer 来实现这一操作。因此，这些全局变量本身也是提高代码编写生产力的一种工具。对于个人项目开发来说，最好避免自定义全局变量，因为全局变量的定义需要有大量文档来支撑，这样其他开发人员才更容易上手和使用。Node.js 的文档在这方面做得很好，因此大量注入的全局上下文使用才深入人心。

作为生产力工具，在构建上下文时，全局变量也是不可缺少的。然而，要全部实现这些全局变量，难度较大，所以可以复用宿主的全局变量。在 VM 中复用全局变量有三种方法：一是提前注入需要的变量、二是直接复用宿主上下文、三是按需加载。

什么是提前注入变量？简单来说，就是在生成上下文对象时，把可能会被使用的全局变量提前放入这个上下文中。这样，当代码运行时，可以直接使用这些上下文中的变量。但是，如果要以这种方式实现，必须枚举全部的环境变量来构建一个巨大的上下文对象，这是不合理的。一方面，枚举可能会产生遗漏，需要不断补充；另一方面，Node.js 的全局上下文巨大，每次都复制一个一模一样的上下文，对性能也会有一定影响。因此，这种方法适用于给某个纯净的运行环境少数的注入，是可行且轻量的。但如果要模拟整个 Node 环境，这种方式不太合适。

可以尝试第二种方法，即直接复用宿主环境的上下文。简单来说，就是直接使用原 Node.js 文件中的环境，而不是再创建一个新的环境。这种方法的主要好处是不需要复制一个完整的上下文对象，从而提高一些性能。同时，对于需要修改原有环境变量的需求，也可以通过提前注入引用代码包装的方法来实现。这样可以提高注入变量的上下文优先级。简单来说，就是对原代码增加一层闭包，通过闭包上下文的优先级来影响原代码的上下文优先级。虽然这种方法看起来没有问题，但存在一个较大的缺陷：在模拟环境中修改时会直接影响宿主环境的上下文，从而影响模块的隔离性。当然，这也不是无法解决，可以通过重新生成一个 Isolate 层级来实现。在 Node.js 中，可以通过开启一个进程或 worker 线程来实现，但这样包装会让整个上下文的成本偏高，这就不仅是一个上下文对象的问题了。

那么，是否有一种成本低且能够实现的方法呢？可以考虑最后一种方法——按需加载。准确地说，这是一种手段，即对上下文外层做一层代理，通过这层代理选择当前代码需要的环境变量。根据代码读取的变量名来决定是使用当前宿主环境上下文，还是自定义的上下文数据。这样既解决了构建上下文庞大且容易遗漏的问题，也通过代理的拦截或其他代码控制解决了篡改上下文的问题。下节将探究具体是如何实现的。

4.3 上下文的代理

在 4.2.3 节简单提到，可以通过按需加载的方式加载全局变量，其实现路径是通过上下文的代理。在服务端的设计模式中，有一种模式被称为代理模式。代理模式解决的问题与上下文代理要解决的问题类似：当一个对象的创建成本偏高，或直接访问成本较大时，可以提供一个中间层来访问真正需要的对象，并在中间层进行一些控制。

同理，上下文的代理也是类似的，需要中间加一层。当通过这个代理获取数据时，可以更加动态地获取到需要的数据。例如，需要 process 这个全局变量时，可以通过代理将宿主上下文中的 process 对象提供给虚拟环境。当虚拟环境需要 require 时，可以通过代理获取自定义实现的 require，而非宿主真实的 require。同时，还可以通过代理设置虚值。例如，当获取 Array 对象时，如果需要修改原型链的一些方法，可以通过代理假装设置原型链数据，实际修改的只是 App 中的一个对象，而不是宿主的原型链，从而确保仅通过上下文变化来保持宿主环境原型链的不可变性。

4.3.1 上下文代理的原理

之前提到，由于 Node.js 的上下文非常庞大，因此使用代理模式来代理上下文。然而，没有具体说明其原理。实际上，在虚拟机中可以定义上下文，如果在这个上下文中增加一层代理，会产生怎样的效果呢？具体来说，代码访问环境时，通过代理查找变量名来判断是否存在变量修改和注入。如果未找到变量注入，则继续在宿主环境中获取变量。在获取到宿主变量时，需要给宿主变量再加上一层壳，以代理宿主变量。这样可以防止宿主变量被当前应用篡改。上下文代理原理如图 4-3 所示。

● 图 4-3 上下文代理原理

很多人知道宿主环境变量代理，也知道再加一层代理是为了防止篡改。但这里其实存在一个细节，就是其中存在链式代理。那么，什么叫链式代理，又为什么需要链式代理呢？

例如，获取 Date 对象后，对其进行一层代理包装，并返回包装后的 Date 对象。当访问这个被包装的属性 now 时，由于该对象已被包装，通过代理可以判断是否返回 Date 中的 now 属性。如果返回 Date 中的 now，则对 now 再进行一层代理包装，最终获取完整的链式代理。虽然看似是层层代理，但实际上，如果任意一层代理失效，下一层代理将无法生效。

回到主题，对宿主对象增加代理是为了防止宿主变量被篡改，而对宿主变量的属性进行链式代理，是为了防止宿主变量的属性被篡改。每个属性的子属性和子属性的子属性之间的关系如同链条，环环相扣，因此，每一层级都需要进行代理。这种环环相扣的方式极大程度减少了不必要的内存损耗，因为只有需要访问的数据才会进行代理包装，而未访问的数据则不会产生代理。

4.3.2 上下文和 App 绑定原理

创建上下文的目的是虚拟一个环境，通过这个环境实现 App 之间的相互隔离，确保互不影响。当修改宿主环境变量时，如何保证不会影响宿主环境变量，仅在当前 App 中生效呢？

关键在于创建 App 环境时，同时创建一个空的 App 上下文对象，并将该对象与当前 App 关联。例如，将空的上下文对象作为 App 对象的一个属性。当修改宿主环境的上下文时，通过代理将这些修改存储在空的 App 上下文对象中。下次读取时，代理会优先检查 App 的上下文对象中是否存在该属性或变量，如果存在，则优先从当前 App 的上下文对象中读取该属性或变量。这样，实际上宿主环境对象并未被真正修改，而 App 中的环境变量可以正常修改和获取，从而不会影响宿主环境。

总之，通过创建独立的上下文对象并利用代理机制，确保修改仅在当前 App 环境中生效，而不影响宿主环境，从而实现 App 之间的相互隔离。App 上下文绑定原理如图 4-4 所示。

假设宿主环境中 process.env.xxEnv 的值等于 1，那么在 App 中修改 process.env.xxEnv 为 2 时，会在 App 的上下文中创建一个 process 对象，再创建一个 env 对象，最后创建一个 xxEnv 属性，并设置 xxEnv 属性的值为 2。同时，在 env 对象的代理中标记 xxEnv 对象已经被修改。这样，下次再访问 env 对象获取 xxEnv 属性时，可以发现 xxEnv 已经被修改，于是会在 App 的上下文对象中取出 xxEnv 属性，而不是继续在宿主环境对象中获取 xxEnv 属性。这样保证了 App 的环境修改不会影响宿主环境的修改。

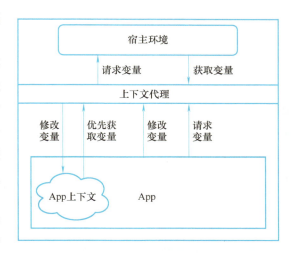

● 图 4-4　App 上下文绑定原理

4.3.3 上下文代理的具体实现

知道了上下文代理的原理、上下文和 App 的绑定原理，那么是否可以深入细节，探究一些实现方法呢？本节主要围绕上下文代理和全局变量代理的实现展开讨论。

这次可以先谈全局变量代理的实现，因为全局变量更加复杂。首先需要分别实现 get、set、getPrototypeOf、setPrototypeOf、getOwnPropertyDescriptor、has、ownKeys、deleteProperty，同时，上下文代理也依赖全局变量代理的实现，所以先讲解全局变量代理可以更好地理解上下文代理的实现。

上文提到全局变量的代理实现，其中 get 方法主要用于实现 App 上下文的代理。之前提到，当发现属性被 App 修改时，会获取 App 上下文的数据。因此，需要通过代理来获取全局变量的属性，对属性获取进行拦截，使 App 能够获取动态上下文的数据。相对应的，set 方法用于记录修改项目，并对修改项进行保存和记录。

考虑到攻击者可能尝试通过修改对象的原型链来影响程序的行为，增加对原型链的代理变得尤为重要。为了防止原型链的不当修改，可以利用 getPrototypeOf 方法的代理功能来安全地访问原型链。通过这种方法，任何尝试访问对象原型的操作都将经过代理层的检查和控制，从而有效防止原型链被篡改。同时，setPrototypeOf 方法可以对尝试修改原型链的行为进行监控。通过代理 setPrototypeOf 方法，可以记录对原型链的每一次修改尝试，并将这些修改行为进行保存和记录。

接下来还需要对对象的描述符进行获取和修改，因为在记录一个对象属性的时候，可能会涉及修改对象的描述。有人可能不太理解什么是对象的描述，这涉及 defineProperty 方法。定义对象属性的时候，可以对对象进行配置，包括但不限于值（value）的修改，规定属性是否可写（writable），规定是否可被枚举（enumerable），例如，打印对象时，该属性为是否显示打印等，以及属性是否可被配置（configurable）。所以对象的描述对对象来说是一个非常重要的数据。在修改和编辑 App 上下文时，也要记录该属性的对象描述符号的修改，然后再通过 getOwnPropertyDescriptor 进行返回。

有很多方法可以对对象的属性进行判断，例如，has 方法用来判断是否存在某个元素，ownKeys 方法用来获取某个对象的元素列表。通过 set 方法对 has 和 ownKeys 方法返回的结果做一层处理，以确保代理的完整性。

最后假设在 App 内删除一个属性，也需要对这个属性做一个已被删除的记录，最终在 get 和 getPrototypeOf 代理方法的结果中体现。

在实现全局变量上下文的代理之后，接下来的关键步骤是创建一个上下文代理。这种代理比全局变量代理相对简单，主要聚焦于实现一个 get 方法，该方法负责获取当前的全局变量数据。上下文代理的工作原理是先检查变量是否已被重新修改。如果存在修改，则优先返回这些修改后的变量；如果无修改，则从当前全局宿主环境中获取变量，并在返回的数据中加入一层全局变量代理。这一过程涉及 require 等功能，如果 require 被重新实现，那么将优先返回重新实现过的版本，而不是宿主环境中被代理包装过的版本。在实现这一过程中，也需要进行异常数据的判断，如确认当前宿主环境的变量是否存在。这种判断是必要的，因为它有助于确保代理的稳定性和数据的正确性。

说到 require 会被重新实现，开发者可能会感到惊讶，因为大家普遍认为 require 是 Node.js 核心的模块系统，如果要重新实现，那么一定会异常复杂。但是实际情况真的是这样么？接下来，我们将深入探讨在 Serverless 架构中，require 模块是如何被重新实现的。

4.4 重新设计模块化系统的实现

终于来到了本章的核心点，也是 Serverless 架构的设计难点之一——重新设计模块系统的实现。首先可以思考为什么要实现模块化系统功能。在 Serverless 架构中，实现模块化系统功能是一项关键举措，原因多种多样。通过重新实现模块功能，开发者能够实现对系统权限的精确控制，甚至可以重写系统模块来满足特定的业务需求。

例如，如果开发者不希望应用程序具备读写文件的权限，他们可以选择不引入或禁用 fs 模块。更进一步，如果需要改变文件存取方式，例如，不通过 fs 模块读取本地文件，而是读取存储在 S3 上的文件，开发者可以修改 fs 模块的内部方法来实现这一功能。这种能力大幅扩展了 Node.js 的应用范围，赋予开发者在 Node.js 中强大的能力。

通过重新实现模块系统，开发者不仅可以控制模块的加载和功能，还可以改变模块引入文件的方式。这种能力使得开发者像魔法师一样操作系统的底层逻辑。此外，模块系统是 Node.js 早期的核心组成部分，深入理解和掌握模块系统也有助于提高对 Node.js 架构的认识。

4.4.1 重写 require 功能

不知道大家有没有想过 Node.js 的 require 到底是如何实现的。可能大家会觉得它很复杂，虽然它的实现确实不简单，但如果透过现象看本质，理解 Node.js 中的 require 函数实现过程，将其拆分为几个基本步骤，这个过程就像解释"如何将大象装进冰箱"的过程一样直观。第一步实现一个代码加载器，第二步约定一个获取代码对外暴露的执行结果的协议，第三步加载代码后再将一个一模一样的代码加载器注入新的代码中，实现一个完整的模块引用闭环。在后续的讨论中，继续对这三步的实现进行深入理解。

第一步，实现一个代码加载器。在 Node.js 中，require 基本上是一个代码加载和执行工具。其最简单的形式可以视为一个高级的执行器，它将指定路径的代码读取为字符串，然后在 Node.js 环境中执行这段代码。这可以通过使用文件读取操作来完成，将读取到的代码字符串传递给一个类似于 eval 或 new Function 的 JavaScript 执行函数。在初期，为了简化，可以直接使用这样的方法。但为了安全和效能考虑，实际应用中通常会使用 Node.js 的 VM 模块来隔离和控制执行环境。有了代码加载器，第一步工作就完成了。

第二步，约定一个获取代码对外暴露的执行结果的协议。Node.js 中的协议签是获取 module.exports 的执行结果，通过第一步实现代码加载器，在执行文件代码前，先声明一个 module 变量和一个 exports 变量，通过执行代码引用传值，获取需要的暴露模块数据，最后实现了一个模块暴露协议。简易的代码实现其实非常简单，对外暴露协议简易实现如图 4-5 所示。

```
1   // 根据Node.js模块暴露协议定义变量名
2   const myModule={exports:{}}
3   // code为外部读取的代码字符串
4   const code='const a=1+1;module.exports.a=a;'
5   // 执行函数
6   new Function('module','exports',code)(myModule,myModule.exports)
7   // 通过引用传递我们获取到最终的模块数据
8   console.log(myModule.exports)
9
```

● 图 4-5 对外暴露协议简易实现

通过上面的方法，实现了 require 的一部分功能，但是每个文件代码都有自己的属性，如文件的目录和文件的地址。同时，文件本身的环境也是需要 require 来进行引用其他文件的。在第二步中，只实现了一个文件的 require 功能，如果每个文件都有 require，又该如何实现？

第三步，在每次执行函数的时候，都将 require 载入，而不仅像第二步那样只载入 module 和 exports。其实 require 本身也是需要被载入到代码的上下文中的，通过 require 的载入，实现在每个函数内部都可以进行外部模块的引用。基于之前的代码进行简单修改，增加 require 生成器，通过将当前文件路径传入 require 生成器，生成 require，再将 require 根据第二步的方法注入代码执行器中执行，同时对 require 生成器进行递归，最终完成 require 的串联引用实现。模块的循环载入如图 4-6 所示。

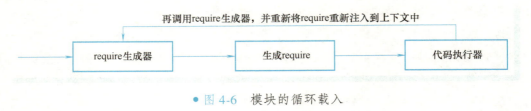

● 图 4-6　模块的循环载入

简单来说，通过 require 生成器生成 require，require 调用代码执行器时再生成一个 require，提供给代码执行器中的代码使用。

到这里，通过以上三步完整地实现了虚拟 Node.js 模块系统的功能。然而，问题依然还未完全解决。当 require 与文件路径强绑定，并引用相对路径的时候，该如何解决呢？

这个问题涉及上下文的文件路径。在 require 生成器中，需要传入当前的一个文件路径来生成 require，实现生成的 require 绑定当前文件路径的效果。当 require 方法在引用一个相对路径时，可以获取当前文件的路径，并与引用路径进行比较，获取引用文件的绝对路径。同时，在引用文件中再调用 require 生成器，并传入引用文件的绝对路径来生成一个引用文件的 require。通过这种方式在引用文件中注入文件信息相关的上下文，并采用类似递归的方式来实现一个完整的模块系统。

▶▶ 4.4.2　权限系统判断的实现

在前文中说到，可以实现模块的权限控制。这里所说的权限控制类似于可以让代码控制在一定权限中，与之前实现 require 功能相比，实现这个功能要简单很多，只需要在 require 增加权限判断逻辑就可以了。通过对 App 配置来确定 App 能够使用哪些模块。同时，由于 Node.js 模块本身也相对有限，使用白名单模型可以相对方便地规定 App 的权限控制。require 系统权限过滤实现如图 4-7 所示。

权限控制分为三种类型，分别是代码入口文件、引用模块、引用第三方 npm 包。

首先，代码入口文件指的是在 App 的主文件，代码从 App 主入口进行运行，利用主入口的 require 直接查询 App 配置的系统模块白名单来限制。一般来说，因为 App 配置了模块限制，主入口不会出现权限溢出问题。

● 图 4-7 require 系统权限过滤实现

第二种类型是主入口引用 App 内部自定义的一些方法，如业务代码中的工具类文件。这类自定义代码，通过系统模块白名单能有效避免代码中错误使用权限的问题，由于 require 的实现通过递归传递，所以也可以有效拦截。

第三种类型是第三方依赖——引用第三方 npm 包，是需要权限控制的重点。由于 require 是被重写实现的，所以也就意味着，第三方依赖的 requie 也会进入到控制逻辑。通过重写 require，这三类都会被权限控制约束。

假设第三方依赖和系统依赖是没有路径的，那应该如何判断？主要通过两点可以判断，一是系统的模块是可以枚举的，如果命中了系统模块列表就说明是系统依赖；二是可以在 node_modules 中进行第三方依赖查找，也就是说能在 node_modules 找到就说明是第三方依赖。如果两者都没有命中，那么大概率这个依赖模块并不存在。

▶▶ 4.4.3 外部文件引用的剥离

本节主要讲解外部引用剥离的实现。为什么要实现外部文件的引用剥离呢？首先可以定义一下什么是外部文件。外部文件可以理解为 App 代码文件夹之外的代码，现实情况下一般会有多个 App，当前操作的 App 在使用 require 的时候，不能再引用其他 App 的文件，这些文件被视为外部文件。

例如，现在有两个 App，一个是 a 的 App，一个是 b 的 App。要实现的结果是 a 的 App 文件不能被 b 的 App 引用，同时 b 的 App 文件也不能被 a 的 App 引用。

为什么要隔绝两个 App 的引用呢？为了确保每个应用程序（App）保持相对独立，并能够部署在不同的服务器上，有必要避免使用传统的 require 方法来直接引用其他 App 的文件。因为这种方式会限制两个 App 必须部署在同一台机器上。为了解决这个问题，可以采用远程过程调用

（RPC）来实现两个 App 之间的通信，当然 App 的 RPC 通信并非本节讨论的重点。

首先对 App 的目录做一个规定，例如，假如所有的 App 都放在 apps 文件夹中，载入 App 时，为了获取每个 App 文件夹的路径，必然载入 apps 文件夹，通过 App 文件夹路径最终实现 App 初始化。当 App 的入口文件开始引用时，App 的目录文件会引入到使用生成器生成的 require 中，触发 require 引用时，App 会对引用的路径进行判断，只要不是当前 App 下的引用路径就直接抛出引用路径错误。这就是外部引用剥离逻辑，如图 4-8 所示。

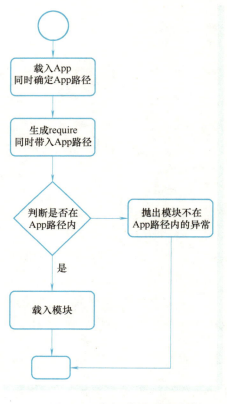

● 图 4-8　外部引用剥离逻辑

通过 require 轻易实现外部文件引用的剥离，达到更加有效地解除代码耦合性的效果。

以上就是对 require 及其相关实现的理解。下一节，将探讨如何实现更现代的 import 语法。

4.5　import 实现原理

在官方模块规范推出前，模块规范领域可以说是百家争鸣。以 Node.js 为代表的 CommonJS

规范（CJS 规范），前端的 backbone.js 基于 Require.js 的 Asynchronous Module Definition 规范（AMD 规范），以及后来出现的 Universal Module Definition（UMD 规范），试图统一 CJS 规范和 AMD 规范。经过广泛的讨论，最终制定了 JavaScript 的官方模块规范 ECMAScript Modules（ESM 规范），从而结束了模块规范的纷争局面，各方逐步向 ESM 迁移。其中，ESM 规范的重要组成部分之一是 import 语法。虽然规范明确了模块系统应达到的效果，但对具体实现并没有限制，只要实现满足 ESM 的要求即可。

本节将主要讲 Serverless 架构 import 的实现原理，由于我们实现了一套基于 CommonJS 规范的模块系统，因此本章还将探讨如何基于这个模块系统的 require 来实现 ESM 规范。这涉及如何在一套系统中兼容并复用两套模块规范，即实现 CommonJS 和 ECMAScript Modules 规范的兼容。如何用一套系统完成两套模块规范的复用，通过本章的学习来了解一下吧。

▶▶ 4.5.1　import 和 require 的关系

就使用范围而言，require 在 Node.js 中目前仍占主导地位，import 在前端项目中几乎成为普遍选择，特别是在浏览器中作为模块引用的支持方面，其普遍性更高。按照先后关系来看，require 比 import 更早出现，并且趋势显示，import 正逐步替换 require 的使用方式。

但是就功能来说，require 和 import 的区别还是不小的。例如，在引用的方式上，import 是静态引用，即在代码编译阶段就确定代码的引用，并编译需要的代码。通常，import 必须在文件的开头进行，而不是在代码运行中。require 是动态引用，通过运行代码来实现，需要等待代码全部运行完毕后才能进行引用。这种方式虽然无法进行代码优化，导致所有的代码都要载入运行，但它允许在代码执行的任意时刻进行引用，而无需在代码的开头声明。功能上的区别意味着使用范围的区别。对于前端来说，尤其是在处理第三方依赖时，如果使用 require，就需要完整引用第三方依赖，而使用 import 只需引用需要的部分代码。这种区别使得在前端库的代码编译时，为了减少体积，经常会使用 tree-shaking 来优化。如果还使用 require 来引用代码，则意味着代码包的体积会比实际需要的内容大很多，导致页面加载缓慢。尽管 Node.js 的 require 生态相对庞大且有其历史原因，对于后端或终端工具来说，代码体积大一些并不特别重要，因此在 Node.js 中，大部分情况下仍然使用 require 来完成模块相关的引用。然而，为何在很多后端场景仍使用 import 来编写代码呢？这实际上是因为使用了代码编译增强工具。如果没有使用这类工具，在 Node.js 原生代码中，则需要对当前的模块类型进行声明，如使用 .mjs 格式，才能使用 import。

在许多代码编译增强工具中，通常会支持 import 功能，但这种支持通常仅限于将 import 语法转换为 require 语法。对于这些代码编译工具或增强工具来说，它们可能没有处理两者的具体实现细节。import 作为静态引用，在编译时就完成了对模块的引用；而 require 作为动态引用，是在运行时才完成对模块的引用。这种差异基本上是无法通过简单的转换直接处理的。因此，这些工具所能处理的主要是将 import 的语法或引用结构转换成 require 的语法和引用结构。本质上，这只是语法和引用结构之间的转换，而对于底层的实现，大部分工具无法直接完成 import 的底层实现。这也解释了为什么在 Node.js 中，从 require 到 import 的过渡如此漫长，甚至需要使用特定的 .mjs 格式的文件才能运行使用 import 语法的代码。既然在设计 Serverless 的模块系统中也支持 import 语法，那么是如何对这种语法进行转换的呢？下一节将详细讨论为什么要对 import 进行转化、如何进行语法转换、转换是如何实现的，以及为什么需要这样实现。请继续关注下一节内容，深入了解这些转换背后的逻辑和实现方法。

▶▶ 4.5.2 import 的转化实现

在 4.5.1 节说到 import 和 require 其实是有一定差异的，但为什么许多代码增强编译工具依然使用语法转换器将 import 转换成 require 呢？原因是这种方式的成本相对较低。之前有提过通过重写 require 来实现模块系统，从而允许使用 import 语法引用代码。同时本身使用虚拟机（VM），并采用 VM 的 SourceTextModule 实现 import，那么，究竟使用哪种模块引用方式会对整体的实现更好呢？

对于目前的两种方案，即使用语法转换实现 import 功能和直接使用 VM 的 SourceTextModule 来实现 import 功能，可以先对这两种实现方法进行解析，通过对比它们的优缺点来决定最终的方案。比较的维度包括实现成本、使用成本、维护成本和性能等方面。接下来，将逐一解析。

第一种方法是使用语法转换来实现 import 功能。这种方法通过代码增强编译工具来实现，如 Babel 或 TypeScript。其原理是：在编译代码时，编译工具将代码中的 import 语法识别并转换为 require 语法。过程中涉及对抽象语法树（AST）的操作：首先将 import 语法节点转换为对应的 require 语法树，并考虑到 import 的异步加载特性，将其封装为返回 Promise 对象的 require 调用，最终再将 AST 还原为代码。然而，这种转换是单向的，因为 require 可以在代码的任意位置使用，而 import 必须在代码开头使用。这种方法的一个显著问题是性能损耗。import 语法在解析代码时会进行树摇优化，即只编译和运行被实际使用到的部分代码，而 require 则会编译并运行整个引用文件的全部内容。因此，将 import 转换为 require 可能会导致不必要的代码执行，从而带来性能上的损耗。然而，使用这种语法转换方法也有其优点：首先，这种方法可以复用已有的模块化系统，因为许多现有的模块化系统是基于 require 实现的；其次，通过语法转换，可以在现有系统的基础上较低成本地引入 import 语法；此外，现有的代码编译增强工具，如 Babel 和 TypeScript，已经能够方便地进行这种转换，因此实现成本相对较低。

第二种方案是使用 VM 中的 SourceTextModule 进行代码编译。采用这种方法的好处在于可以实现完整的模拟，使得 import 的行为逻辑与浏览器基本一致。这种方法的一个显著优势是能够在编译和执行阶段减少未引用代码的编译和执行，从而提升性能。然而，这种方法也存在一些缺点。首先，需要实现两套系统，新的系统与原有的基于 require 的模块化系统无法复用。因此，在代码中将无法使用 require 功能。这是因为 import 无法完全模拟 require 功能，两者在使用上有根本区别。其次，SourceTextModule 目前还处于试验阶段，尚未完全稳定。因此，即使要采用这种方式实现 import 功能，可能也需要等待稳定版本的出现。

基于当前的现状，采用语法转换器将 import 转换为 require 或许是更好的选择。这种方法的实现成本和维护成本较低，且在使用成本方面没有太大区别，区别在于增加了语法转换器的编译过程以及引用时可能带来的微小性能损失。

▶▶ 4.5.3 执行 import 的实现

实现 import 语法使用语法转换器确实有一些微小的差异，但由于 import 可以单向转换成 require，基本功能可以实现，且目前没有将 require 完全转换成 import 的需求，因此使用语法转换器是一种可行的方法。那么，使用语法转换器又有什么好处呢？最直接的好处之一是使用这种实现方式可以支持 require 语法和 import 语法，同时在两者中设置若干限制功能。

不论是否使用语法转换器，import 语法都具备若干模块化系统的特性，例如，限制 App 文件夹外部文件的引用和实现 App 某些模块的权限控制。如果使用语法转换器，这些功能可以通过重写 require 来实现；如果不使用语法转换器，而是使用 VM 中的 SourceTextModule，同样可以实现这些功能（通过 SourceTextModule 的 link 函数，可以实现类似的功能）。

关于 SourceTextModule，先做一个说明。它区别于原来 VM 模块的创建方法，是原生的 ECMAScript 模块的虚拟机。可以通过这个模块来编译和执行原生 ECMAScript 模块。在 SourceTextModule 中，有一个 link 方法，可以传入一个异步函数。这个函数有两个参数，第一个参数是使用 import 传入的模块名，例如，在使用 import * as fs from 'fs' 时，这个参数就是 fs。第二个参数是上一个模块的相关信息，它本身也是一个 SourceTextModule 对象，所以包含上一个模块的上下文信息、文件地址信息等。这个参数的重要作用在于，当第一个参数传入的是相对路径时，可以根据这个参数计算出引用文件的路径，也可以根据当前文件地址实现一些功能上的定制。如果要实现 App 文件夹的范围引用，可以通过 link 函数传入的方法的第二个参数结合第一个参数计算出引用文件的地址，并将计算的地址与当前 App 文件夹地址进行比对，判断是否在当前 App 中引用。同理，如果要实现模块限制功能，只需判断第一个参数是否为允许引用的模块，如果不是，直接抛出异常即可。

直接使用语法转换器来实现 import 功能，可以避免重新使用 SourceTextModule 进行实现。通过语法转换器，可以将 import * as fs from 'fs' 转换为 const fs = require ('fs')。这种转换并不是简单地通过字符串或正则表达式来实现，而是通过解析和操作抽象语法树（AST）来进行的。传统的编译器系统通常通过"吃字"来实现 AST 的转换，再修改 AST 并转换为目标代码。现代的

AST 转换虽然使用了一些正则表达式，但本质上还是基于对 AST 的操作。这种转换通过调用 require 来模拟 import 的实现，但底层的实现逻辑存在较大差异。在当前的过渡阶段，使用语法转换器是一种相对合理的选择。通过这种转换可以解决 require 的历史遗留问题，同时支持新的 import 语法。然而，从长远来看，原生的模块系统实现才是最终的目标。希望 SourceTextModule 能够早日变为稳定状态。Node.js 近几年的迭代速度相当迅速，相信在未来我们能够看到 ECMAScript 模块在 Node.js 中的广泛使用。

4.6 代码文件加载实现

代码文件加载的过程看起来只是文件读取然后运行，但其实本身的功能并不是那么简单，代码文件的加载过程不仅是简单的文件读取和执行，而是涉及多个步骤，包括代码文件的读取、代码的解析和编译、引用路径的解析、引用文件的上下文数据处理及异常情况的处理。在这些功能中，每一块其实都是一个大类，每块内容单独展开都可以作为一个章节来讲，之前模块系统的实现基本只讲了大概的实现，整体的讲解不是那么完整。在本节中，将对代码文件加载的一些核心功能进行拆解。

本节将对代码文件加载的一些核心功能做一个拆解，包括虚拟机（VM）递归加载的实现，说明为什么会对代码进行递归的加载、使用 VM 递归加载的好处是什么、为什么会选用这种方式、是否有什么历史原因；详细讲解代码中互相引用问题的处理，说明在 Node.js 中如何处理文件的互相引用、如何通过虚拟机来处理这个问题、处理手段有什么差异；在加载代码的过程中，写代码时往往会使用一些高级语法，但是当前的 Node.js 版本还没有对这种语法做支持，开发者应该如何去处理这个问题。带着这些问题进入本节，一起收获答案。

4.6.1 VM 递归加载实现

首先谈谈为什么要使用 VM 来做代码的递归加载，为什么代码需要递归才能实现功能的加载。在代码文件加载过程中，开发者为了更方便地实现功能，通常会引用一些依赖。而这些依赖又可能引用其他依赖，形成一个依赖链。因此，在加载代码时，需要递归地加载当前代码文件依赖的代码文件及这些依赖的代码文件所依赖的代码文件，直至加载完所有依赖。为了确保环境能够实现权限管控，使用虚拟机递归加载依赖是一个有效的方案。

如果不断进行依赖加载，那么是否会有一些性能问题呢？答案是会。如果不进行优化，在模块系统众多的情况下，可能会出现一些性能问题。首先，如果每次调用都使用 VM 重新加载依赖，将直接影响运行速度。因此，需要通过依赖文件的缓存来存储依赖代码，以提高性能。在开发环境中，这种缓存依赖的方法通常足够满足功能需求。然而，在生产环境中使用缓存时，第一次加载依赖可能会占用大量时间，并且长时间缓存这些依赖会占用较高的内存空间。虽然在开发环境中可以接受，但在生产环境中可能会导致一系列问题。那么，在生产环境中，如何处理依赖过于庞大的问题呢？可以从根源上解决这个问题。也就是说，如果整个依赖树不再存在，是否可以完全解决这个问题呢？为此，可以提前进行打包，将所有依赖打包成一个文件，这样在运行时就不需要使用 VM 去递归运行依赖树。这种方案的本质是提前运算，将依赖树提前计算并打包在一个文件中。目前有许多打包工具可以实现依赖解析并完成单文件打包。这种方案可以直接提升性能，并且开发成本较低。既然如此，为什么不在开发环境中也使用这种方法呢？原因是这种方式需要较多的打包时间，包括文件的读写和合并工作，这对于本地开发来说并不合适。在开发阶段，使用最快的直接加载方式反而会更快，并且在依赖没有改变的情况下（例如，没有升级依赖版本），直接使用原有的依赖缓存甚至不需要重新读取和编译文件。

在开发阶段，可以使用 VM 去递归解析文件，并通过缓存依赖文件的方式来运行代码文件。这样做的唯一缺点是会占用更多的内存，但对于开发阶段来说，这并不是一个大问题。而在对性能要求更高的线上环境中，可以通过将所有依赖打包成一个文件的方式来运行代码，从而提高运行效率。依赖缓存除了提高性能外，还有其他用途，例如，防止文件互相引用而造成死循环。在下一节中，我们将详细探讨文件相互引用加载的前因后果。

▶▶ 4.6.2 文件相互引用加载实现

在上一节提到了依赖缓存，用于缓存依赖的数据，但这与文件相互引用又有什么关系呢？什么是文件互相引用呢？文件相互引用是指两个或多个文件之间的循环依赖，导致加载时形成死循环或死锁。例如，A 文件依赖了 B 文件，而 B 文件又依赖了 A 文件，这种情况下，运行 A 文件时需要等待 B 文件加载完成，而 B 文件加载时又需要等待 A 文件完成，这就形成了一个死循环或死锁。为了检测这种环型依赖，通常会使用快慢指针或深度优先搜索（DFS）算法，这些方法都需要对依赖关系进行遍历，通过检测依赖环的存在与否来进行报错。然而，如果依赖环较大，整个计算过程可能会非常复杂和耗时。

那么，如果不使用环型依赖检测还有什么办法来实现呢？在 Node.js 初始化模块时，系统会为模块提供一个空对象的默认值，并将该默认值挂载到模块对应的缓存中。随后，系统继续执行模块的代码。执行完毕后，系统会修改缓存中的默认值，将其替换为执行后的模块结果。在正常情况下，模块的执行和缓存修改过程如上所述。然而，在相互引用的情况下，情况会有所不同。以 A 文件和 B 文件相互引用为例：当 A 文件引用 B 文件时，B 文件被初始化为一个空对象，并挂载到缓存中。接着，B 文件会引用 A 文件。由于 A 文件在引用 B 文件时已被初始化为空对象并缓存，因此 B 文件引用 A 文件时获取的是 A 文件的空对象，而 A 文件则能获取到 B 文件执行后的结果。在这种情况下，尽管没有报错，但会出现空对象的引用问题。这种方法被称为标记法，即在引用路径上进行标记，当遇到已标记的模块时，直接确定是否引用。尽管标记法会消耗内存空间来存储标记，但对于 Node.js 的模块系统来说，这并不是问题。因为模块本身需要缓存，避免相同模块的重复加载以提升性能。因此，在 Node.js 中，模块的引用不会出现问题。通过图示表达这种逻辑关系会更加清晰。相互引用的处理如图 4-9 所示。

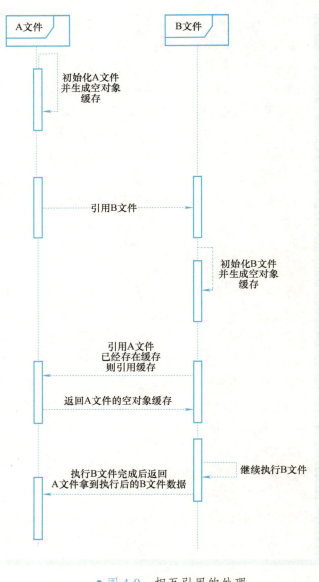

• 图 4-9　相互引用的处理

这个时序图依然使用 A 和 B 代表相互引用的文件，清晰地展示出在处理相互引用时的设计原理。通过这种方式，可以较好地解决相互引用的问题。因此，在实现自己的模块系统时，可以借鉴这种方式，通过这种方法解决模块相互引用的问题。在设计 Serverless 模块系统时，相互引用问题的处理也采用这种方式。这种方法的好处在于能够更好地支持 CommonJS 模块规范中的 require 语法。由于使用语法转换器来实现 import 语法，import 语法的运行机制也会参考这一设计。当需要使用一些更高级的语法时，应在模块中进行相应处理，以达到最终实现的目的。具体方法和处理步骤将在下一节详细讨论。

4.6.3 高级语法支持

在开发过程中，为了提升效率，开发者可能会采用一些新特性和高级语法。很多时候 Node.js 版本更新不够及时，这个时候就需要使用语法转换器或语法增强工具来帮助实现一些比较高级的语法。在 Serverless 服务中运行时，如果遇到高级语法的代码，通常会使用虚拟机（VM）来加载代码。

高级语法是指在编写代码时使用的新语法，这些语法中有些在当前 Node.js 版本中是支持的，也有一些不支持。因此，在处理语法兼容性问题时，需要使用语法转换器，将不支持的高级语法转换成较低级的语法，以确保代码在运行时不会出现问题。使用语法转换器的好处在于可以实现语法的全面兼容。然而，其缺点在于开发时需要对代码进行编译，这会增加开发时间。不过，在编译时可以使用增量编译的方法，这种方式可以显著减少编译器消耗的开发时间。增量编译之所以能大幅减少开发时间，是因为传统的编译方式在修改文件时会对整个项目进行全量编译，这意味着整个项目都需要重新编译一次。如果项目规模较大，语法转换器需要对大量文件进行语法转换，从而导致整体耗时较长。而增量编译仅监听修改的文件，当文件发生修改后，只编译该文件，这样语法转换器可以非常快速地完成处理，通常在几百毫秒内即可完成编译操作。如果每次修改只需几百毫秒的时间，对开发时间的影响是可以接受的。因此，开发时依然可以使用语法转换器来实现高级语法。

使用语法转换器时可能会遇到一个问题，即如果语法转换器的版本不够高，在编译阶段就无法识别高级语法的代码。开发阶段遇到这种问题还好解决，只需升级语法转换器即可。但是，如果这种问题在线上发生，可能会造成严重后果。不过实际上，线上环境根本不需要担心这个问题。在发布上线之前，在部署文件时会进行应用程序的构建，这个构建过程实际上是将高级语法编译成较低级的语法。如果出现问题，只会在编译阶段报错，无法进入下一个阶段，也就是说有问题的代码根本无法发布。因此，线上运行的代码一定是经过编译转换后的、相对低级的语法代码，这种代码可以确保线上的稳定运行，不会受到高级语法的影响。在真正运行线上代码时，需要引入产物的概念，通过产物来实现高级语法在 VM 下的稳定运行。同时，通过产物还可以比较线上运行的代码是否符合预期。这种方式确保了线上环境的代码稳定性和一致性。

实际上，VM 加载代码与 Node.js 直接加载代码的差异性并不大。VM 对特性的支持程度依赖于 Node.js 版本的支持力度。VM 唯一的区别可能在于它可以进行一些更加定制化的操作，如权限管控、运行时间限制及虚拟化文件路径和目录等。因此，VM 实际上实现了一个简化版的 Node.js，并在此基础上增强了对代码资源和能力的管理。通过 VM，可以对 Node.js 上下文进行隔离，使应用程序的运行更加可控。这种方式特别适用于 Serverless 架构，实现对代码资源和能力的管控。此外，VM 还能帮助实现模块系统，从而在 Serverless 架构中实现更高的灵活性和控制力。这种方法不仅提高了系统的安全性和稳定性，还使得应用程序的部署和管理更加高效和可靠。

第 5 章

Serverless架构的函数设计

5.1 Serverless 架构采用函数的原因

Serverless 使用函数来设计服务原因其实相对简单，主要可以归结为两点：提升效率和实现最小颗粒度。在提升效率方面，编写函数式代码可以优化项目设计，使其更加精简和完美。这涉及函数的一些概念，如无副作用、引用透明和纯函数等。对于没有涉及大型系统开发的开发者，可以专注于编写函数相关的代码，不需要设计系统的整体结构或深入了解后端技术，只需负责函数的输入和输出。例如，前端开发者可以用自己熟悉的语言编写后端服务代码，这是 Serverless 函数式编程赋予用户的能力。

另一方面，函数是语言中可执行的最小颗粒度，这使得实现功能单一的代码更加容易。复杂的功能可以通过组合最小颗粒度的函数来实现，而不是将代码耦合在一起。因此，在更新服务时，只需更新最小颗粒度的函数，这极大地降低了对整体服务的影响。此外，由于低颗粒度，服务整体可以更加灵活地调整。例如，发布包较小可以更快发布，容器资源消耗较小可以更快扩容。这使得在需要对服务进行变更时，可以更迅速地进行调整。由于 Serverless 服务需要满足大量用户的需求，并在开发效率和灵活性上有较高要求，因此选择函数作为主要的编程方式是一种必然的选择。

▶▶ 5.1.1 什么是函数

在本章开篇，我们讨论了为什么 Serverless 会选择函数，但并没有详细说明什么是函数。许多人可能觉得自己已经了解函数，不需要再进行解释，但实际上，大多数人并没有对函数本身做一个系统总结。提到函数，就无法避开函数式编程。前人在函数方面已有很多经验和总结，因此，这节将探讨函数式编程的一些概念，并通过实例说明这些概念在函数式编程中的应用，以避免枯燥的概念讲解，为读者提供更直观的理解。

首先对于函数式编程来说，几个必谈的概念包括副作用、纯函数和引用透明。其中，最重要的概念可能是副作用。那么，什么是副作用呢？副作用指的是函数内部引用了外部变量。如果引用了外部变量，函数就存在副作用，即函数的运行可能导致外部环境发生变更，或外部环境可能导致函数的结果变得不可控。无副作用与此相反，无副作用函数不引用外部变量或函数，即外部变量不会参与到无副作用函数的运行中。例如，假设存在全局变量 a 和局部变量 b（它们被多个函数引用），及函数 c，在函数 c 中存在变量 d 且仅在函数 c 内部使用。那么，在这种情况下，函数 c 只要使用变量 a 或变量 b，就存在副作用；而使用变量 d 则是无副作用的。当然，这并不意味着函数 c 只能使用变量 d，而是说函数 c 只使用函数内部的变量即可。变量 d 代表的是函数内部变量这一类型。因此，对于无副作用的函数来说，它们不会使用函数外部的变量，只会使用函数内部的变量。

如果一个函数是无副作用的，那么它是否只需要对入参负责呢？理论上，若无副作用函数只依赖于输入参数，相同的输入应产生相同的输出。然而，实际上，情况并非如此，因为无副作用函数可能还涉及处理数据库、读取文件或系统时间等操作，这些操作可能导致结果发生变化。纯函数是一个更严格的概念。纯函数不仅无副作用，还保证相同的输入总是产生相同的输出。这种函数不依赖外部数据，不修改系统状态，输出结果只与输入参数相关。因此，纯函数具有幂等性，即多次调用纯函数，结果总是相同。总结来说，纯函数和无副作用函数有如下关系：无副作用函数不一定是纯函数，而纯函数一定是无副作用函数。换句话说，无副作用函数包含了纯函数这一类别。

在编写代码时，经常会遇到在全局变量上挂载变量或函数的方法，这种代码往往特别令人讨厌，因为我们不知道这些变量或函数来自哪里，也不知道它们的输入输出是否可控。而在函数中使用这些全局变量或函数，会导致函数存在副作用和引用不透明性。引用了外部变量的函数会产生副作用，而外部变量来源不明则导致引用不透明。例如，如果一个函数仅进行了文件读取而没有使用代码中的外部变量，那么这个函数是无副作用的，但引用不透明，因为文件内容是外部的引用，可能会被外部环境影响。有人可能会认为纯函数不会修改和读取外部变量，甚至连控制台都不会打印，且输入输出都是幂等的，那么，引用透明和纯函数是否重叠了？实际上，确实如此。引用透明是纯函数的特性。因此，纯函数一定引用透明，而引用透明的函数一定是纯函数。这也是许多文章将两者结合讲解的原因。

了解了这些概念后，可能有人觉得函数仍然有点复杂，似乎难以降低编程门槛。那么，函数究竟是如何降低代码编写门槛的呢？我们将在下节详细探讨这个问题。

▶▶ 5.1.2 降低编写门槛的设计

此外，Serverless 架构使用函数还能极大降低开发者的服务端编写门槛。Serverless 的开发人群中，很多是前端或客户端开发者，这些开发者对开发语言较为熟悉，但对后端知识并不熟悉。然而，通过使用函数进行开发，他们只需对函数的输入和输出负责即可。如果函数没有问题，返回的结果也就不会有问题，从而使许多非后端开发者也能进行服务开发。对于一些刚入门的后端开发者来说，尽管他们具备开发项目的能力，但从零开始启动一个项目可能面临诸多挑战，例如，如何设计框架以适配当前项目。合理设计一个后端框架需要一定的经验，因为不合理的设计或项目代码可能会影响后续开发，加速项目的熵值增加。然而，在 Serverless 中，开发者无需设计框架，直接使用函数即可完成开发。这不仅简化了开发流程，还在某种程度上降低了编写后端代码的门槛。

对于非后端开发人员而言，Serverless 的函数式编程是一种绝佳的方案。它使得前端或客户端开发者可以独立完成项目开发，并且通过函数的方式大幅简化开发过程。使用这种方式，开发者甚至不需要学习或了解 SQL 就可以轻松完成项目的开发。Serverless 架构允许前端开发者使用他们熟悉的语言，如 JavaScript，来实现项目的业务逻辑。而客户端开发者则可以使用 Java 来完成相应的任务。这种灵活性使得更多的开发者能够参与到服务端开发中来。在 Serverless 中，前端或客户端开发者编写的函数可以直接进行功能调试。由于函数的输入参数是 HTTP 请求信息，返回值是 HTTP 响应体，调试过程非常直观。这不仅提高了整体开发效率，更重要的是，使整个开发过程变得更加简单。开发者无需深入了解后端开发知识就可以参与进来。

从简化框架设计和降低开发门槛的角度来看，Serverless 架构提供了一套完整的架构体系，使得开发者只需专注于使用函数编写业务代码，无需设计服务架构。尽管目前有许多脚手架工具可以帮助搭建框架，但 Serverless 的优势不仅在于不需要设计框架。一个服务从开发到上线到最终交付用户使用，涉及多个流程，如服务的构建、部署和运维等。这些流程通常需要大量时间和资源来搭建和维护。例如，服务的构建可能需要使用 Jenkins 等工具；服务的部署需要考虑如何实现一键部署，并确保部署过程中不影响现有服务，可能需要使用 Kubernetes（K8s）进行容器管理；服务的运维涉及如何在流量增加时进行缩扩容，以及在机器出现问题（如磁盘满了）时是否需要人工干预。这些功能需要大量时间和资源来搭建一整套服务体系。而 Serverless 架构很好地解决了这些问题。Serverless 架构自带自动构建、一键发布和自动运维功能，同时还有专业团队负责背后的运维工作，以保证服务的稳定性。因此，Serverless 架构在无形中大幅降低了开发者的门槛，使得没有后端开发经验和运维经验的开发者也能参与到后端服务开发中来。

▶▶ 5.1.3 接口职责的设计

当要实现一个接口时，职责单一非常重要。首先应该明确接口的用途和使用场景，以此决定要如何去编写一个接口的代码。如果一个接口功能相对简单且单一，可以直接使用单个函数来实现。但是如果接口比较复杂，那应该如何去实现呢？如果把全部功能都混入到一个接口中又会如何呢？

小 A 同学接到一个需求，这个需求涉及一个庞大的筛选任务，至少需要 B、C、D 三张表。具体来说，B 表是查询数据的主表，C 表是筛选条件转换到主表 ID 的过渡表，而 D 表是一张扩展表。也就是说，只有将 B 表和 D 表的数据结合起来，才能得到前端页面所需的数据结果。一些不太注重设计的同学可能会直接使用前端传入的大 JSON 来查询数据，先查询 C 表，再查询 B 表，最后查询 D 表并返回数据。虽然这种方式能够实现功能，但如果没有遵循职责单一原则，代码会变得非常臃肿且难以维护。如果要设计接口职责单一的代码应该如何设计呢？为了实现复杂的查询需求，首先需要对功能进行拆分。第一步是参数转换，将前端传入的参数转换成数据库中对应的格式。虽然大部分字段名可能没有太大差异，但很多时候参数是扁平的，需要将参数拆解到对应的表中。第二步是获取映射 ID，通过查询 C 表的数据，获取到 B 表的 ID 数据。第三步是参数组合，将查询 C 表中获取到的数据再组合回查询条件中。第四步是查询主表信息，将组合好的查询条件放入 B 表中进行数据查询，并联合 D 表进行联合查询。通过这种方法，复杂的查询功能被拆分成多个单一职责的函数。虽然步骤看似增多，但每一步都变得更加明确且易于管理。

在设计 Serverless 功能时，推荐使用职责单一的写法。如果功能本身比较简单，可以直接编写对应的简单且职责单一的服务方法。但如果功能较为复杂，编写多个职责单一的方法函数进行组合来实现会更好。这种方法不仅在实现上更加清晰明确，还能有效地对功能进行拆分。当功能不断扩充迭代变得庞大时，重构也只需针对特定的方法进行，而不需要对整个代码进行重写。此外，Serverless 是根据调用次数和调用时间及使用流量进行累计计费的，所以拆分方法本身不会增加使用 Serverless 的成本。

▶▶ 5.1.4　相对灵活的服务

在使用函数作为服务后，由于函数本身是一个较小的代码单元，其生成、复制、运行和销毁都可以相对迅速。在弹性伸缩的支持下，资源利用率也相对较高。这种灵活性是 Serverless 架构的重要优势之一。然而，随着函数数量的增加，管理这些函数可能变得复杂，尤其是在依赖关系和修改影响方面。Serverless 服务是如何在庞大的函数服务中继续保持灵活性的呢？

开发者通常通过函数实现相对灵活的服务，那要怎么定义灵活呢？灵活性不仅体现在服务响应迅速，包括能在初始化时快速完成、运行速度保持高效，还能在不使用时及时销毁释放资源。灵活性的核心是其动态性。传统服务模式通常是启动服务后再进行路由解析，以决定运行哪个服务并获取结果。然而，Serverless 架构采用不同的方法，它通常是先进行路由解析，再决定并启动服务。这一过程包括将代码编译成二进制编码等内部操作。Serverless 服务之所以不提前启动，是因为其承载的服务量庞大，若预先启动所有服务，资源消耗将十分巨大。在大多数情况下，并非所有服务都需同时运行，因此通过动态生成和销毁服务，可确保高效运转。动态生成的关键在于确定生成时机，即是否生成新服务或复用既有服务。对应的销毁策略主要是决定是否在某一时刻销毁服务或继续保持运行。服务的复用考虑是基于这样一个事实：服务一旦生成，在一定时间内可能仍需被业务使用。保持服务活跃可以节省大量生成成本，从而提升性能。例如，当请求进入时，直接运行服务无疑更快，而主要性能消耗在于保活成本。如果在保活期内接收到运行指令，服务将继续保持活跃。无论服务处理多少请求，其保活时间仅相对于最后一次请求稍微延长。当请求量足够多时，保活成本几乎可忽略不计。这便是灵动性的优势所在。

但是管理大量灵动的函数并不容易。在编写函数时，可能会依赖其他函数，因此在管理这些函数时，需要可视化展示依赖关系，通过依赖关系显式展现影响范围，并在用户修改函数时表达

· 113

出修改所带来的链路影响。当然，更大的挑战在于大量函数直接运行在 Serverless 环境中，如何进行合理编排，以确保函数分布更加合理。对于 Serverless 服务来说，每个函数都对应一个 App，而存活通常基于 App 的维度进行保活。每个 App 都有一定的资源隔离，至少需要保证一个 App 的运行不会阻塞另一个 App。因此，在设计 App 运行时，通常为每个 App 至少分配一个独立的线程。如果 App 分配不均匀，可能会导致某些机器的线程启动非常多，而其他机器的线程启动非常少。服务能快速灵动响应也非常依赖编排策略，因此，要让庞大的函数持续灵动，管理是不可避免的。

5.2 Serverless 架构函数功能概述

在使用 Serverless 的时候，会发现不同平台会有不同的体验感，有些体验会比较友好，有些体验会糟糕，那为什么会出现这种体验差距呢？主要原因在于设计的优劣会直接影响整体体验。好的设计能明显提升体验，而差的设计可能会给开发带来困扰。但什么是好的设计，什么是差的设计，可能只有在实践中才能体会到。本节将讨论好的和差的设计，通过讨论了解不同问题带来的影响以及如何规避。

当然本节主要目的是设计出合理的函数架构。除了识别问题，还需要学习如何进行设计，以及设计思路如何实现。因此，本节将从函数设计方面进行讲解，例如，函数的返回和异常处理如何实现。数据返回和异常处理是函数中最基本的行为，也是编码过程中常见的操作，在设计时需要仔细斟酌。除了行为设计外，还会从创新角度进行讲解。例如，路由设计是其他函数服务中没有的，为什么要这样设计呢？这是为了克服使用函数服务时的局限性，并为用户提供更多选择。最后，通过讲解和比较，讨论设计平台服务中常见的错误和如何通过设计来避免这些错误。

做了这么多介绍，一起来探讨 Serverless 中函数设计的前后因果吧。

▶▶ 5.2.1 主流 Serverless 架构的函数式设计问题

在体验过多种 Serverless 架构的函数编写方式后，发现有三个明显的问题：代码黑盒问题、回调问题和半成品功能实现问题。这些问题会在不同程度上影响用户体验，可能引起用户的疑惑，增加开发难度，甚至导致无法完成开发需求。本节将讨论这些问题。

首先，代码黑盒问题通常源于为了方便用户开发而内置的若干模块，这些模块通常通过全局注入或函数入参来实现。这种方式之所以成为问题，主要是因为语言和框架的全局或参数变量通常有相关文档说明，但注入是为了实现常规方式无法实现的特殊功能。因此，必须通过全局或参数注入。然而，在当前语言层和第三方依赖都非常强大的情况下，如果功能不健全并非由于缺少注入参数，其实没有必要通过全局或参数注入的方式。如果仍然使用注入方式，对于用户来说会增加额外的学习成本。如果文档说明不健全，这种注入可能就会变成黑盒问题。黑盒问题导致使用困难的原因在于，用户不知道注入变量如何使用。如果要使用注入的变量，可能需要用户猜测其用法，而且没人知道具体的入参和出参结果。例如，在很多 Serverless 平台中，链接数据库的工具变成了注入在参数中的方法。使用这个工具方法时，只能参考之前的实例代码，但如果要实现新的数据库操作行为，如批量插入，而之前的代码实例中没有类似示例，且文档不健全，用户只能猜测如何使用这个工具库。最终，可能由于无法找到合适的方法而无法实现该功能。因此，黑盒问题对开发者来说是非常困扰的。

对于回调（callback）问题，常见于一些平台设计中，这些设计未能真正考虑创新的必要性。早期 JavaScript 中的异步操作经常使用回调方式完成，因此许多 Serverless 框架也沿用了这种方式来标记 HTTP 请求的完成。然而，callback 的问题非常明显，主要表现在两个方面。首先是回调地狱问题。当函数使用 callback 来实现服务完成的标记时，业务代码也会更加倾向于参考这种方式实现。随着这种实现方式的增多，问题随之而来：回调层层嵌套，形成回调地狱，极大地增加了代码的复杂度。其次，callback 的行为与 return 和 throw 不同。callback 在调用一次后并不结束执行，后续代码仍然会继续执行。因此，可能会出现无意间调用了两次 callback 或执行了不想执行的代码的情况。对于新手开发人员来说，未能充分认识到 callback 会继续执行后续代码，更容易出现异常。回调地狱和 callback 会继续执行后续代码的问题，都会增加开发者的负担，使代码难以维护和理解。如图 5-1 所示。

```
function serverFunc (ctx,callback)
{
  doSomeThing(()=>{
     doSomeThing2((res)=>{
          if( !res){
             doSomeThing3((data)=>{
                 callback(data)
             })
             doSomeThing4((data)=>{
                 callback(data)
             })
          } else {
             callback(res)
          }

     })
  })
}
```

到底哪个callback会执行？
callback会执行几次？
哪个callback的返回才是真正有效的呢？

- 图 5-1 callback 的问题

半成品问题主要源于一些 Serverless 设计者知识层面的不足。例如，设计者可能为实现某种 Cookies 功能而提供一个特定的设置方法给使用者，同样，为实现重定向功能，又可能开发另一个独立的方法。这种做法虽然看似便利，但往往导致提供的方法不全，无法满足开发者的所有需求。事实上，上述功能的实现本质上依赖于修改 HTTP 的头部信息。例如，设置 Cookies 实际上只需在 HTTP 响应头中添加 Set-Cookie 字段并附上相应的 Cookies 值；同理，实现重定向只需设置状态码为 301 或 302，并在 HTTP 响应头中设置 Location 字段即可。因此，Serverless 平台应当直接提供修改 HTTP 头部的能力给使用者，而不是为每一种需求开发独立的功能方法。通过这种方式，Serverless 可以真正提高其灵活性和通用性，避免成为一个功能有限的"半成品"。这种方法不仅更为全面，还能让使用者对其进行的操作有更清晰的认识，减少对 Serverless 平台的依赖，使其更像是一个完整的解决方案，而非一个局限性的工具集。

▶▶ 5.2.2 数据返回和异常处理设计概述

为什么要有数据返回和异常处理的设计呢？在上一节说过一个 callback 的设计会带来异步回调地狱问题，callback 执行之后还能继续运行后面的代码，所以数据返回和异常处理必然是不能使用 callback 的方式来进行的，那么如果要设计数据返回和异常处理又应该如何去设计呢？

针对每个问题进行拆解，首先讨论 callback 调用后仍能运行后续代码的原因。因为 callback 完成后未使用 return 或其他方式来终止函数调用。那么，在 callback 前添加 return 是否能解决这个问题呢？目前看来是可以解决的，但如果在编写 callback 时忘记使用 return，又该如何解决呢？因此，对于返回的设计，应有更合理的方法。直接使用 return 来完成数据返回确实可以解决代码继续执行的问题，但异常处理中，若也使用 return 则不太合理。例如，使用 return New Error("异常")，需要在每个方法中进行捕获，且无法抛出错误栈。是否有更好的方法来处理异常呢？许多人可能会想到直接使用 throw，这确实是一个标准且有效的方法。使用 throw 可以优雅地解决数据返回和异常处理的问题。throw 和 return 是基本操作，使用简单且便捷，避免了复杂的设计。因此，在设计时，应尽可能让使用者在项目中感到简单和便捷。

接下来，来解决回调地狱的问题。首先要思考，为什么会有回调地狱问题？回调地狱是用来处理什么样的事情呢？其实，许多人能够想到，回调主要用于处理异步问题，而当回调过多时，对异步的管理变得复杂，就形成了类似地狱的情况。同时，回调还会引发其他问题。上文提到，使用 return 和 throw 来终止代码，但如果终止不在当前函数执行栈内，代码是否仍会被中止呢？例如，假设函数中存在 setTimeout 函数，并在其中进行一些操作，而代码中止必须在这些操作之后执行。return 最终在 setTimeout 中执行，但 setTimeout 的函数运行并不在当前函数执行中，而是由定时器触发。那么，即使使用 return 或 throw 抛出异常，也无法停止当前函数的运行。此外，回调地狱的问题还包括回调过多和依赖层级过高的问题。多个回调相互依赖，形成复杂的依赖关系，使代码显得递归层级深。如果多个回调依赖同时完成，关系变得更加复杂，类似扩散的状态。如何解决这些问题呢？可以考虑使用管理异步流的库，但这会增加使用的复杂性。是否有一种既简单且符合规范的方法呢？async/await 就是一个理想的解决方案。通过 async/await 处理异步操作，可以自然地解决回调函数中的代码中止问题和回调过深的问题。async/await 通过将异步操作以同步的方式表达，使代码更易读、更易维护，通过这种方式，异步操作得以简化，回调地狱问题和代码中止问题也得到解决。

总之，通过 return 和 throw 来处理数据和异常的返回的同时，使用 async/await 的方式来处理函数中的回调地狱问题。在 Serverless 函数中，使用 async/await 结合 return 加 throw 的方法更加简单。

▶▶ 5.2.3　分布式路由设计概述

除了函数的返回和异常设计外，还可以添加有自己的特色设计，比如分布式的路由设计，这就是一个非常具有特色的设计。那么什么是分布路由设计呢？为什么需要使用分布式路由设计？它的作用又是什么呢？

先讲解什么是分布式路由设计。在传统的路由实现中，通常使用一个路由表文件来记录所有路由。如果路由数量较少，这种方式可以接受；但随着路由数量的增加，管理一个庞大的路由表文件变得困难，且容易发生冲突。那么，有没有办法自动分割这个文件呢？在 Serverless 架构中，至少有两种方法可以解决这个问题：使用平台配置路由和在函数上使用装饰器。

第一种方法是使用平台配置路由。很多 Serverless 都是使用这种做法来实现路由，好处是不再需要使用路由表，而是为每个函数在平台上配置一个路由。也就是说，函数的路由配置放在数据库中，通过数据库的查询最终配对到函数，实现路由的解析。这种方法的优势在于不再有大的路由文件，通过在线的配置来实现，而劣势也很明显，即过于依赖平台的功能，如果后续要进行平台的迁移，需要手动去重新配置大量路由。这是一种将路由与平台紧密绑定的操作，当然也不是百弊无一利，很多 Serverless 平台希望用户对此产生依赖，从而增加用户留存率和平台收入。

第二种方法是使用装饰器实现路由。这种方法将路由逻辑分散到每个应用（App）中，相当于在每个 App 中完成独立的配置。这样，当有多个 App 时，路由会自动分散到不同的 App 中，避免了将所有路由集中在一个文件中的问题。同时，这种方法贯彻了服务渐进式的理念，即服务可以从单体服务框架逐步发展到多 App 服务框架，最终到 Serverless 架构。同时，对于要将代码迁移到其他的平台的场景，也可以直接将代码进行转换，因为路由直接在代码中，而不是存储在 Serverless 的数据库中存储。用户只需引用 Serverless 依赖库并使用装饰器方法，即可方便地定义和管理路由。分布式路由写法如图 5-2 所示。

那么在这个分布式路由到底是如何实现呢？主要是两个方面，一个是使用装饰器将路由信息挂载到方法上，另一个是在服务载入时，通过初始化函数读取函数上的路由信息，最终通过动态初始化路由来实现运行函数服务。

```
// 分布式路由装饰器中添入类型，方法和路由地址
@Decorator.VaasServer({ type:'http',method:'get',routerName:'/ping'})
async ping ({ req,res}: VaasServerType.HttpParams)
{
    return{ pong:true}
}
```

● 图 5-2　分布式路由写法

5.2.4 代码黑盒设计

代码黑盒问题对开发者来说确实是一个棘手的问题，但对设计者而言，这既可能是个问题，也可能不是个问题，具体取决于设计的方式。如果设计得当，黑盒问题可以被有效规避；但如果设计不恰当，黑盒问题可能会成为历史包袱，进一步加剧问题的严重性。

那代码黑盒问题到底是什么问题呢？在设计 Serverless 函数时，由于 Serverless 环境本身的功能限制，开发者常在全局上下文或入参中引入工具库以扩展功能。例如，原生的 Serverless 环境可能仅支持 JavaScript，不包含 Node.js 环境，但开发者需要使用数据库。此时，设计者会选择注入工具库以补足这一缺陷。然而，工具库的引入并非没有问题。一个常见的挑战是文档可能不清晰或不全面。不完整的文档会使得使用者对工具库的使用方法和功能理解不足，通常只能依赖前面用户的操作案例来学习如何使用这些工具。这种情况随时间推移可能导致工具库的使用越来越困难，最终仅有少数资深用户清楚工具库的具体用途。这个设计逐渐被人诟病，尤其是对于新的使用者而言，完全不知道黑盒里面是干什么用的。

那么，首先要明白黑盒到底是如何发生的，它通常源于为了实现某些功能注入的工具类。那么，如果把权限放开，直接通过引用依赖的方式来实现，是不是就可以解决这个问题？首先，通过 import 引用来实现对依赖的应用，对于使用者来说，是一种显式主动的引用方式，使用者必然是知道这个依赖的作用，才会主动进行引用。同时，如果人员发生变更，新的使用者也可以通过引用的路径找到对应的依赖及使用方法。但是，如果能引用第三方依赖，问题也就出现了，即原本限定用户的使用行为来防止使用者的权限溢出的措施，现在可能影响到平台本身。那么，需要控制用户的权限。控制权限主要有两个路径：第一个路径就是通过重写 require 模块来限制底层模块的引用，从而达到限制权限的目的；第二个路径则是通过容器来实现，既每个 App 有自己专属的容器来隔离权限从而不会影响其他服务。如果使用第一种方式，意味着在每次 require 引用的时候都会进行一个判断，在引用第三方库的时候，如果第三方库使用 require 引用了底层模块，系统会判断是否有权限。例如，限制了 fs 模块的权限，那么第三方模块在引用 fs 模块的时候则会通过报错来进行限制。如果使用第二种方式，即容器层来控制，则第一种重写 require 的方式限制权限就变成一种权限加强，因为利用容器的隔离性来做一些隔离。但容器本身一般来说也不是完全安全的，所以在服务设计的时候，也要为服务进行边界划定。同时，如果每个服务都可以被视为容器，也就是意味着服务也要有分发的能力，既每个容器都能分发代码。也就是通过这两种方式的结合，可以实现直接使用引用依赖来替代工具库的注入。

黑盒在工具库的问题上通过显式引用来解决了一部分，但是显式引用工具库就能完全解决问题吗？不完全，因为有些数据必须需要通过注入的方式来实现，如每个请求的数据。但是如果是非要注入的数据，可也以通过两个手段来减少黑盒：一个手段是尽可能多的类型提示，通过类型提示来引导用户；另一个是用文档进行详细的描述，避免用户在使用的过程中没有可以查询的文档，同时文档中至少要标注注入的概述及 API 和对应的用途，有了这些就可以将黑盒风险控制到最小。

5.3 函数的实例化实现

前几节主要描述了函数的若干概念和一些设计思想，本节终于来到实现层面了，本节将主要描述函数实例化的实现，当然这里主要是软件层的函数实例化的过程，通过软件的实例化过程可以更加深入的了解函数实例化的实现细节。本节探讨 Serverless 环境中函数的实例化实现，包括从路由解析到函数调用的整个过程，详细解释如何启动线程以运行服务，以及函数与服务之间如何进行数据传输。

例如，函数在不同的场景下是如何被调用的，对于 HTTP 的调用方式和 WebSocket 的调用方式是否有些不同。可能在此之前，很多 Serverless 平台都认为 Serverless 这种函数式的编程方式不适合 Socket 类编程，但其实，在很大程度上仅是在设计上的不足，使用分层方式就可以很好地去实现 Serverless 在 Socket 类上的能力。这节会通过一系列说明来讲解这方面的实现。

再例如，函数在一个 App 中都应该是通过一个线程来运行，这样可以极大地节约性能开销，这需要去设计函数在线程的实例化过程，以最快的方式生成函数。对于需要获取的基于函数的配置是否在初始化的过程中针对配置进行通信，以及函数的入参和出参如何通过通信来运行，都是需要考虑的问题。进入本小节一起了解函数实例化之间的通信是如何进行的。

▶▶ 5.3.1 函数调用过程实现

在请求最终到达函数的过程中，尽管这一过程显得有些复杂，但如果按节点分析，每个节点的流程是清晰的。首先，请求到达服务后，会进行路由判断，决定进入哪个路由。此时，路由负责分发请求，并确认 App 信息。接着，线程池会判断该 App 是否已在线程池中，以及当前线程数量是否达到最大值。如果线程数量未达到最大值或 App 未在线程池中，系统会初始化该 App 的线程。在初始化过程中，由于路由是定义在函数中的，因此需要获取函数的路由信息。此时，进行二次动态路由渲染，确定路由对应的函数信息。随后，系统根据路由映射的信息将入参传递给函数。当然，路由渲染可以做到一次性完成，例如，根据 App 及其版本进行渲染，这样在相同 App 版本下就可以复用渲染结果。接下来，系统会判断这是 HTTP 请求还是 WebSocket 请求。对于不同类型的请求，传入的信息会进行不同处理。入参经过序列化后，传入线程中再反序列化，在线程中运行得到结果。然后，将结果进行序列化和反序列化传回服务中，服务再对请求做出响应。至此，一个函数调用过程基本完成。

当然，这里的调用过程仅是一个大致的描述，路由的分发和定位到函数的具体流程没有详细说明。而且，比较重要的分层设计也需要更详细的说明。关于为什么 Serverless 函数同样适用于 WebSocket 编程，在后续的讲解中或许可以获得一个更合理的答案。首先，可以讨论为什么很多 Serverless 开发者不认为 Serverless 适合 WebSocket 编程。实际上，很大原因是在设计时没有考虑持久的服务层。因为在许多情况下，函数在每次调用后就会被销毁，即没有一个服务层可以持续保证 WebSocket 的连接。可以将处理网络的这一层作为一个独立的网络层，通过这层网络服务来保持 WebSocket 的连接。而函数在使用完成后即可销毁，这样函数的销毁与 WebSocket 连接的销毁并无直接关联。即使函数被销毁，WebSocket 连接仍然可以保持，直至需要重新发起通信时再重新激活函数。网络层的作用如图 5-3 所示。

通过这种方式，可以将 Socket 的销毁与函数的销毁分离，通过这层网络层将函数与网络的直接关系剥离开来。也就是说，WebSocket 的销毁与函数的销毁并没有直接关系。除了 WebSocket，HTTP 请求同样可以通过网络层进行管理。通过这层网络层，可以更好地实现 Serverless 的 WebSocket 编程，而不需要让函数一直保持与 WebSocket 连接相同的时间。

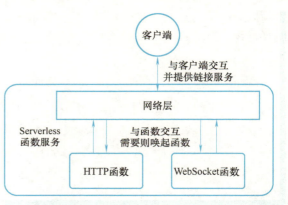

• 图 5-3　网络层的作用

▶▶ 5.3.2　线程实例化服务类实现

在函数初始化过程中，需要使用线程进行交互。主要有两个原因：一是提升代码和代码之间的隔离性，确保 CUP 资源在运算时不会相互影响；二是提升服务性能。然而，一旦使用了线程，尽管可以实现内存的共享，但由于 Node.js 本身使用的 V8 引擎实现了内存管理算法，加之 JavaScript 变量的特性，尤其是 JavaScript 方法对上下文的依赖性，所以变量实际上是无法直接共享的。因此，需要解决线程初始化过程中变量共享的问题。此外，还需要处理一些特殊情况，例如，初始化过程中和运行过程中出现的异常。此外，服务的一些配置实际上是在代码中的，所以在初始化代码时，还需要将这些代码中的配置传回。鉴于上述问题，接下来一起探究线程实例化服务的实现，并剖析相关代码实现。

在分布式路由设计概述一节中提到，路由是写在函数代码中的，因此需要通过初始化函数代码的实例来获取路由。为了保证隔离性，使用线程启动函数服务，所以启动函数获取路由并不是直接使用虚拟机去启动函数服务，而是首先启动一个线程，然后线程再使用虚拟机去启动函数并获取函数中的路由配置，最后将路由配置回传。这一过程可以称为线程的初始化。在线程的初始化过程中，涉及初始化成功和初始化失败的情况。线程从启动到虚拟机被激活这一段，运行的代码都是预先内置在线程中的代码，这段代码有点像爆竹中的引线，通过引线触发真正要运行的内容，而运行的内容往往是动态的，即通过相同的引线可能会启动不同的内容。基于上述条件，引线出问题的概率较小，但由于内容不同，可能内容本身的代码存在问题，或者外部路由引导了错误的函数，从而导致线程异常。线程异常主要分为直接捕获的异常和全局抛出的异常。直接捕获的异常主要通过在方法中使用 try...catch 方法或使用异步函数的 catch 方法实现捕获。但有些方法没有捕获到异常，例如，使用 setTimeout 方法并直接在 setTimeout 的回调方法中使用 throw 抛出异常，这类异常只能使用全局异常捕捉工具。这种全局异常没有捕捉到的异常请求，如果线程进行了复用，很大程度上可能无法直接使异常关联到请求，因此只能记录最近一次请求，并将这个全局错误与最近一次请求相关联，从而对外抛出异常。由于线程无法直接传输变量到主线程中，因此需要将异常进行序列化，再到主线程中进行反序列化来实现。异常的序列化可以将异常的 message 和 stack 进行存储，在主线程中使用 new Error 将 message 和 stack 还原，最终将线程中的错误传递。

在处理异常问题后，可能剩下的问题就是将线程的初始化成功、对应初始化的配置通知到主线程中，告诉主线程可以进行函数的运行了。那么，应该如何通知主线程线程已经完成了呢？这需要通过线程发出的不同类型的事件来确定。那么，线程中的事件监听是如何实现的呢？在下节线程监听调用事件实现中或许有答案。

▶▶ 5.3.3 线程监听调用事件实现

由于线程通信的信息其实是多种多样的，包括初始化消息、执行消息、结果消息及异常消息等，针对每种消息都需要通过分辨信息的类型做出相应的处理。

初始化类型的消息实际上是将函数中的一些配置传回主线程，使主线程能够知道服务已经准备就绪。主线程接收配置信息后，可以根据这些配置进行不同的行为处理。例如，动态路由的配置从函数代码中获取，并最终转换为路由，这些路由路径确定当前请求在哪个函数中运行。同时，初始化消息通知主线程函数已经准备就绪。可运行状态的实现需要经历多个步骤。首先，函数代码必须转换为可执行代码。为了实现这一点，使用了虚拟机（VM）将代码装载并最终转换为可执行的二进制代码。接下来，需要对函数进行实例化。在代码转换为可执行二进制代码后，必须执行这些代码，包括函数环境的初始化和实例化等过程。只有在函数实例化完成后，才会达到可运行的状态。当请求的参数到达后，函数能够直接执行，这意味着在初始化环境和实例化过程中没有出现异常。因此，线程完成了准备工作，即可等待请求到达并开始执行。

线程完成准备工作后，请求便会开始进入。此时，主线程会发送一个执行消息，该消息包含了执行消息的类型及请求的相关信息。同时，子线程会监听主线程的请求消息。当子线程收到主线程的执行消息后，会将请求信息作为函数的入参，开始运行使用者编写的函数代码。在函数运行过程中，可能会出现两种情况。第一种情况是函数发生异常，此时线程需要捕捉异常，并向主线程发送异常消息。主线程接收到异常消息后，再向上通知。最终，请求接收端收到异常通知后，可以决定是将异常暴露，还是仅进行日志记录。在大多数情况下，异常会被暴露，以便开发者能够针对异常进行修复。另一种情况是函数正常运行并生成结果数据。这时，首先需要对结果数据进行序列化处理。由于函数方法通常包含上下文信息，直接序列化方法并不合适，因此需要移除这类数据。完成序列化处理后，将结果数据发送给主线程。主线程在生成线程之前便已对数据进行了监听。当主线程监听到结果类型的数据后，会将其反序列化，最终呈现在 HTTP 的返回数据中。

总之，主线程在初始化线程时便开始监听线程消息，同时，线程也会监听主线程的消息进行通信。首先，主线程等待线程完成初始化消息。初始化完成后，主线程将请求的信息作为执行消息发送给线程。线程通过执行消息运行函数代码，最终以正常情况下的结果消息或异常情况下的异常消息返回给主线程，主线程再进行消息处理。

5.4 函数参数注入实现

在 Serverless 实现中，函数的入参其实并不是说直接传入然后即可实现参数的注入的，因为引入了线程，在实现函数的参数注入的时候就使用了序列化的一些手段，同时，对于一些实例有一些特殊的手段，例如，将序列化的参数还原以便主线程对这个序列化对象进行操作。

许多带有方法的对象在序列化传值时，无法直接将序列化的值变成含有方法的对象。因此，在接收某些特定类型时，需要将对象类型进行还原，使其带有原生方法。例如，文件流需要进行特殊处理，以还原文件流，同时在主线程中无需等待完全接收文件流后再回传，而是在接收流的过程中，将流不断返回到请求中，使请求成为一个流式的接收数据过程。为了实现数据的流传输，无论在线程中还是主线程中，都需要一些对应的实现。

对于带有方法的对象还原，需要经过若干步骤。首先，在主线程中将参数进行序列化，并在线程中接收序列化后的参数。接着，在线程中对序列化的参数进行还原。同时，线程中也会对一些参数进行序列化，并发送给主线程，在主线程中实现还原。特别是对于带有方法的参数，还原过程需要特定手段，确保内容的完整性。主线程和线程之间的通信要像没有使用序列化一样流畅，这涉及序列化和反序列化机制的精细设计和实现。接下来本小节将详细探讨这些步骤及其实现方法。

5.4.1 线程的参数序列化

由于为了实现更好的隔离性,引入了线程来提供函数服务。同时,加入线程复用机制,以提高线程的利用效率。然而,引入线程意味着需要与线程进行通信,而这种通信无法直接传输 JavaScript 变量。因此,在传输时,需要对变量进行序列化操作,使得变量能够在主线程和线程之间还原。线程的使用和复用机制提高了系统的效率和隔离性,但也增加了通信的复杂性。通过序列化和反序列化操作,确保了变量在主线程和线程之间的有效传递和还原,使得线程通信顺畅,实现了功能的完整性。

那么为什么使用线程时无法传输变量呢?线程和线程之间不是内存共享的吗?由于 JavaScript 本身是一种动态的高级语言,其动态性和高级性使得设计更为复杂。因此,底层语言反而更容易实现内存共享。例如,使用 C 语言实现变量共享非常简单,只需将指针地址传递给线程即可。C 语言在定义变量或结构体时,由系统的内存分配工具进行内存分配,通常分配的是一个连续的内存块。指针包含了 3 项信息:变量的类型、变量在内存中的长度及变量在内存中的起始位置。通过这些信息,可以获取内存中该变量的数据,从而将这段内存组装成变量,使线程之间能够高效地共享变量。这就是底层语言实现变量共享的基本原理。

但是 JavaScript 则不一样。JavaScript 中的变量类型不仅限于简单的基础类型,还包含了函数等复杂类型。函数本身并不仅与自身相关,还涉及上下文的概念。这个上下文可能关联全局变量、第三方引入的变量或当前文件中的其他变量,因此函数局部之外的变量可能相互依赖,存在隐式的关系。也就是说,一个变量可能依赖于另一个变量。虽然这是一个难点,但依然可以通过变量中的依赖关系进行查找,通过跳指针的方式实现变量的传递。为了提升 JavaScript 的动态性和执行效率,V8 引擎实现了一套独特的内存管理方式。与系统内存分配策略不同,V8 引擎通过一个自定义的堆来分配 JavaScript 的内存空间,以实现快速的内存分配和释放。堆通过分页策略分成若干固定大小的页,分别进行独立的内存分配和回收。此外,堆本身是一个树形结构,需通过查找变量是否存在根节点依赖来确定是否需要回收。在内存回收方面,V8 引擎制定了新生代和老生代的回收策略。针对新生代,采用 Scavenge 策略,将新生代内存一分为二,一部分用于引用检测,另一部分用于存活区。检测区的内存要么被清理,要么被移动至存活区。完成这些操作后,两个区交替进行,以此循环。当变量在新生代存活多次或变量过大时,会直接移至老生代进行回收。对于老生代,使用标记法进行回收。标记法通过遍历对象的引用关系,发现未被根节点引用的对象时进行标记,随后回收所有标记的数据。标记法的引入主要为了解决引用计数法在处理环形引用变量时的局限性。引用计数法基于引用加 1 和取消引用减 1 的原则,但环形引用会导致引用无法减少,从而无法回收。综上所述,这些机制说明了 JavaScript 在内存管理上的复杂性。

因为 JavaScript 的内存管理较为复杂，且变量之间存在引用关系，因此 JavaScript 难以通过共享内存的方式实现变量的传输。为了实现变量的传输，需要将变量进行序列化后再进行传输。虽然这种方式在性能上可能会有所减弱，但对于代码的安全性而言是有所提升的。通过序列化进行传输，能够有效避免内存安全问题。接下来，将详细讨论线程中如何将序列化的对象重新转换为可用对象，敬请期待。

▶▶ 5.4.2 线程中重新实例化参数对象

上节提到，参数需要序列化才能在线程中使用，那么如何对线程中的序列化数据进行还原呢？其实有多种还原策略。对于基础类型和对象，可以通过重新初始化并使用序列化数据进行赋值，从而实现还原。对于复杂但必需的对象，可以定义相应的结构体进行接收，并实现必要的方法以恢复对象的功能。而对于非必要的自定义对象类型，通常采用过滤的方法，只保留对象中的基础类型或属性进行传输，同时过滤掉对象中的方法。接下来将分别讨论线程中不同实例化参数的策略，探讨这些不同实例化参数对象的还原方法。

首先需要了解在什么情况下需要对变量进行序列化。线程间的数据传输是基于结构化克隆算法（Structured Clone Algorithm）来实现的，该算法用于复制和克隆对象的。因此，在线程的信息传输过程中，存在一些序列化和反序列化的行为。该算法可以复制除 Symbol 以外的所有基本类型，简单的对象类型也可以进行复制和克隆，但不能复制对象的原型链。这意味着主线程和子线程虽然共享相同的对象值，但主线程的原型链不会被复制到子线程接收的对象上。换句话说，只要涉及上下文环境的数据和方法，都无法被复制和克隆。结构化克隆算法能够实现基础类型和对象的复制，对于基础类型，可以直接依赖该算法来完成复制过程。

除了基础对象外，还有许多对象需要在线程间实现传输，例如 HTTP 中的请求头数据和返回头数据。这些数据通常会出现在参数中，因此如何进行传输是一个关键问题。对于 HTTP 的请求头数据和返回头数据，首先要确保用户能够读取请求的 headers、URL 地址和 body 数据。在返回头中，用户需要能够设置 headers 和状态码，同时返回的 body 数据可以通过函数的返回值显示。这种方式能够实现 HTTP 请求头和返回头的基本功能。然而，尽管这种实现能够覆盖 HTTP 的大部分功能，但在实际使用中，用户可能会觉得不太方便。例如，query 参数需要手动解析，hostname 和协议也需要自行处理。因此，是否可以定义一套标准来简化请求头和返回头的数据获取呢？可以参考 Node.js 中的请求头和返回头类型，进行类型抽象，保留请求头和返回头的属性以及常用方法。对于属性，可以直接进行抽象处理；而对于方法，则需要分别在主线程和子线程中实现，以便进行有效的交互。

对于自定义类型的处理，需要特别关注两点。首先，这些类型不是基础类型，无法通过 Structured Clone Algorithm（结构化克隆算法）进行复制和克隆。其次，它们也不是必须运行在框架流程中的对象，而是仅用于数据传输并最终显示在 HTTP 的返回数据中。在这种情况下，这些自定义类型和方法通常由使用者在函数中自定义，可能会挂载到函数的入参中，也可能会出现在出参中。由于它们不经过框架的流程，仅作为数据传输的一部分，因此可以对这些类型进行过滤处理。具体做法是，只允许支持的类型进行传输，对于不支持的类型直接进行过滤和删除，这样最终只保留需要传输的类型。为了确定哪些类型可以传输，可以参考 Structured Clone Algorithm 支持的类型进行过滤。经过这种过滤处理后，剩下的都是可以在结构化克隆算法中运行的类型，从而实现线程之间的数据传输。这样，就基本完成了参数序列化功能的实现。然而，有些数据的处理不仅仅是序列化这么简单。在很多情况下，需要保持数据与原值尽可能的一致，甚至在某些场景下，还需要实现流式传输的功能。关于如何实现这些更复杂的需求，将在下节进行详细讨论。

5.4.3 参数原值通信

通过参数序列化的方法可以实现大部分通信功能，但在某些情况下，保持与原始值的一致性对于实现更好的交互至关重要。为此，可以采用一些特殊的方式，如流的实现。除此之外，还有两种方法可以帮助实现这一目标。第一种方法是主线程保持变量的实体和属性。具体来说，主线程保留变量的实体和属性，并将这些属性传播到子线程中进行处理。待子线程处理完成后，再将子线程中的属性合并回到主线程的原始实体中。第二种方法是实例还原。通过实例还原，可以使得实例方法在主线程中被使用。

先说说特殊的实现方法——流传输的实现。由于返回头信息很可能不会一次性传输，尤其是在 body 体积较大的情况下，可能需要通过流的方式进行数据传输。因此，当函数返回一个流时，主线程需要能够接收该流并流式地将其写入到请求中。为实现这一点，首先需要在子线程中进行类型判断。因为在 Node.js 中，所有的可读流都是基于 Readable 类实现的，故可以判断返回的数据是否属于 Readable 类型。如果数据属于 Readable 类型，就可以读取该流，并标记返回值为可读流类型。同时，需要从这个可读流中读取数据，并将数据分段发送给主线程。流传输完成后，还需要发送一个流结束的标记给主线程。对于主线程而言，当接收到的数据类型为可读流时，就会不断接收流的分段数据，并将这些数据写入返回头中。直到接收到流结束的标识后，才会停止写入并完成 HTTP 返回头的设置，标志着请求处理的结束。此时，整个流的传输过程也就完成了。需要特别注意的是，发送结束标识的原因在于流并没有固定的长度。每段流除了包含数据之外，还包含该段流的长度。因此，请求的总长度是通过每段流的长度相加得出的。由于流的结束时间是不确定的，因此必须等待一个明确的流结束信号，通过该信号可以判断流已经结束，从而不再等待流数据进入请求中。

在保持请求参数不变的情况下，尤其是在处理请求头和返回头时，需要确保这些头部信息中的方法在主线程中依然可用。由于请求头和返回头中包含大量方法，主线程需要依赖这些方法来实现各种功能，因此在与子线程的通信结束后，必须保证主线程中的这些方法仍然存在，同时允许子线程对请求进行一定的修改。为实现这一目标，首先对请求头和返回头的部分属性进行了抽离。这些抽离的属性可以在子线程中被使用，并在回传至主线程后与主线程的请求头和返回头信息进行合并。通过这种数据合并方式，主线程中的原有请求头和返回头的方法仍然保留，操作这些值依然与操作原值一致。此外，通过属性抽离，可以为用户提供一个可供读取或修改请求的协议或规范。该协议和规范限定了用户对请求修改的范围，使得修改操作在控制范围内得以实现。基于这一协议和规范，还可以制定出更完善的类型定义，以便为使用者提供明确的类型提示，帮助用户更好地进行函数编程。

当主线程需要使用在子线程中生成的某些类型的实例时，需要在主线程中进行还原，以便更好地使用这些实例。例如，异常类型通常是在子线程中生成和捕获的，并通过序列化的方式发送给主线程。那么，在主线程中如何处理这些异常呢？主线程可以通过重新实例化一个异常对象来接收子线程传递的异常。具体做法是，将需要修改的异常信息通过构造函数或修改属性的方式传入新创建的异常对象。例如，对于异常类型，通常会通过修改 stack 属性来显示子线程中的错误堆栈信息。这样，主线程就能够模拟对原始异常对象的操作，使得异常处理流程与直接在主线程捕获的异常保持一致。

5.5 函数数据返回和异常设计实现

在函数设计中，数据返回与异常处理可以说是构成函数核心的一部分。一个函数主要由入参、出参及函数名组成，而隐藏的部分如异常处理，则直接影响到函数的运行。因此，函数的设计可以类比为冰山：表面部分是我们直接可见的入参、出参和函数名，而水下部分则是异常处理等相对隐蔽但至关重要的环节。要理解一个函数的全貌，首先需要掌握表面部分，然后深入了解隐藏部分的实现。

本节将首先阐述函数在数据返回方面的实现。首先，会讨论函数返回的设计思路，包括在运行函数后如何获取并合并请求数据，以及如何将结果传输到主线程。在传输过程中，若涉及二进制数据和文件流，需要探讨其处理方式，以及如何利用流进行请求的写入等。对于数据返回，无论是普通数据还是流数据，都属于正常的数据处理流程。接下来，将探讨异常处理的流程。例如，在需要抛出异常时，需要考虑如何在线程中处理异常，如何将异常逐层传导，并最终体现在请求的返回头或返回体中，从而让请求携带错误信息。此外，如果线程抛出了异常，还需要考虑如何在线程中捕捉异常，并将运行时异常与全局捕获的异常及请求关联起来。这些都需要在函数返回流程中精心设计与实现。

对于上述与数据返回和异常处理相关的问题，在设计 Serverless 架构时，又该如何解决呢？

希望通过本节的探讨，能够为这些问题提供清晰的答案。

5.5.1 数据返回的实现

在讨论数据返回的具体实现之前，首先需要谈谈设计方面的选择。在许多 Serverless 平台中，数据返回通常是通过回调函数来实现的。然而，从设计的角度来看，使用 return 语句进行数据返回更具优势。这种方式的主要好处在于简化了函数的执行流程，因为只需要进行一次数据返回，从而避免了使用回调可能带来的复杂性和冗余。对于数据返回来说，函数中通常只会有一次 return 操作。然而，除了返回请求的 body 数据外，还涉及返回头的设置和状态码的设置。因此，返回数据时不仅要直接返回 body，还需要实现对传入的返回头和状态码的设计，以确保这些信息能够正确地返回到请求中。

在前面的章节中已经讨论过，HTTP 返回头的处理流程通常涉及属性抽离、序列化及子线程传输。当函数执行完毕并返回后，修改后的返回头属性会被传回主线程。主线程接收到这些属性后，负责完成请求的设置和响应。在这种架构中，主线程充当了请求服务的提供者角色。具体来说，请求首先由主线程接收和分发，然后将请求传递给子线程，子线程执行对应的函数来处理请求数据。处理完成后，子线程将结果返回给主线程，主线程进一步设置 HTTP 响应的返回头，并最终将响应发送给客户端。这种交互模式相对常规且高效。那么数据返回与返回头的设置有什么不一样呢？首先明确在返回数据中，数据类型其实是多种多样的，对于不同的数据类型，处理方式也不尽相同。

首先在数据返回的处理中，确实存在多种类型的返回值，包括普通对象、基本类型（如字符串、数字、布尔值）、Buffer 及流等。此外，如果在处理过程中出现异常，也可能会抛出与请求绑定的异常。对于普通对象，首先需要对其进行过滤，以确保其符合结构化克隆算法的要求，这种过滤是为了保证对象能够在主线程中被正确接收和使用。主线程接收数据并判断其为对象类型后，将其 JSON 化，即将对象转换为 JSON 字符串，并写入到 HTTP 响应的 body 中。如果返回头户的 Content-Type 尚未被设置，主线程会自动将其设置为 application/json，以便客户端正确解析响应。如果是一些基础的类型，如字符串、数字或其他非 Symbol 类型的基础数据，这些基本类型会在子线程中被转换为字符串形式，然后以文本的方式输出。同时，在未手动设置返回头 Content-Type 的情况下，会自动设置其值为 text/plain。这个时候可能大家会有一些好奇，为什么 Symbol 类型不行呢？简单来说，Symbol 是 JavaScript 中一种独特的基本类型，它在每个 JavaScript 环境中都是唯一的标识。这种唯一性意味着 Symbol 依赖于特定的 JavaScript 环境上下文。在多线程环境中，每个线程都是一个独立的 JavaScript 环境，因此 Symbol 的唯一性无法跨线程传递。由于 Symbol 依赖于特定的上下文环境，而该上下文环境不能跨线程进行通信传输，这导致 Symbol 类型无法在不同线程之间传输。

除了对象类型外，还有 Buffer 类型、流类型及异常类型，因为这些类型的实现都相对复杂，为了带给大家更加详尽的解析，这些相对复杂的类型将在下节进行说明。

▶▶ 5.5.2 二进制数据和文件流的返回实现

上节讲到了数据返回有多种类型，还说明了基本类型和基础的对象类型是如何进行传输的，接下来要说的是如何传输 Buffer 和流。

首先，要了解 Buffer 和流的概念分别是什么。在 Node.js 中，Buffer 充当了缓冲区的角色，即表示存在内存中的一段数据。以读取文件为例，第一步是将文件从磁盘读取到内存中。读取到内存中的数据可以表示为一个 Buffer 对象。需要注意的是，Buffer 有其自身的大小限制。自 Node.js 12 版本之后，Buffer 对象被修改为继承自 Uint8Array 类型的对象，这意味着 Buffer 实际上是一个固定长度的、以字节为单位的数组。Uint8Array 的长度上限是 2^{32} 个元素，即 4294967296 个元素。由于每个元素占用 1 字节，因此 Buffer 的最大容量，约为 4GB。因此，可以简单地理解为，Buffer 就是一段存储在内存中的数据块，且最大容量可达 4GB。

那么流又是什么呢？其实流要基于 Buffer 来说，流的概念实际上与 Buffer 密切相关。需要注意的是，Buffer 的最大容量为 4GB。如果内存足够大，且需要传输 12GB 的数据，至少需要三个 Buffer 来完成数据的传输。因此，流是由多个 Buffer 组成的。当然，由于网络、内存及计算机性能的限制，流的每个段通常不太可能达到 4GB 这种规模。在大多数情况下，每段流的大小可能只有几 MB 甚至几 KB。将每段流拆分得较小的原因在于，在写入数据时，CPU 需要逐个读取每个节来进行写入。如果每段流过大，将导致流的写入过程消耗大量资源，甚至可能占用其他任务的资源。相反，如果将每段流拆分得较小，CPU 可以在读取一段流后，执行其他任务。当其他任务完成后，再继续读取流数据，这样就不会给人以其他任务被阻塞的感觉。因此，流常被比喻为管道。如果管道较小，流量就会以小流量的形式缓慢排放；而如果管道较大，流的速度也会相应增加。管道的大小实际上取决于计算机的性能和网络的带宽。在流的传输过程中，通常存在应答机制。假设需要将一段流数据从 A 传输到 B，当 A 传输了一部分内容到 B 之后，B 会回复确认已经处理完这一部分流，A 才会继续传输下一段流。通过这种方式，确保 B 能够顺利处理流的数据，防止出现流的堵塞现象。

对于 Serverless 架构，如果函数返回的是一段 Buffer 数据，那么在子线程将数据传输到主线程后，由于 Buffer 是基于 Uint8Array 类型的对象，主线程接收到的可能是一段 Uint8Array 类型的对象。因此，需要将该对象还原为 Buffer。可以通过使用 Buffer.from 的方法来实现还原。还原之后，由于数据已经是 Buffer 类型，可以直接将其写入请求的返回数据中。然而，Buffer 通常只是内存中的一段数据，一般情况下不会包含文件的相关信息。如果需要将数据作为特定文件进行下载，可能需要修改请求的返回头中的 Content-Disposition 字段。通过这个字段，可以指定用户下载的文件名和其他相关信息，以确保用户正确接收和下载该文件。

在讨论了 Buffer 之后，流的实现自然也不可忽略。事实上，关于流的实现，在前面的章节中已经有所提及，本段将对此进行简单的说明和补充。简单来说，流的实现主要体现在将传输给主线程的数据标记为流的形式，同时向主线程分段发送多个 Buffer 数据。在发送这些数据时，主线程最好能够给出相应的响应，表明主线程已成功处理完成接收到的部分数据。主线程的写入过程主要集中在不断地向请求写入返回数据，直到接收到子线程的结束标志，从而完成整个请求的结束处理。如图 5-4 所示。

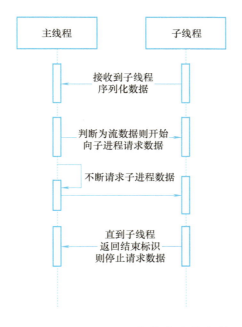

● 图 5-4　Serverless 架构中流的实现

▶▶ 5.5.3　异常在线程中的实例化

在 Serverless 架构中，函数的执行功能多种多样，但作为函数的管理方，无需关心函数的具体逻辑，只需关注函数的输入和输出。本章主要探讨函数的输出。一般来说，函数的输出形式多样化，但如果对输出进行简化，可以归纳为两种：一种是正常的数据返回，另一种是异常的数据返回。在前面的章节中，已经详细说明了函数的正常返回，包括基本类型、对象、Buffer 和流的返回。本节将重点讨论函数在异常情况下的返回及如何处理这些异常。

在讨论异常处理时，首先需要了解 Serverless 的使用者是如何抛出异常的。现实中，使用者往往在抛出异常时不够规范，甚至在许多情况下会使用 Promise.reject 或 throw 抛出一段字符串。

这种不规范的异常抛出方式在一些业务代码中经常可以看到，这很大程度上源于业务意识的不足。规范的异常抛出应该基于 Error 对象来进行。可以直接使用 new Error 来初始化一个异常对象。然而，在许多情况下，单纯的 Error 对象可能不足以满足需求。这时，可以通过继承 Error 类来创建自定义的异常类型。例如，通常请求异常需要包含一个状态码，此时可以定义一个基于 Error 的子类，在其构造函数或方法中增加状态码的传入参数，从而使抛出的异常自动携带状态码。这只是一个简单的例子，用于说明如何通过继承 Error 来实现更具特定性的异常处理。那么，为什么要使用这种规范的方式来抛出异常呢？原因很简单，使用 Error 对象进行错误抛出时，可以携带错误栈（stack trace）。错误栈的作用是帮助开发者了解错误发生的链路。例如，假设在 A 方法中调用了 B 方法，而 B 方法中又调用了 C 方法。如果 C 方法的某一行代码出现异常，通过错误栈可以准确地知道异常发生在 C 方法的哪一行，并且还能看到是由于 A 方法调用 B 方法，再调用 C 方法，最终导致的异常。了解了错误栈的作用后，我们也就明白了为什么需要它。错误栈可以帮助开发者追踪错误的发生路径，从而更好地定位问题。例如，C 方法在直接调用时可能没有问题，D 方法调用 C 方法也没有问题，但唯独 A 方法调用 B 方法再调用 C 方法时出现了异常。通过错误栈，开发者可以确定异常的唯一链路，从而更有效地解决问题。

异常抛出时需要针对两种类型进行处理。对于规范的异常抛出，需要捕获代码运行时的异常和全局异常，然后子线程将异常结果传输至主线程。主线程再根据运行环境决定是将异常抛出到请求中，还是将异常记录到日志中。对于非规范的异常处理，流程大体相似，但在异常捕获时可能并非基于标准的异常类型。捕获的可能是字符串、对象，甚至是 undefined 等数据类型。处理非规范的异常时，首先需要对捕获的数据进行转换。这可以通过将各种类型的数据统一转换为字符串来实现。对于对象数据，可以在去除环形引用的情况下将其转换为 JSON 格式，从而得到一个字符串类型的数据。然后，将此字符串实例化为一个 Error 对象，从而获得部分的错误链。然而，这一措施并不完全充分。为进一步完善异常处理，在编译阶段可以进行代码插桩，即在每行代码末尾增加一个自定义函数，该函数的参数包含代码文件的行号。当异常抛出时，可以记录下最后写入的行号，并通过此自定义函数获取异常发生的代码位置。然后，通过修改生成的 Error 对象的错误链，来还原错误栈。这样，即使抛出的错误不符合规范，也能有效地还原错误信息。

▶▶ 5.5.4 异常中间件捕捉实现

线程中的错误要在捕捉后返回到主线程中。主线程接到这个错误后，应该如何去处理这个异常呢？如果设计请求服务的中间件是其中一环的话，主线程是否可以主动抛出这个异常，交给上层的中间件进行捕捉？同时，中间件的概念又是什么呢？要如何实现在其中一环抛出错误，并让中间件感知到异常捕捉，同时进行异常请求的返回呢？接下来，带着上面的问题来寻找实现的答案。

先讲一个异常抛出流程。异常是在函数执行过程中发生的，而函数的执行是在线程中进行的。线程通常会处理多个请求，直到所有请求都处理完毕后才会销毁。因此，在异常抛出的过程中，必须确保异常与对应的请求能够准确关联。为了实现这一点，当主线程发送函数执行参数时，会同时传入请求的唯一标识符（ID）。这个唯一 ID 可以在请求进入系统时生成，也可以在调用函数前通过某种算法生成。当唯一 ID 传入线程后，线程在执行过程中如果发现异常，便会利用该唯一 ID 将异常与请求关联起来。一旦线程中发生异常，线程会携带请求的唯一 ID 及异常信息，将它们一并传回主线程。主线程接收到异常信息后，会根据唯一 ID 进行请求匹配。当匹配成功后，主线程将异常向上抛出。那么为什么主线程接收到异常后不是直接对请求进行处理，而是直接进行向上抛出呢？又是如何把这个异常体现在当前的请求中呢？

其实这里涉及一个中间层的实现，中间层的实现涉及对异常处理的优化，可以借鉴 Koa 的洋葱模型。在大多数情况下，可以直接使用 Koa 来实现中间层，但有时为了满足特殊需求，可能需要自行实现中间层。因此，深入理解中间层的原理是至关重要的。在 Koa 的中间件系统中，每个中间件接收两个参数：ctx 和 next。其中，ctx 用于存放请求的数据，而 next 则负责执行下一个中间件。假设存在 10 个中间件，第 1 个中间件的 next 实际上就是剩余 9 个中间件的调用链。因此，从整体上看，第 1 个中间件的 next 可以被视为顶层或根调用链。对于异常处理来说，异常抛出的调用链同样会经过这些中间件的 next 方法。因此，只需在 next 方法中进行异常捕捉，就能捕捉到该请求下所有中间件的异常。如果希望对函数运行的异常进行捕捉，可以在调用函数的中间件上方增加一个新的中间件，这个中间件的作用是为 next 方法增加异常捕捉和处理。这样，在函数调用过程中一旦出现异常并被抛出，捕捉异常的中间件便能捕捉到该异常并进行处理。这种方法将运行函数的中间件视为一个整体进行管理，即使在异常捕捉过程中有所遗漏，未被捕捉到的异常也会在上层中间件中被捕捉到。因此，使用特定中间件来处理异常，往往是一种更为有效的异常设计方式。

在函数调用过程中，异常的抛出不仅来自于自身的逻辑，还可能包含对其他函数的调用。在这种情况下，需要对整个调用链进行标记，以确保异常能够被准确地传递和处理。当某个函数在调用链中发生异常时，异常会沿着调用链层层回传，最终回到主线程，并与当前的请求匹配。通过使用中间件，可以有效地捕捉和处理这些异常。至于这种函数调用函数的机制如何实现，可以参考下一节跨 App 函数调用设计与实现。

5.6 跨 App 函数调用设计与实现

在 Serverless 架构中，函数通常是一个非常小的代码单元。当功能相对复杂时，将整个功能作为一个函数实现不太合理，因为这样，函数可能会过于庞大。此外，代码复用也是一个需要考虑的问题。如果多个接口中有部分代码是相同的，仅依赖单个函数来实现所有功能会导致代码复用困难。因此，解决代码复用和接口拆解问题显得尤为重要。

那么，为什么能解决函数的功能拆分问题呢？因为可以通过跨应用程序（App）的函数调用方式来实现。跨 App 调用允许一个函数调用另一个 App 中的函数，这种能力也适用于同一个 App 中的不同函数调用。这种方式的关键在于能够将代码进行合理地拆分，根据具体需求将代码拆分到其他 App，或者直接在同一 App 中拆分。既然函数可以被拆分且被其他 App 调用，也就意味着函数可以被复用，那么，函数复用的问题也自然地被解决了。

跨 App 函数调用不仅能够解决接口过于复杂和代码复用的问题，还可以实现更好的代码归类管理。许多接口可能依赖于用户的数据，通过跨 App 调用用户数据接口，可以为其他接口提供所需的数据支持，从而实现功能的有效分离和模块化。此外，这种跨 App 调用的方式还允许将不同的函数进行组合。通过函数的组合，可以避免将所有代码集中在一个函数中，保持代码的简洁性和可维护性。同时，组合函数的方式还可以防止代码膨胀，提升代码的可读性和逻辑清晰度。最重要的是，这种方法还可以实现可视化的调用链视图。通过调用链视图，可以清晰地了解函数之间的依赖关系，并在其他函数发生变更时，快速评估这些变更对当前函数的潜在影响。

▶▶ 5.6.1　RPC 函数调用链路概述

对于函数来说，需要具备复用和功能的可拆解能力，但是函数拆分后又该如何调用呢？因为函数不一定在一台机器中，往往函数的分布需要通过调度器来进行实现。那么，如果调度不是同一台机器，需要通过什么手段来实现调度，并且通过什么设计能够实现调用链的绘制能力呢？

针对上述问题，至少需要实现一个支持跨函数调用的方法。由于函数可能被分配到不同的机器上执行，因此需要一种远程连接机制来实现这些调用，这种机制通常称为远程过程调用（RPC）。在 Serverless 服务中，RPC 的调用方通常是函数代码，而函数代码则运行在线程中。因此，最终发起 RPC 调用的主体实际上是运行函数代码的线程。那么，既然在线程中发起调用，这个调用的链路又是怎样的呢？

在早期的实现中，RPC 的设计并未考虑多机器环境，而是在单台机器上通过线程通信来运作。在线程中的函数发起 RPC 调用时，线程会向主线程发送消息，通知主线程唤醒对应 App 的线程。随后，主线程将数据传输到被唤醒的 App 线程。当 App 线程执行完毕后，使用线程通信将结果传回主线程，主线程再通知发起调用的线程。该线程接收到消息后，将结果传递回函数中，从而完成整个消息的通信过程。然而，这种设计面临两个主要问题。首先，大量 App 在同一台机器上运行，可能导致机器线程数过多，进而影响性能；其次，发起方线程需要等待信息回传，这会降低线程的复用率，导致资源利用率不高。为了优化这些问题，后续引入了一种更为高效的 RPC 调用方式来实现跨 App 调用。

在后续的迭代中，函数在线程中发起 RPC 调用时，会先通过注册发现中心获取对应 App 所在的机器地址。获取到 App 所在的机器地址后，系统将通过远程调用来实现跨机器的通信。这种远程调用可以使用 HTTP 协议，也可以基于 Socket 自行定义传输通信结构。例如，可以在每段 Socket 流数据的前面若干位定义流数据类型，以此实现数据的通信和传输。然而，相较于 Socket，使用 HTTP 协议来实现通信协议可能更为简便和可靠。随着 HTTP 版本的升级和更新，HTTP 协议的传输能力逐渐增强，使用 HTTP 进行通信协议的实现更加容易管理和扩展。相比之下，基于 Socket 的实现需要考虑数据拼装和数据到达顺序导致的不一致问题。例如，gRPC 就使用了 HTTP/2.0 协议来实现自身的通信协议，同时在序列化和反序列化方面使用了自定义的序列化算法，而不是常规的 JSON 格式。在远程调用的过程中，首先需要唤起目标机器上对应 App 的线程，然后将数据传入该线程进行处理。线程执行完毕后，再将运行结果返回给调用方。在此过程中，系统会记录调用方和被调用方的 App 及函数信息。那么，这个记录的信息是从哪里来的呢？这些信息的来源如下：调用方的信息会在发起 RPC 调用时进行记录。而调用方的具体信息并不是在调用时即时获取的，而是在调用某个函数时，为每个请求生成一个唯一 ID 的同时，也将需要调用的函数信息传入线程中。这些信息包括 App 和函数的详细信息。有了这些信息就可以将数据进行串联。

5.6.2 RPC 函数实现

上节对 RPC 的链路进行了讲解，本节终于要开始探讨 RPC 的实现了。RPC 的实现包含几个部分：第一个部分是 RPC 函数的定义，第二个部分是 RPC 上下文的实现，第三个部分是 RPC 返回数据的设计与实现。

对于 RPC 类型的函数，通常会有一个特殊的定义。这类函数仅支持被调用，而不适用于处理外部请求。为了明确这一点，在编写这类函数时，需要使用 RPC 装饰器对函数进行标记。RPC 装饰器的作用是将 RPC 所需的相关信息嵌入到函数的元数据中，从而在系统初始化时识别出该函数是一个 RPC 函数。当系统生成路由时，RPC 函数不会参与动态路由的生成。相反，系统会为这些 RPC 函数生成专门的 RPC 接口，以便其他函数能够通过 RPC 调用这些函数。那么，这种 RPC 函数的定义又有什么用途呢？

在 RPC 函数调用中，传递上下文信息是一个关键点。例如，业务方很多时候需要通过调用链来传递一些信息，如通过 TraceId 可以查看链路调用的情况，或者传递用户信息贯穿整个请求。虽然可以通过参数逐步传递这些信息，但这种方法既复杂又容易出错，尤其是在多个函数之间进行传递时容易遗忘。为了解决这个问题，可以通过一个默认的上下文来进行信息传递。具体来说，在一次 RPC 调用链上，所有需要传递的数据都可以放在 RPC 的上下文中。从而保证同一请求中，想要保持的数据都可以通过上下文传递到调用链上。那么，这种调用是如何实现的呢？每个 RPC 请求调用后都会生成一个独立的上下文空间，这个空间的生成是基于请求的唯一 ID。当 RPC 函数被调用时，系统会根据这个唯一 ID 生成一个独立的上下文空间，这个空间在整个 RPC 调用过程中保持存在，直到 RPC 调用结束或出现异常时被销毁。当在 RPC 函数发起新的 RPC 调用时，当前的上下文会被自动传递到下一个 RPC 函数中。这意味着在整个调用链中，上下文信息会被一直保留并传递下去。那么 RPC 上下文就会在下一个 RPC 上下文中一直保持存在，通过这种方式系统能够自动管理和传递这些需要在整个请求过程中保持的数据，而无需开发者手动管理参数传递。

既然 RPC 调用支持上下文的传递，那么在 RPC 调用的参数中，至少需要包含三个核心信息：调用的服务的名称，函数调用的参数及函数的上下文信息。而对于 RPC 调用的返回数据，为了保持与本地函数调用的一致性，返回结果应该直接与函数的运行结果一致。但是，由于 RPC 调用是通过远程调用完成的，因此函数必须以异步方式实现，以处理潜在的网络或其他问题导致的调用超时。在异步调用中，如果出现网络或其他原因导致的超时或错误，则需要对这种情况抛出异常。RPC 调用中的异常可以分为两类：一种是 RPC 函数本身运行出现了异常，另一种是在调用过程中因为网络和其他原因出现了异常。针对 RPC 本身出现的异常，在数据返回时需要将函数异常进行序列化，再将函数异常进行还原，最后抛出的同时附加 RPC 调用链的异常数据，这样确保了开发者在处理 RPC 调用时能够获得详细的异常信息。

5.7 分布式路由设计实现

前文已经详细讨论了函数的设计与实现。本节将继续探讨函数的设计与实现，但这个设计与实现与大多数 Serverless 平台的传统方式有所不同，即将路由功能直接集成到函数代码中，而不是依赖平台配置。这种实现方式在许多 Serverless 平台中是较为特别的。

选择这种方式来实现路由功能的一个重要原因是为了支持渐进式的开发模式。Serverless 不仅是一个运行应用的平台，更可以被视为一个框架。如果 Serverless 仅能依赖单独的平台配置来启动服务，而无法在本地框架中运行，那么对于开发者来说，可能并不是一个理想的选择。很多开发者在早期阶段可能只需要快速实现和运行代码，这时他们的需求是代码能顺利运行；而在中期，他们可能会使用框架来运行和组织服务；到了后期，他们才会逐步将代码迁移到 Serverless 平台上进行部署。为了支持这种渐进式的开发流程，Serverless 平台应该对开发者在早期和中期的代码进行良好地指引，使开发者可以顺利地将代码从本地环境迁移至 Serverless 平台。此外，这种设计还体现了一种理念，即平台不应通过强制性依赖来限制用户的数据和代码自由。将路由配置放在平台中，使得用户难以将应用代码轻松地迁移到其他平台或回归本地环境，而如果路由配置直接在代码中实现，开发者就能更容易地将代码迁移到其他环境中，从而实现平台的可迁移性。

因此，为了实现渐进式开发和代码的可迁移性，我们选择将路由配置集成在代码本身，而非依赖平台配置。

5.7.1 路由装饰器实现

因为本平台的路由与其他 Serverless 平台的路由有所不同，在大多数 Serverless 平台中，路由的实现通常依赖于平台的配置，而在本平台中，路由通过装饰器直接嵌入代码中。这种方式的路由实现具有渐进式和可迁移性的优势，因此备受期待。接下来，将详细讨论这一实现的相关内容。

首先，了解一下什么是路由装饰器。装饰器是 JavaScript 中的一种较新语法，主要用于为类或函数增加额外功能。可以将其类比为钢铁侠。钢铁侠本质上是一个普通人类，但通过钢铁战衣的加持，能够大幅提升战斗能力。在日常生活中，他与普通人无异，但在战斗时，会通过胸口的等离子弧反应堆召唤战衣，使其与身体结合，成为真正的钢铁侠。在这个比喻中，钢铁侠作为普通人时，可以看作一个原始的类，而当需要额外能力时，如飞行功能，就可以通过装饰器实现。这时，胸口的离子弧反应堆相当于一个装饰器，用来调用飞行的功能模块。装饰器的作用类似于在原有类的基础上进行封装，赋予其新的能力，而不修改或删除原有的属性，通常通过增加额外的属性来实现。路由装饰器的原理也与此类似。通过路由装饰器，可以在原有类的基础上，添加与路由相关的属性和功能，从而在服务端实现路由的功能。

在装饰器实现方面，首先需要定义装饰器功能所对应的数据结构。该功能需要支持请求类型的定义，如 HTTP 请求、Socket 请求或 RPC 请求。对于 HTTP 请求，需要进一步支持请求方式的定义，如 GET、POST、PUT、DELETE、PATCH、OPTIONS 等。对于路由而言，这些请求方式通常具有不同的路由含义。通常情况下，只有 HTTP 请求类型和 Socket 请求类型支持路由路径定义，且路由路径的定义需要遵循一定的规范。目前，绝大多数框架使用 path-to-regexp 规范来实现路由匹配，因此可以参考这一规范进行定义。在定义好装饰器所需的数据结构后，接下来就是将这些数据绑定到函数上。实现绑定的方法有多种，一种是自定义一个 Symbol 类型并将其绑定到函数的属性上。另一种更为规范的做法是使用 Reflect.defineMetadata 语法。这是一种相对较高级的语法，从未来的发展角度来看，这是完成装饰器数据绑定的最合适的方法。对于装饰器而言，只要完成了数据与函数的绑定，装饰器的工作就基本完成了。接下来就是服务端的实现，即如何将装饰器绑定的数据实例化并运行。

在了解完装饰器的实现后，接下来需要探讨服务端的实现。在服务端，主要任务是将函数上附加的属性转换为服务端路由的功能。功能的转换在服务端又分为路由在线程中是如何初始化，以及如何将路由通过通信传输到主线程，最后由主线程来实现路由的动态渲染，通过路由渲染，让请求定位到具体的函数上。接下来将进一步探讨服务端的路由实现细节，包括如何通过这些步骤完成请求到具体函数的定位。

5.7.2 线程的路由通信

看到这个标题可能会感到困惑，线程、路由和通信是怎么关联起来的，为什么路由还需要去通信？其实，由于路由是在代码中通过装饰器进行的配置，而代码最终在线程中运行，HTTP 服务或 WebSocket 服务都是由主线程进行管理，当有 HTTP 服务或 WebSocket 服务时，代码需要通过主线程再进行路由的转发，将请求传递到真正的函数方法中。既然是主线程负责路由的转发，而路由配置仅能在子线程获取，那么子线程就需要和主线程通信，来实现路由功能。

首先，由主线程启动与特定 App 对应的线程，其原因在于，当请求进入服务时，主线程需要根据请求的特征来判断其所属的 App。这一步骤确保主线程能够启动正确的 App 线程。然而，在启动 App 线程时，尚不明确当前请求对应 App 的哪个具体方法。因此，在启动 App 对应的线程并初始化 App 后，系统会通过装饰器读取 App 的路由配置信息。对于每个请求而言，函数的定位实际上经过了两步路由判定。第一步判定由主线程根据配置数据进行，这些配置数据通常来源于注册和配置中心。App 的判定方式主要有两种：一种是通过请求的域名来判定，即首先获取请求的域名，并根据域名确定对应的 App；另一种方式是通过 URL 的第一路径来判定。例如，对于路径/user/hello 的 URL，系统会将 user 作为 App 路径的判断依据。然而，基于 URL 路径的判断方式一般用于私有化部署的服务，因为这种服务不一定提供独立的域名。因此，对于大多数对外服务，系统通常通过域名来判定请求所属的 App。在对外服务中，函数服务通常会为每个 App 申请一个专门的域名。当用户注册并申请一个 App 后，系统会为该 App 生成一个子域名，并通过域名提供商发送请求以添加新的子域名。对于正式的 App 域名，用户通常自行申请域名，并将其指向函数服务。随后，Serverless 平台在完成相应配置后，会更新配置中心，以通知系统新的 App 域名已添加。

在简要介绍了 App 的第一步路由定位后，接下来继续探讨 App 路由在线程中的传输。在定义 App 路由信息时，使用的是 JavaScript 的 Map 类型。路由的配置信息属性被定义为可枚举的字符串类型或普通的字符串类型。例如，请求类型（如 GET 和 POST）属于可枚举的字符串类型，而路由路径长度则属于不可枚举的字符串类型。根据结构化克隆算法，这些数据类型可以在不同线程之间直接传递。尽管 TypeScript 会在编译时校验装饰器参数的属性及其类型，以确保代码的类型安全性，但为了避免线程通信过程中可能出现的错误，仍然需要对路由配置数据进行第二步检查。这一步骤确保了传递的路由配置数据符合预期的路由属性要求。对于校验通过的数据，可以直接传递给主线程；而对于校验不通过的属性，则需要向用户发出警告，指出路由格式存在的问题，以便用户及时进行修改。至此，子线程向主线程传递路由配置的过程基本完成。

那么，当主线程接收到这些路由配置后，它将如何进一步操作以完整实现路由功能呢？下一节将详细讨论主线程如何处理这些路由配置，并最终实现请求的准确路由。

5.7.3 动态路由挂载实现

在前面的讨论中，我们了解了路由的整体实现和线程间的通信机制，特别是路由的双层结构：第一层通过 App 来锁定 App 线程，第二层通过 App 线程初始化并传递路由配置信息到主线程。接下来，我们将深入探讨主线程如何生成和使用这些路由，以及如何将生成的路由传递到 App 线程并执行相应的函数。

当子线程初始化 App 并通过线程间通信将 App 的路由配置信息传输到主线程时，主线程会接收到一个包含路由信息的 Map 结构。接着，主线程会对这个 Map 进行循环遍历，通过路由生成器将每个路由生成对应的数据结构。其实，路由相当于通过 Map 生成的一棵树，这棵树类似于 Map 的嵌套结构，每个层级代表 URL 路径中的一个部分，每个层级都包含确定路径、匹配路径和任意路径，它们按照确定路径、匹配路径、任意路径的顺序向下延伸。例如，路由目前有 /api/hello/：tom，/api/[a-z]+/run，/*，其中，冒号表示中间可以匹配任意字符串，而星号则表示可以匹配任意路径，那么这个路由所生成的树如图 5-5 所示。

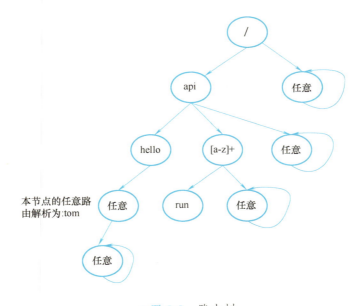

● 图 5-5 路由树

从图中可以看出，当一个请求进入后，系统会将请求路径按照 "/" 进行拆分，并将这些路径片段依次与路由树进行匹配。匹配过程按照确定路径、匹配路径和任意路径的顺序进行，同时对于任意路径还可以将下一路径继续指向自己形成一个环状匹配。在匹配到路由后，每个节点都有路由解析器属性,如果当前路径节点存在路由解析器,则进入路由解析和运行,如果没有命中或节点不存在路由解析器,则视为未命中路由,通过这种预先生成路径树的方法,可以加快路由匹配速度。

在路由生成完成后,系统会将相关的函数信息传入到路由的中间件函数中。然后,在运行过程中,函数的中间件会根据这些函数信息去执行相应的逻辑。这种设计引发了一些疑问:为什么需要一个路由的中间件来传递函数信息,而不是直接执行函数呢?下面,将详细解释其中的原因。最重要的原因就是让生成的路由进行复用。每次请求都需要匹配路由,而生成整个 App 的路由表是一个相对耗时的过程。虽然生成路由的时间可能在百毫秒级别,但如果每个请求都重新生成路由,会极大地影响系统性能。因此,通过预生成路由并进行复用,可以显著减少每次请求的计算开销。那么,如果代码有更新又该如何处理呢?这就是动态路由实现的关键了。实际上,在每个请求进入时,系统会首先确定请求对应的 App,并获取该 App 的最新版本号。这个版本号决定了系统读取代码的更新程度及路由的有效性。通过版本号,系统会判断最新版本的路由是否存在,如果存在则直接使用不再生成,但是如果系统发现最新版本的路由不存在,它会通过路由生成器遍历 App 的路由配置,生成新的路由表。生成完成后,路由表会与当前版本号进行绑定,并在所有使用该版本的线程销毁时一起销毁。这种机制确保路由表能够随着代码更新动态变化,同时保持资源的有效回收和管理,保证了请求的耗时相对稳定。

第 6 章

Serverless结构设计

6.1 Serverless 架构结构概述

本章节主要探讨 Serverless 架构中的项目结构设计，这里聚焦于开发者的视角，而不是整体的 Serverless 架构。我们将深入分析在开发过程中，项目结构如何组织、为什么需要这些文件及每个文件的作用是什么。通过对这些文件的用途逐一剖析，并说明其设计思路，开发者可以更好地理解 Serverless 项目的开发框架。

除了基本的项目结构外，Serverless 项目还设计了多 App 架构模式。这种设计为开发者提供了更大的灵活性，使其能够根据团队需求和场景定制化开发。那么，为什么需要多 App 架构，而不是仅依赖单一的函数式编程模式呢？多 App 架构设计的初衷是为了解决不同团队或不同业务模块在同一个项目中协同开发的需求。在大型项目中，单个 App 可能难以满足复杂业务的需求，而多 App 模式能够让每个团队独立开发、部署各自的 App，并在需要时相互协作。这样的设计不仅能够提高开发效率，还能更好地应对复杂的业务场景。

App 里面的代码实现后，如何优化代码的运行模式来使代码更好地运行？如何通过代码的设计给予用户更好的体验？这都是作为平台的开发者需要思考的事情。每一次的实现都是性能和代码的磨合，等待一个最优解来展现代码的优雅与高效。

▶▶ 6.1.1 项目结构设计概述

明确一下，这里的项目实际上是在 Serverless 平台上进行初始化的项目。Serverless 提供了一个最小项目结构，该结构可以支持 Serverless 服务的开发。

那么哪些是最小的结构呢？作为一个 Node.js 项目，首先需要配置 package.json 以管理依赖。这些依赖包括 Serverless 平台的开发框架及一些代码增强工具，如 TypeScript、Mocha、ESLint 和以 @types 开头的代码提示库。此外，还需配置构建编译服务、启动服务、开发服务和部署服务所需的钩子。项目本身还需进行其他配置，例如，使用 TypeScript 时，会有 TypeScript 配置文件 tsconfig.json，记录代码的原始目录和编译目录，并标记需要开启的 TypeScript 特性，以及是否使用增量编译以加快编译进度。除 JavaScript 的一般配置外，还需配置开发框架自身的设置，这些设置应尽可能与线上 Serverless 配置环境保持一致。使用 vaas.config.js 来配置开发框架，其中定义了 App 的父文件夹，以便后续读取和运行 App 代码。此外，还会定义服务的端口和错误抛出方式。还支持一些函数配置，如指定 App 来处理请求、限制 App 线程资源的配置及获取最新 App 版本的配置，通常这些函数配置具有默认值。项目的基本结构如图 6-1 所示。

● 图 6-1　项目的基本结构

编码通常集中在 src 文件夹中，而 src 文件夹下的 apps 文件夹通常作为各个应用程序的父目录。测试用例一般写在 src 文件夹下的 test 文件夹中。上文未提及的 LICENSE 文件用于标记项目是否使用了开源协议，而 README.md 文件则通常是项目的说明文档。至于 install.sh 脚本，它是通过 package.json 中的 postinstall 钩子调用的。postinstall 钩子的作用是在安装依赖后执行一些额外的操作。由于项目采用多应用程序模式，每个应用程序的依赖项各不相同，因此在安装项目本身的依赖项后，还需要为每个应用程序单独安装其依赖项。因此，使用了一个 Shell 脚本来处理每个应用程序的依赖安装问题。然而，由于 Shell 脚本对 Windows 的支持并不理想，因此计划在后续将该脚本改用 Node.js 重写，以提高跨平台的兼容性。这也验证了那句话："能用 JavaScript 实现的，最终都将用 JavaScript 实现。"

项目的总体结构已基本介绍完毕，接下来将对每个应用程序的结构进行介绍，并探讨在实际使用中的最佳实践。

▶ 6.1.2 App 结构设计概述

在上一节中，我们简要介绍了项目结构，特别是 Apps 目录下的结构。该目录中会运行各种类型的 App 程序，其中包括运行函数服务。这种设计与传统的 Serverless 架构可能略有不同，但在功能实现上本质上是相似的。对于 App 的整体结构设计，有两个关键点需要关注：一是如何确保整个请求能够准确地路由到 App 的某个函数方法上，二是每个 App 的代码结构可以怎样设计，应该如何定义 App 结构？

首先对于第一点，App 的入口，在很多 Serverless 的设计中可能就只有一个 index.js 的入口文件，然后里面暴露了一个方法来支撑函数服务，这个设计方法相对比较古老，且不方便扩展。那么，是否有一个更好的办法来实现一个 App 的入口？需要注意，这里所指的是 App，不仅是简单的函数服务。换言之，App 是最小的承载单元和隔离单元。一个 App 中可以仅包含一个函数，也可以包含多个函数。许多人可能认为这种设计偏离了 FaaS（函数即服务），更接近于 PaaS（平台即服务）。然而，在 App 结构设计中，最佳实践是同时支持这两者，以实现框架的渐进式目标。只要服务是 Serverless 化的，即不需要管理主机，那么 Serverless 的核心价值就在于实现开发的免运维，其他的只是形式上的展现。无论使用何种编程语言，最终程序代码都要转换为二进制代码，才能被计算机解析和运行。既然如此，如何设计 App 的入口呢？其实，可以借鉴 npm 包的规范，通过读取 package.json 文件来定位入口文件。使用配置文件定义入口文件的好处在于，可以灵活调整入口文件的设置，而不必固定使用 index.js 作为入口文件。既然通过 package.json 来实现入口文件定位，这也意味着每个 App 都可以安装其独特的依赖。因为 App 作为服务和隔离的最小单元，每个 App 都可以独立运行。针对独立的服务，需要为这些服务添加相应的依赖。在服务分发后，可以通过容器化来独立运行每个 App 的服务。当然，在一些私有化场景中，App

作为线程独立运行也能满足基本需求。然而，无论如何，App 必须具备可拔插性，即在需要时启用相关 App，而在不需要时，不会对系统造成影响。这种设计类似于操作系统与应用程序的关系：即使应用程序被卸载、删除或发生异常，系统环境依然保持稳定。因此，在 Serverless 平台中，App 相当于平台的应用程序。每个 App 可能由不同的开发者开发，并依赖于 Serverless 平台的稳定性。因此，保证整个 Serverless 框架的稳定性，才能确保每个 App 的稳定运行。

对于 App 的代码结构而言，并没有一个固定的限制。在绝大多数情况下，代码结构应根据实际场景进行调整和设计。换句话说，App 的结构可以根据需要的场景动态变化。例如，在仅需实现简单函数入口的场景下，可以在 package.json 中配置一个 index.js 文件，并通过该文件实现函数服务。又例如，在需要模板渲染的场景中，可以将 App 内部设计为 MVC 结构。总之，每个 App 只需对其入口文件负责，确保能够正确解析传入的请求参数，并返回相应的响应参数，即可保证 App 服务的正常运行。

▶▶ 6.1.3　代码结构设计概述

App 内部的代码应该如何设计，例如，模块的规范如何设计？如果有旧的规范要如何兼容？服务与 App 的关系又是怎样的？接下来会给出答案。

对于代码设计而言，首先，通过 package.json 获取到入口文件后，可以通过该入口文件进行代码文件的读取。在代码设计中，开发者应尽量使用现代语法进行模块的暴露，而非使用相对分散的语法。因此，模块设计上采用 ECMAScript 模块（ECMAScript Modules）来导出代码。然而，在使用 ECMAScript 模块导出时，会面临一个问题：应该使用什么变量进行导出，或者说，Serverless 平台应读取哪个变量来获取导出的内容？在这方面，可以有两种导出方式：任意变量导出和 default 变量导出。选择任意变量导出的原因是，在设计中，函数的变量名并不那么重要，路由可以通过方法上的路由配置来确定。因此，如果使用任意变量导出，需要遍历导出的模块来读取方法。而使用 default 变量导出的好处在于，无需遍历模块即可直接读取导出的变量。然而，default 导出的缺点在于，当前正处于 CommonJS 模块方法与 ECMAScript 模块方法的过渡阶段，如果需要将 CommonJS 转换为 ECMAScript 模块，可能会给使用者带来困惑。这也是许多人在这个阶段不推荐使用 default 导出模块的原因。不过，从 ECMAScript 模块的设计规范来看，设计应着眼于未来，而不应因历史遗留问题影响现有服务的设计。因此，最终选择使用暴露 default 字段的方式作为函数默认的导出方式。

既然服务是基于 App 的方式启动的，那么函数与 App 的关系又是怎样的呢？每个 App 的入口文件应暴露整个 App 的方法，因此，每个 App 的默认代码设计为一个类，函数则作为类中的方法。有人可能会质疑：这种设计下，函数就无法独立部署了吗？其实并非如此。在前文中提到，App 的实现既要支持 FaaS，又要能够将函数以类似 PaaS 的模式部署。当然，无论是 FaaS 还是 PaaS，其本质都是 Serverless 化，即不再需要主机的运维支持。既然铺垫了这么久，接下来要说明如何实现函数的独立部署。其实很简单，因为 App 是服务的最小单元和隔离单元，当 App 仅包含一个函数时，函数即成为服务的最小单元和隔离单元。因此，在这种情况下，可以轻松实现函数的独立部署。同理，如果将 App 作为一个整体的平台，也可以在该 App 中部署多个函数，虽然这些函数可能会在同一台机器上运行并提供服务。

当然，代码结构远不止这些内容，后续还会深入探讨代码结构。对于代码结构而言，更重要的是一种写代码的模式，即开发者感到舒适的开发模式。这种模式的探索也正是 Serverless 开发的终极追求。

6.2 项目结构设计

在前面章节中，已对项目结构进行了概述，但尚未深入探讨具体实现细节。本节将深入探讨项目结构，特别是一些关键功能的实现细节。本节分为三个部分，分别讲解配置文件的实现、项目的编译构建设计及依赖结构设计。

首先，在配置文件管理方面，我们已经了解了配置文件的位置及其具体内容，但仍需深入探讨项目读取配置文件、加载配置过程的具体实现，以及配置如何生效。本节将详细说明配置文件的加载过程，并探讨如何使配置更加用户友好。

接下来，在项目的编译构建设计方面，通过对源码和运行过程的讲解，我们将全面了解项目开发中的代码热运行机制，以及 Serverless 平台如何将源码最终转换为所需的代码结构。本节将探讨代码的两种运行方式，帮助读者更好地理解项目的构建过程。

最后，在项目依赖结构设计方面，除了讲解依赖在主目录和 App 目录中的安装过程外，还将通过依赖关系图详细说明项目中的依赖关系，以便更清晰地了解项目的依赖状况。

虽然这三个主题无法完全展现项目的全貌，但它们直接服务于开发，是项目中优化用户开发体验的重要组成部分。因此，通过对这三个主题的探讨，我们将更清楚如何优化项目以提升用户体验。接下来，开始深入探讨本节内容吧。

▶▶ 6.2.1 配置文件的设计与实现

关于配置文件的概述，之前已经提供了简要介绍，包括配置文件的用途和作用。但在实现方面，还需进一步详细说明。本节将深入探讨配置文件的设计与实现。

首先，载入配置文件是通过启动工具进行的。在运行项目之前，命令行工具会读取配置文件。对于缺少配置的部分，启动器会载入默认配置数据。通过将最终配置文件与默认配置数据合并，生成框架的启动参数。也就是说，框架的启动参数通过读取配置文件来确定，从而实现对框架的配置。而项目的核心运行机制正是通过框架驱动的。换句话说，启动工具是框架的触发器，而框架则是项目的核心引擎，驱动整个项目的运行。

在配置文件的参数设计方面，将详细讲解它们在框架中的具体实现。以框架的启动过程为例，可以看到这些配置如何影响服务的运行。当框架启动时，首先需要监听一个服务端口，以确保服务能够对外提供访问。在配置文件中，端口号通常是一个重要的参数。开发者可以通过修改配置文件轻松调整端口号，使代码在调试时更加灵活和方便。接下来是 App 文件的位置配置。一般来说，这个位置指向的是代码编译产物的存放目录。因为最终启动服务的是编译后的代码，当线程池初始化时，需要读取 App 文件夹的位置以载入相应的服务。为了提升 App 的响应速度，通常在项目启动完成的同时，就会启动 App 的线程，以预备即将到来的请求服务。当请求进入服务后，首先需要将请求分配给合适的 App。在 Serverless 平台中，这种分配通常由配置中心依据预先设定的配置和策略来完成。例如，如果配置了域名，框架会通过域名来确定 App 的唯一标识；另一种方式是通过 URL 路径来确定 App 的唯一标识。在这种情况下，配置文件中的异步函数可以发挥作用，通过编程方式动态获取并返回 App 的唯一标识。这种机制可以支持更复杂的匹配规则，如定义 App 的访问前缀或锁定非法的请求。在获取到 App 的唯一标识后，接下来需要获取 App 的分流信息，以确定向用户提供哪个版本的 App 服务。配置文件中通常包含一个分流函数，用于返回版本号。这个版本号根据请求和配置策略生成，从而实现请求的分流。分流函数的配置需要考虑如何根据请求动态计算分流比例，以便正确地进行分流。既然已经获取到了 App 的唯一标识和版本号，接下来就可以根据这些信息获取 App 的相关数据，如资源限制信息等。这包括启动线程服务和线程下的虚拟机服务时，对代码资源的限制。重要的一点是，这个配置文件还包含了 App 文件地址的对应信息。通过这个地址，可以从远程获取 App 的内容数据并运行。在此过程中，配置文件中的异步函数再次发挥作用，用于获取 App 的详细信息。在请求处理完成后，存在两种返回情况：正常返回和异常返回。对于异常返回，配置文件中通常提供一个选项，用于决定是否将异常暴露出来，以便开发者能够及时修正问题。这一功能也是配置文件的重要组成部分，确保服务在异常情况下的行为符合预期。

除了上述详细的配置文件功能外，还需要对配置进行多项优化。有人可能会问，配置文件的优化究竟能带来什么好处呢？实际上，当配置数据量特别大时，这种优化可以显著提升用户的开发体验，尤其是在配置文件提示方面。那么，配置文件提示应该如何实现呢？其实，实现方式非常简单。可以将配置作为启动框架方法的参数。通过这种设计，只需根据 TypeScript 生成参数类型，在使用配置时，由于配置文件已经作为方法的参数，自然就会有相应的提示，从而进一步优化开发者的用户体验。

▶ 6.2.2 项目的编译构建设计

对于项目而言，代码既有源码形态，也有构建后的产物形态。源码最终会转化为项目的构建产物，这个过程就是项目的构建流程。那么，这个流程的细节是怎样的呢？现在开始探索吧。

首先，代码结构通常是这样的：源码一般存放在 src 目录中，而构建后的产物则存放在 build 文件夹中。真正运行的代码来自于 build 文件夹中的内容。在运行代码时，通常存在两种形态：一种是热更新运行，主要用于开发和调试；另一种是在 Serverless 服务器上的正式运行。这两种构建看似相似，但实际上有很大区别。对于命令行工具而言，这两种运行方式需要不同的处理方法。为了让使用者能够方便地使用这两种方式，通常会将它们都注册到 package.json 文件的 script 属性中，这是一个较为规范的处理方式。接下来，将深入探讨这两种运行方式的区别。

对于热更新的构建方式而言，核心在于减少开发者的等待时间，避免因文件修改而导致的重新构建耗时过长的问题。为此，快速和增量更新成为热更新构建的关键。那么在热更条件下，如何进行快速增量更新呢？在启动服务时，需要对源码文件进行变更监听，以便在检测到文件变更时能够及时更新。在 Node.js 中，原生检查文件更新的方式主要有两种：一种是利用操作系统的内核通知机制订阅文件更新事件。但由于不同操作系统的内核存在差异，Linux、MacOS、Windows 的监听结果可能不一致，导致此方式的稳定性较差；另一种则是定时轮询检查文件是否变更，这种方式的缺点是，由于轮询的时间间隔，响应可能不够及时。由于项目需要在多平台上使用，因此需要消除不同系统间的差异。第一种方式因为兼容性问题不可取，因此需要着重优化第二种方式。然而，定时轮询也面临两个主要挑战：一是响应时间问题，二是大量文件监听导致的内存飙升问题。那么如何解决轮询相应的时间问题和监听过多文件的问题呢？为了保证开发者的体验，时间延迟应控制在 300ms 以内。如果监听的文件较少，这个目标可以轻松实现。但如果文件过多，该怎么处理呢？是否可以用短轮询去监听频繁变更的文件变化，并进行动态处理呢？又如何定义频繁变更呢？对于频繁变更的文件，可以通过短轮询来监听，同时引入最近最少使用（Least Recently Used，LRU）缓存淘汰算法。LRU 缓存能够根据文件的访问频率动态调整缓存池的大小，从而优化文件监听的效率。其他缓存淘汰算法也可以用于类似的目的，以筛选出最常变更的"热点文件"。那么"热点文件"的变化是解决了，"非热点文件"又该如何处理呢？对于不常变更的"非热点文件"，可以通过遍历比较的方式来检测变更。将文件的比较数据存储在磁盘中，并使用广度优先遍历算法进行检测。在实现过程中，可以采取两种遍历策略：一种是从项目根路径开始遍历，这种方式相对缓慢；另一种是将热点文件路径作为遍历的起点，并设置合理的深度层级，将项目根路径作为遍历边界。通过这种组合方式，既能有效监控文件变化，又能控制内存占用。

在 Serverless 环境中运行的代码不需要在编译构建时进行文件监听，但编译过程的性能优化依然至关重要。这种环境可以接受较长的编译时间和全量编译，因此可以通过各种优化策略来提升最终代码的运行性能。这类优化策略类似提前计算，例如，假设有一个值被定义为"= 1 + 1"，那么在编译后，可以直接将结果设置为"= 2"。通过优化策略可以显著提升项目在

Serverless 环境中的运行性能。

6.2.3 项目依赖结构设计

项目的依赖实际上存在两种不同的形式。首先是项目整体的依赖，主要包括框架依赖。因为框架依赖需要在每个 App 中使用，所以应当被放置在项目依赖中。此外，还有一些开发和构建的工具，如代码风格统一工具（如 ESLint）和代码编译工具（如 TypeScript）。这些统一的工具是项目必须使用的，因此也应被放置在项目的依赖中。另一种依赖形式是 App 依赖。每个 App 都是相对独立的单元，因此其依赖也应相对独立。凡是除框架依赖之外，直接被 App 代码使用到的依赖，都必须单独安装在 App 的依赖中。所谓直接被 App 代码使用的依赖，是指在 App 内部代码中通过 import 或 require 语法调用的依赖。而那些并非直接通过代码调用的依赖，则通常是一些开发工具、代码提示工具或编译类依赖，虽然它们运行在命令行中，但未通过 import 或 require 语法直接调用，可能会在命令行或扩展插件中影响项目工程的依赖。

对于项目整体的依赖来说，框架依赖是一个特例，而其他依赖主要是工具类的依赖。那么，为什么框架依赖如此独特，甚至不需要安装在 App 中就直接被 App 或函数所依赖呢？原因在于首先，框架在经过长时间的迭代后会逐渐变得庞大。其次，框架通常需要频繁进行升级，尤其是在启动项目时，可能需要强制升级。如果每次框架升级都需要对项目中的每个 App 进行强制更新，会导致 App 的安装依赖变得更加复杂。相反，App 只安装其自身代码所需的依赖，会使 App 的依赖更加简洁。因此，从使用者的角度来看，更希望将框架依赖作为项目的依赖进行管理和使用。

既然希望框架依赖作为项目的依赖进行管理和使用，那么应该用什么方式来实现呢？在开发环境中，项目依赖中通常已经安装了框架依赖，而 App 则负责安装其自身的依赖。当 App 的代码引用框架时，首先会在 App 的目录中查找该依赖。如果在 App 项目中未找到框架依赖，则会向上一级目录查询，直至找到框架依赖。在线上环境中，容器镜像已打包了最新的框架依赖。每次框架依赖更新时，流水线会选择性地触发容器镜像的打包过程。这意味着，当需要将最新的框架版本同步到容器中时，会触发容器镜像的生成，从而保证框架在容器中保持较新的版本。引用依赖的原理是 App 代码向上查找依赖，最终定位并使用框架依赖。当然，对于手动安装框架依赖的情况，构建和部署命令会检查 App 中是否存在框架依赖，如果检测到 App 中已存在框架依赖，会给予提示，防止依赖冲突。项目依赖引用关系如图 6-2 所示。

从关系图中可以看出，每个 App 都有各自的依赖，同时所有 App 共享框架依赖。通过这种依赖结构的实现，最终构成了整个项目的依赖体系。

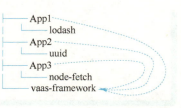

● 图 6-2　项目依赖引用关系

6.3 App 结构设计

此文已对 App 结构进行了简单的概述，其中提到了 App 入口文件的设计。然而，许多细节尚未详细说明，且大部分内容以文字描述为主，可能缺乏立体感。接下来，将对入口文件的结构设计进行更加详细的说明，包括设计入口文件的原因等。

此外，本节还将对 App 依赖的隔离性设计进行讲解。每个 App 都有权限控制机制，例如，当 App 尝试引用 App 文件夹外的文件时，可以阻断该引用。同样地，可以对依赖的权限进行控制，限制 App 的读写文件权限，从而实现对整个 App 权限的全面控制。除了权限控制外，考虑到 JavaScript 的密集 CPU 计算可能导致阻塞问题，必须在 App 中实现计算隔离，避免一个 App 的 CPU 计算影响到其他 App。关于这些 App 隔离设计的细节，都将在本节进行说明。

除了 App 的结构设计和隔离性设计，接下来还将探讨 App 的读取和运行机制。例如，当一个请求进入后，App 是如何被读取和运行的？App 的生命周期如何定义，又是如何实现的？运行 App 时如何启动相应的函数？关于 App 的运行、管理及函数生命周期的实现，都会在本章节中进行详细讲解。

6.3.1 App 入口文件结构设计

在之前的 App 结构设计概述中提到，通过 package.json 文件来确定入口文件的位置。如果 package.json 文件不存在或未指定入口文件，则会默认将 index.js 作为入口文件进行运行。因此，在 App 载入过程中，会首先读取 package.json 文件以确认入口文件的位置。最简化的 App 目录结构包括 index.js 或 package.json 及其对应的入口文件。package.json 文件可以使用 index.js 作为入口文件的描述。通常，package.json 和 index.js 的组合构成了一个 App 的最简初始化配置。然而，如果 package.json 中的入口文件描述缺失或 index.js 文件不存在，也会抛出异常。

入口文件不仅作为文件目录，还需要进行载入和运行。实际操作中，运行入口文件涉及对入口文件的载入和执行，这一过程类似于 require 的运行方式。使用这种方式的原因之一是利用虚拟机来运行函数。在载入入口文件时，会同时载入与入口文件相关的依赖，并执行入口文件中的代码。入口文件执行完毕后，会暴露出一个默认的类。获取到该类后，会进行类似于 new 的初始化操作。初始化完成后，类的方法会成为公开的函数。同时，存在路由装饰器的函数方法将生成对应的动态路由，以支持 HTTP 请求和 RPC 调用。入口文件最简单的写法如图 6-3 所示。

```
import { type VaasServerType, Decorator } from 'vaas-framewoerk'
export default class Hello {
    @Decorator.VaasServer({ type:'http',method:'get'})
    async ping ({ req,res }: VaasServerType.HttpParams) {
        return { pong: true }
    }
}
```

- 图 6-3　入口文件最简单的写法

从图中可以看到，首先使用了框架包引用了类型和装饰器。类型用于引导入参的使用，便于使用者了解参数的结构，从而使得参数的使用更加便捷。其次，框架中引用了函数描述装饰器，在该案例中主要用于描述方法的路由，使得路由更加动态化。在这个案例中，使用了 Hello 类作为默认的暴露出口。在初始化过程中，会对 Hello 类进行初始化，完成后会从装饰器中获取函数对应的请求类型和请求数据。如果该函数没有重新定义路由，则默认使用方法名作为路由。这样，一个最小化的案例在接收到请求后会被载入并运行，并返回一个 JSON 对象作为响应体。

至此，关于入口文件部分的讲解已经结束。接下来，将讨论如何保证当前 App 不会影响到后续的 App，即将对 App 的依赖隔离设计进行讲解。欢迎进入下一节，了解更多详细内容。

▶▶ 6.3.2 App 隔离结构设计

App 作为服务的最小部署单元和隔离单元，采用了多种隔离策略来确保服务间的隔离。除了通过容器实现服务间的隔离外，还有其他隔离策略，如使用虚拟机（VM）和 Worker 来实现软件层面的隔离，以及重写 require 来实现依赖隔离。接下来，将分别讲解这些隔离方式。

首先，尽管容器可以实现隔离和调度，但在某些部署场景下，仍需使用 VM 和 Worker 进行软件层面的隔离。这主要是因为部署方式的多样性。在许多情况下，服务可能无法完全部署在容器调度平台中，尤其是在内部环境、私有化部署或个人开发的场景下。在这些情况下，虽然对隔离和调度的要求不如在 Serverless 平台中高，但仍需确保服务能在同一容器或机器上相对容易地进行部署并提供完整的功能。

在这种情况下，选择使用虚拟机（VM）和 Worker 组合的方式来实现 App 的隔离。这一选择经过了多种方案的尝试和过渡后，最终确定的。最初，曾尝试使用 new Function 方法将代码注入初始化函数中以实现函数运行。然而，这种方式隔离性较弱，很容易影响到主进程。因此，随后尝试了重新编译 V8（谷歌浏览器内核），并将 V8 的 Isolated 层提取出来。这一层类似于 V8 的页面，但它仅抽离了运行环境，没有将 UI 进行抽离，相当于一个无界面的浏览器来运行代码。这种方法的优势在于显著提高了隔离性，但也存在两个主要问题：一是无法利用 Node.js 的生态系统，无法使用大量现有的依赖；二是代码需要用 C++开发，对于 JavaScript 团队来说，推动这个引擎的开发进度较为困难。经过考虑后，决定用 JavaScript 重新实现隔离引擎。因此，最终选择了 VM 加 Worker 的方式来实现隔离，其中 VM 用于保证代码运行不会影响上层环境，而 Worker 则解决了 CPU 密集型运算对主进程的干扰问题。

尽管通过 VM 和 Worker 的组合解决了隔离性的问题，但依赖的隔离性仍然存在挑战。依赖的隔离不仅需要确保异常和 CPU 密集型计算不会影响主进程，还需要实现权限管控。如果直接在 Worker 环境中注入 require 功能，虽然解决了异常处理和计算隔离的问题，但权限管控的问题依然存在。为了解决这一问题，直接使用 require 是不够的。此时，采取了一种新的方法，即重新实现 require 功能。通过自行实现 require，可以对第三方依赖和系统依赖进行功能限制。同时，通过链式注入，还能够实现对依赖项的权限控制。通过对代码本身和依赖的系统库进行限制，可以进一步增强 App 的隔离性。

6.3.3 App 运行与管理结构设计

此前讨论了 App 的入口和隔离性问题，但要运行 App 实际上涉及一系列复杂的路径和机制。每个 App 都有其生命周期，即 App 并不是一直常驻在 Serverless 服务中，但也不仅是在请求进入时启动、请求结束时销毁那么简单。接下来，将详细说明 App 的运行机制。

前文提到 App 的入口文件结构和代码解析，通过入口文件暴露的类来处理请求。当一个请求进入服务时，首先会进入常驻的网络服务层。这个服务层的作用类似于 nginx（网络请求代理服务），并且它还有保持长连接请求的功能，如 WebSocket 服务。需要这个服务层的原因在于，Serverless 本质上是一个函数服务，即请求结束后函数也随之结束。因此，处理像 WebSocket 这种长连接的服务看似不太适合。然而，通过一个网络服务层来保持长连接，每次交互都是一次函数调用，这就解决了 Serverless 处理长连接的局限性。然而，大多数 Serverless 平台中很少合理地利用这一点。在 Serverless 中，每次请求或交互都会调用 App 中的函数，App 则通过 Worker 来激活和启动。当 App 收到交互指令后，Worker 会初始化并启动 App，然后通过 Worker 与主线程交互返回请求结果。需要注意的是，一个 Worker 仅服务于一个 App，这也是出于之前提到的 CPU 密集计算的隔离性考虑。那么问题来了，如果 App 是通过 Worker 运行的，那么 App 在何时销毁呢？

在实际运行中，存在一个 Worker 池来管理 Worker，每个 Worker 仅服务于一个 App。在这种情况下，App 可能会启动多个 Worker 来提供服务。尽管 Worker 的生命周期在很多时候与 App 的生命周期相似，但也存在一些差异。App 的销毁更具有随机性，因为 Worker 的销毁是基于特定的回收策略和条件进行的，这导致 Worker 的生命周期可能会有所不同。通常，一个请求进来后，系统会根据策略分配一个 Worker。许多情况下，Worker 的回收是根据其最近的请求访问时间来决定的，这意味着 Worker 的生存周期会因这些时间点的变化而有所不同。对于 Worker 的生命周期来说，在请求发起时，Worker 会被激活，并且会有一个计时器记录该 Worker 的最新请求使用时间。同时，回收检查器会定时检查是否需要回收 Worker。通常情况下，若当前 Worker 在长时间内没有接收到交互请求，它就会被销毁。而 App 的生命周期是这样的：当请求进入后，App 会被激活。并且每次新的请求都会更新 App 的活动状态及 App 访问时间，并在 App 空闲时间由回收检查器根据 App 的访问时间判断 App 是否长时间没有访问，从而决定是否需要销毁 App，如果需要销毁则直接销毁 App，如果不需要销毁则在下一个 App 的空闲期间继续由回收检查器继续判断是否要销毁 App。App 的生命周期如图 6-4 所示。

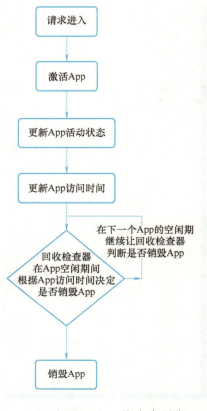

• 图 6-4　App 的生命周期

如图所示，会有一个专门的服务负责管理 App 的回收，而 App 的生命周期本身与请求有着密切的关联性。这种设计的核心目的在于，作为一个 Serverless 服务，需要服务多个业务，而每个业务可能具有不同的高峰期。针对不同业务的高峰期进行优化，可以确保资源的高效利用，同时实现对业务的低消耗运行。

6.4　代码结构设计

本节将深入剖析代码层面的设计，探讨多种代码设计方案，并通过具体案例来说明这些设计的缘由及优势。在此过程中，将详细解析以下几个关键问题。

首先，框架在代码中被广泛引用，通常直接引用框架功能。为什么要这样设计？这种设计带来了哪些好处？在服务中，框架是如何被加载的？

其次，依赖引用的流程是怎样的？与直接使用 Node.js 开发相比，引用依赖有何不同？依赖引用的实现在代码中是如何实现的，其背后的实现细节又是怎样的？

另外，代码内部广泛使用类来定义 App，而类中的方法被用作提供给 Serverless 平台的函数。此设计的优势是什么？与其他 Serverless 平台相比，这种设计又有何不同？

最后，对于 App 的类而言，代码应该选择什么样的方式对外透出？代码透出的边界应该如何考量？透出的对象通过什么样的方式提供给 Serverless 平台？

本节将带着这些问题，逐一探讨答案。

▶▶ 6.4.1 框架引用设计

在代码结构设计上使用框架引用的方式，与许多 Serverless 平台的常见策略有所不同。大部分 Serverless 平台主要采用两种策略：一是通过参数注入的方式实现功能，二是完全不使用框架来运行服务。接下来将针对这两种策略进行分析，探讨其利弊。

第一种策略是通过参数注入来实现框架的引用，即将 Serverless 平台的部分功能封装到函数参数中。当用户需要使用某些功能时，可以直接通过函数参数来调用。这种方式在许多 Serverless 平台中被称为事件函数。这种方法的优点在于不需要额外引用 npm 包，所有功能都已封装在参数中，简化了开发流程。然而，这种策略也存在明显的不足。首先，参数的类型提示无法被标注，使得开发者在使用这些参数时，难以获得明确的类型信息，参数的功能如同一个"黑盒"，增加了开发和调试的难度。其次，这种方法可能会将一些不必要的功能包含在参数中，导致参数变得过于庞大和复杂，影响函数的性能。

第二种策略是不使用任何 Serverless 平台的内置功能，这种设计理念追求纯净性，不掺杂任何框架功能。然而，在当前的 JavaScript 环境下，这种策略也存在明显的不足。首先，这种策略面临的一个主要问题是无法对入参进行描述，所有的参数提示和文档支持都需要手动完成。其次，功能的缺失也是一个明显的缺点，特别是对于那些不支持 npm 包引用的场景来说，设计者大多希望通过这种方式保持服务的纯净性，但在实际应用中，这可能会导致功能上的妥协。两种策略各有利弊，如何选择取决于具体的应用场景和需求。接下来，再来探讨一下是如何实现框架的引用的。

在设计框架功能引用时，需要综合考虑这两种策略的优缺点。首先，避免将不必要的功能注入函数参数中，以保持函数的轻量级。其次，利用 npm 依赖来实现功能的引用，这样开发者可以根据需要自行选择功能进行引用，从而保持代码的简洁性和灵活性。通过 npm 引用 Serverless 框架，不仅可以实现函数的一些平台能力，还能增强函数本身的能力。使用 npm 的方式来实现框架的引用有两个主要考虑因素：首先，这种方法较为通用，适用于多种场景；其次，通过对模块进行重写，还可以对模块进行权限控制。

至此，结束了开发过程中的函数能力优化和框架引用的讨论，接下来，可以探讨一下在服务实现中的框架引用方法。其实，这里需要区分是在一台机器上完成框架的引用，还是使用动态容器来实现框架的引用。通常，在一台机器上完成框架引用的情况多发生在内部使用、个人使用或私有化部署。在这种情况下，部署环境与本地开发环境非常相似。开发者通常会将框架预装在项目中，当 App 需要引用框架时，App 会在目录结构中向上查找，最终找到并引用该框架的依赖。而使用动态容器来实现框架引用的方式则有所不同。首先，需要生成一个容器镜像，这个镜像包含了项目的主干部分及所需的框架依赖。当要初始化某个 App 时，系统会将 App 的相关信息作为环境变量传入到容器中，容器通过这些环境变量拉取对应的代码，并完成初始化。初始化完成后，容器会启动 App 的服务，接下来对框架的引用就与本地环境中的引用方式类似了。

▶ 6.4.2　依赖引用设计

框架通过依赖引用的方式来引入模块，那么依赖引用的设计是如何实现的？在依赖引用中，为了实现权限控制，通常会对模块进行重写。模块中的关键方法之一是 Node.js 的 require 函数，那么 require 函数中采用了哪些策略？这些策略的使用又会对模块产生什么样的影响呢？

首先，依赖引用与普通引用在大部分情况下没有本质区别。然而，在内容转换过程中，采取了将 require 转换为 import 的操作。同时，require 的功能实现也被重写。这意味着在实际运行中存在两方面的差异：一是 require 与 import 的差异，二是原生 require 与重写后的 require 的差异。那么，为什么要这样实现呢？

对于 require 与 import 的差异。首先，require 是通过运行时加载模块，而 import 则是在编译阶段进行静态分析和加载。因此，require 可以在代码的任何位置动态运行，而 import 则必须在代码文件的顶部声明。此外，由于两者在运行阶段的差异，import 会忽略与导出无关的代码，而 require 则会执行整个引用文件中的所有代码。这就导致了在运行细节上的不同。在代码实现上，将 require 转换为 import 的操作意味着运行阶段可能会出现一些差异。

对于原生 require 和重写后的 require 的差异。重写的 require 实际上并没有原生模块的概念，而原生的 require 在加载时会初始化一个 NativeModule 用于 C++模块的初始化，并通过 Module 来初始化普通的模块。然而，重写的 require 直接对引用的文件进行了闭包处理，并将闭包的参数传递给新生成的 require、__filename、__dirname、module 和 exports 等。在这种实现中，module 并没有使用类来表示，而是简单地通过一个普通的 Object 对象来处理。在一般情况下，这样的设计不会带来问题，但当涉及引用 C++扩展时，需要进行额外的判断。通常，这里会采用白名单机制来限制 C++扩展的使用：只有被列在白名单的 C++扩展才允许通过原生的 require 进行引用，而非白名单列表中的C++扩展则会被禁止使用，并提示不被允许。这种方案主要是为了解决被大量依赖的 C++扩展功能的问题，如 fsevents。此外，对于框架本身的依赖，还开启了特例处理，如果是框架依赖，则直接返回框架依赖的数据。

允许直接使用 npm 依赖不仅是因为容器系统的需求，更重要的是重写的 require 模块支持权限限制功能。通过在每次依赖引用时先经过重写的 require，可以对某些系统底层模块进行限制。例如，当应用并非一个独立容器时，可能需要对 http 和 net 等底层系统依赖进行限制。通过这些底层系统依赖的限制，实现了对代码的管控。此外，在项目开发过程中，通常会同时开发多个应用（App），但根据设计原则，应用之间只能通过 RPC 通信，而不能直接引用或调用。因此，重写的 require 还增加了限制，禁止引用应用外部的内容，这样，在开发者试图直接引用应用外部代码时，会抛出异常。重写的 require 模块能力如图 6-5 所示。

● 图 6-5　重写的 require 模块能力

总之，代码依赖的设计是为了让开发者编写出更适合 Serverless 平台的代码，并避免因依赖代码问题而产生的不良后果。

6.4.3 服务类和函数设计

在代码设计中，类的设计和函数的设计是代码结构设计的核心环节，因为这直接关系到用户的使用体验，对用户产生重大影响。因此，在设计代码中的类和函数时，需要经过深入的思考和权衡。

目前，许多 Serverless 平台通过直接暴露函数来实现函数式编程。这种方法将函数强制作为最小的隔离单位，亚马逊作为函数式编程的先驱，也采用了这种方式，并引发其他平台效仿。直接使用函数作为最小隔离单位的设计确实有其优势，例如，极大地保留了函数的纯净性。对于作为对外平台的使用的场景来说，这种方式没有问题，通过将 HTTP 请求事件与函数关联，实现了功能的有效隔离。然而，这种设计并未充分考虑团队内部使用及外部私有化部署的场景需求。因为将最小函数作为隔离级别的方法极度依赖容器的能力，即需要通过强大的容器功能来支撑函数的运行。此外，对于需要在同一容器中部署多个函数的场景，这种设计并没有提供合理的解决方案。因此，通过扩展类与函数共同实现功能成为一种折中的选择。也就是说，类中的所有函数可以部署在同一个环境中，当然，函数也可以属于一个单独的类以实现完全隔离。这种方法在降低对容器要求的同时，允许多个函数在同一类中实现协同伸缩，从而在请求大量集中于同一类的多个函数时，极大地降低了成本和资源消耗。虽然这种设计在伸缩的最小单元上有所削弱，但在函数的动态伸缩能力方面降低了要求，同时提升了对多个函数灵活调整的能力，并简化了复杂的配置过程，从而使得整个服务的开发更加高效。设计服务类的目的正是如此。虽然这种设计可能不如纯粹的函数式设计，但考虑到当前平台的设计需求，这是一种相对合理的设计方案。

在函数设计中，采用了显式注入、分布式路由和异步函数的方法。首先，显式注入指的是在函数参数设计中，没有使用黑盒方式进行参数注入，而是明确、直接地注入所有需要的依赖。显式注入有两个主要方面的特点。第一，在函数的入参设计上进行了精简。例如，对于 HTTP 函数的设计，入参仅包含请求和响应对象，其中请求对象只包括请求头和请求体的数据，而响应对象仅允许修改状态码、响应头和响应体。第二，所有其他扩展功能的实现都通过显式依赖注入来完成，完全避免了全局注入。这意味着外部功能的使用可以追溯到具体的依赖来源。其次，分布式路由的设计旨在简化函数配置，并提升函数功能的迁移能力。通过分布式路由，函数可以更轻松地适应不同类型的应用场景，解决了函数在不同功能类型之间切换时的配置问题。虽然在本节中不详细讨论分布式路由的实现细节，但这种设计的核心目的是提升函数的可移植性和可配置性，确保函数在各种场景下都能顺利运行。最后，关于异步函数的设计，这部分内容相对容易理解。在许多平台上，函数通常通过回调（callback）来处理返回数据。早期这种设计可能是相对唯一的实现方式，但随着异步函数规范的引入，使用异步函数来处理异步操作成为更加现代和简洁的选择。相比于回调，异步函数使用 return 语句来返回数据，返回的数据将直接呈现在响应体中。而对于异常处理，使用 throw 语句来抛出异常，使得异常信息能够被正常捕获和处理，从而简化了错误排查的过程。通过这种方式，函数设计变得更加通用，使用起来也更加简洁和直观。

6.4.4 代码透出设计

在讨论代码引用依赖和代码编写本身的设计之后，需要进一步探讨代码是如何透出给 Serverless 平台使用的。很多 Serverless 平台会直接通过 module.exports 导出某个函数，从而将这个函数暴露给 Serverless 平台。Serverless 平台在调用时，会将相关参数传递给这个函数，以完成服务的运行。这种方式在函数化编程中显得较为合理，简单直接。

然而，在设计 Serverless 的函数透出时，采取了不同的策略。首先，会定义一个 Class（类）来表示一个 App 或模块。在这个 Class 中，包含若干个可调用的函数，每个函数和其他 Serverless

平台中的函数一样，都是一个可被调用的最小服务单元。最后，通过暴露default字段的方式导出这个Class。Serverless平台在获取到这个Class后，首先会对其进行初始化，然后再调用Class中的方法，将这些方法作为最小服务提供给Serverless平台进行调用。这种设计确实比直接透出函数要复杂得多。直接透出可执行的方法可以让Serverless平台更简单地获取和调用这些方法，无需初始化Class，从而减少了额外的步骤。然而，复杂设计背后有其深层次的考虑。

在设计Serverless平台时，使用Class来作为App或模块的边界，这种方式类似于命名空间的概念。尽管在语义上，使用Class来充当命名空间的角色可能不那么直观，但这基于两点考虑。首先，原生JavaScript并未提供类似命名空间的语法或语义支持。其次，使用其他方式无法与装饰器配合使用。那么，为什么非要使用装饰器不可呢？装饰器在这个设计中起到了重要作用，它不仅提高了开发效率，还增强了代码的语义性。同时，当前的JavaScript函数可能存在变量提升问题，这会导致装饰器无法正确执行。因此，为了确保装饰器的有效应用，选择Class作为代码的封装方式。

在代码的暴露方式上，选择了暴露default字段而不是直接使用export导出类。如果使用export导出一个类，如export class A {}，那么在另一个文件中也可以明确引用这个类。但对于Serverless平台来说，它并不知道要暴露的类的名称，因此，需要遍历模块对象，按照某些规则来获取对应的App或模块。这种方式虽然可行，但会增加开发者的工作量。所以面对这种情况，通过暴露default字段的方式，可以直接将App或模块的代码暴露给Serverless平台，读取App或模块的装饰器所产生的配置，从而运行真正需要运行的函数或服务，避免了复杂的遍历操作。

6.5 编译结构设计

在完成编码之后，项目进入到编译阶段。在这个阶段，仍然可能会遇到许多问题，如编译类型不匹配导致的报错等。因此，如何在编译时间和编译效率之间取得平衡，是编译结构设计中的重要议题。接下来，我们将从编译目录结构设计、编译配置解析及增量编译实现三个方面来探讨编译结构的整体设计。

首先，在编译目录结构设计中，采用了将编译工具作为整个项目框架的一部分，而不是为每个App单独设计编译功能。这种编译设计有其优势，也存在一些劣势。项目维度的编译设计能够更好地统一管理和优化编译过程，减少重复配置和冗余资源的浪费。然而，这种方式可能在灵活性上有所欠缺，特别是当不同App有各自的特殊需求时。因此，项目维度和App维度的编译功能设计各有优劣，最终的选择往往取决于开发者的具体需求和项目特性。

在编译配置解析中，尽管整体上采用了TypeScript的编译方式来配置项目，但这些配置不仅应用于TypeScript，还被集成到项目的自定义脚手架中。那么，脚手架是如何与TypeScript配置结合进行运作的呢？脚手架通过读取 TypeScript 的配置文件，自动生成相应的编译任务和流程，此外，编译过程中还支持一些扩展功能。这些扩展功能又是如何实现的呢？

最后来到增量编译的实现，增量编译不仅在开发阶段加快了编译速度，对于大型项目而言，构建阶段的增量编译更是不可或缺的一环。那么增量编译解决了什么问题？增量编译如何实现？接下来就进了编译结构设计来一探究竟。

6.5.1 编译目录结构设计

在编译过程中，编译目录通常指的是输入和输出的结构布局，这一目录结构将直接影响编译的整体架构设计。例如，在一个项目中，通常可能包含多个 App 和多个函数的开发，虽然每个 App 可以作为一个独立的项目运行，但没有为每个 App 单独赋予编译能力，这样的设计背后是有其深层次的考虑，我们可以先从编译目录的整体结构进行说明。

首先，项目中选择了 TypeScript 作为编译工具。使用 TypeScript 的主要原因在于它为 JavaScript 提供了类型能力，此外，TypeScript 已经成为现代前端和后端开发的主流语言之一，具有广泛的社区支持和成熟的生态系统。考虑到面向的开发群体主要是主流的开发者，使用 TypeScript 作为编译工具是一个明智的选择。

在编译方式上，存在几种不同的策略。第一种是直接使用项目主目录的 TypeScript 进行编译，这种方法将所有的 App 作为一个整体进行编译。第二种是使用 npm link 将 TypeScript 链接到不同的 App 中，通过 npm link，每个 App 可以独立编译。然而，更加合理的方式是将每个 App 作为一个独立的主体进行编译。当需要编译单个 App 时，可以通过调整主项目中的 TypeScript 配置来实现。具体来说，可以通过修改 TypeScript 配置文件中的编译入口（rootDir）和编译出口（outDir），再进行编译。通过这种方式，仅需维护一份 TypeScript 配置和一个 TypeScript 依赖，即可实现对整个项目或单个 App 的编译需求。

在开发过程中，通过单个函数或 App 的启动方式来启动函数服务虽然常见，但这种方式在实际应用中可能并不合理。这种启动方式通常需要开发者在多个命令行窗口中分别启动多个服务。这种操作流程不仅复杂，而且容易降低开发效率。具体来说，这让启动服务的耗时从数秒变成了几分钟，因为要启动多个终端、切换多个目录、对多个目录进行运行，还要修改命令行来启动。这些操作从单次来看可能只是几分钟的延迟，但在一整天的开发中，这种重复性的延迟会累计成相当可观的时间损耗。例如，如果每次启动服务需要 5 分钟，每天启动 3 次，一周就需要花费超过 1 个小时来执行这些重复性操作。对于开发体验和效率而言，这样的浪费是非常不利的。

在编译功能的设计中，有时也会遇到删除功能的情况。例如，曾有人提出对不同的 App 使用不同版本的 TypeScript 进行编译。这种需求虽然有一定的合理性，但也增加了复杂性。为了解决这个问题，编译时会首先检测 App 依赖的 TypeScript 版本。如果某个 App 依赖的 TypeScript 版本与主项目中的版本不一致，那么编译时会优先使用 App 中的 TypeScript 版本。然而，通过数据分析发现，使用这种情况非常少见。相反，允许在同一项目中存在多个 TypeScript 版本反而使用户困惑。因此，在后续的版本中，这个功能被删除了。这表明，在编译功能设计中，重要的并不是盲目地添加更多的功能，而是要勇于做出减法决策。

6.5.2 编译配置解析

上一节讨论了编译的目录结构，阐述了为什么选择整体编译的方法来进行编译设计。除了编译的目录设计，编译过程中还涉及一些配置。编译配置主要包括项目中集成的 TypeScript 编译配置，以及为了提升编译扩展能力所做的相关配置。此外，脚手架在启动服务时，也会读取这些编译相关的配置，以便更好地启动服务。本节将详细讲解这些编译配置的种类、功能及其实现方式。

在命令行启动服务的过程中，通常首先会使用 TypeScript 进行编译，然后将编译结果用于运行服务。因此，TypeScript 本身提供了一个输出编译结果的路径。如果未指定路径，则会默认读取 TypeScript 的编译结果路径，通过读取这些结果即可运行代码，作为服务的基础。在开发过程中，使用命令行运行服务通常有几种方式：第一种方式是使用组合工具进行编译和热更新。这种方法利用现有工具组合来实现编译和运行，如 Nodemon 与 TypeScript 组合。Nodemon 是目前 Node.js 中主流的热更新工具，其主要作用是监听文件变化重新运行 Node.js。在默认情况下，Nodemon 的启动与常规的 node 命令类似，即运行项目中的文件。Nodemon 通过监听项目目录下所有以 .js 为后缀的文件，并在检测到变化时使用 node 重新运行这些文件。同时，Nodemon 的运行方式是可配置的。因此，可以通过指定监听 TypeScript 文件的后缀，并在启动服务时先编译 TypeScript 代码，再运行编译后的文件。第二种方式是通过 ts-node 直接运行 TypeScript 代码。ts-node 的主要原理是通过修改 require 的钩子实现的。Node.js 在运行某个文件时，会根据文件的后缀调用相应的钩子方法。这个钩子方法的作用是加载代码，调用编译方法，然后返回编译后的结果并指定一个文件名。ts-node 通过修改 TypeScript 文件的 require 钩子，在其中增加 TypeScript 的编译步骤，从而直接运行编译结果。第三种方式是在脚手架中进行相应的实现，以完成代码的编译和运行。

在脚手架中进行编译工作，主要目的是实现热更新并完成编译工具的集成。然而，为什么不直接采用已有的几种编译运行方式，而是选择在脚手架中自行实现呢？这主要是为了实现编译插件的定制化需求。对于编译而言，更理想的是一个开放的编译过程。那么，如何在脚手架中实现一个编译运行工具呢？其实，这并不复杂。首先，可以将 TypeScript 引入工具包中。TypeScript 不仅可以作为命令行工具使用，还可以作为依赖被引用并进行一定程度的修改。当 TypeScript 作为依赖被引入时，可以将编译配置注入命令行工具中，甚至可以设置 TypeScript 的编译模式。例如，通过设置 TypeScript 为监听模式，便可以在文件修改后自动进行编译，并且还能在编译完成后触发服务的运行。然而，这还不够，因为还需要支持编译的扩展功能。也就是说，在编译过程中，能够通过插件实现一些自定义的编译逻辑。例如，将"i = 1 + 1"修改为"i = 2"。但 TypeScript 本身并未开放这种功能。不过，社区中已经出现了相关插件，如 ttypescript 和 ts-patch，它们通过劫持 TypeScript 的 AST 解析和转换过程，来实现插件的编译能力。编译优化案例如图 6-6 所示。

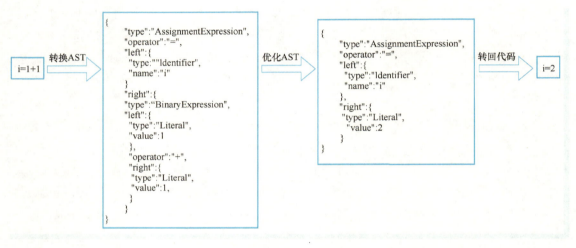

● 图 6-6　编译优化案例

至此，便实现了一个完善的编译配置能力，包括插件配置的能力。然而，对于编译来说，速度的提升对于开发效率至关重要。接下来，需要进一步探讨增量编译的实现。

6.5.3　增量编译实现

对于编译而言，尤其是在开发流程中，编译速度至关重要，因为编译速度直接影响开发者的心态和工作效率，进而影响整体的开发体验。因此，提升编译速度成为当务之急。正因如此，将增量编译作为独立的一节进行详细讲解，以便深入了解编译的优化过程。

在早期的编译方式中，通常是对每个文件逐个进行编译，最终输出编译结果。然而，当项目规模变大时，每次编译的耗时会显著增加，无论是在开发阶段还是在最终编译阶段，这都成为不容忽视的问题。此时，增量编译的方法可以极大地缓解这一困境。那么，什么是增量编译？增量编译指的是在一次完整编译之后，在后续的编译过程中，不再对每个文件进行重新编译，而是仅对发生变化的文件进行编译。通过这种方式，可以大幅度加快编译速度。然而，增量编译的实现因不同阶段和具体情况而有所不同。

在开发阶段，通常通过监听文件变化来实现增量编译。以 TypeScript 文件为例，其编译目标通常是生成对应的 JavaScript 文件。大多数情况下，不需要将代码合并到单个文件中，因此只需监听每个文件的变化，并将更新后的文件输出到相应的目录。针对文件监听，有两种主要实现方式：一种是监听系统的文件事件，另一种是定期读取文件头以获取文件的修改时间。由于不同操作系统返回的文件事件可能不一致，通常选择根据时间戳遍历项目文件来实现文件监听。然而，这种遍历并不是简单的循环遍历，而是结合了两种策略：全局遍历和热点遍历。这两种策略可以同时运行，且互不影响。全局遍历即对整个项目进行遍历，这个方式相对直观。而热点遍历的策略则更为高效，特别适合开发阶段，因为开发者通常会频繁修改某个文件或其周围的文件。一旦检测到某个文件被修改，该文件会被加入到热点文件列表中。为了控制监控的精度和性能，热点文件列表中的文件数量通常较少。当新的热点文件被加入时，旧的热点文件可能会被淘汰。对于热点文件的遍历，会采用低延迟的方式。首先遍历热点文件所在的文件夹内的文件，然后遍历同级目录下的其他文件夹的文件。如果没有同级目录，则会向上一级目录进行遍历。这种遍历总是优先处理同一层级的文件，其次是下一级目录的文件，最后是上一级目录的文件。同时，为了避免过度遍历，会设定一个遍历总数的限制，当达到该限制时，将重新以热点文件作为起点开始检测。这种高频次的检测方式可以快速捕捉到文件的变更，并仅对被修改的文件进行增量编译，从而大幅提升编译效率。

在开发过程中，编译加速对于提高效率至关重要。而对于构建过程来说，增量编译同样可以显著缩短构建时间。虽然在小型项目中，增量编译对于构建的影响可能不太明显，但随着项目规模的增加，增量构建的重要性就愈发突出。例如，原本需要 10 分钟的构建时间，可以通过增量构建缩短到 1 秒甚至更短。与开发阶段不同的是，构建过程无法通过监听文件变化来实现增量编译。因此，在构建时采用了另一种策略来实现增量编译。具体做法是，在第一次构建时，对每个文件和文件夹的最后修改时间进行记录，并将这些记录存储在输出编译结果的文件夹中。在后续的构建过程中，构建工具会读取之前记录的文件和文件夹的修改时间，并与当前的实际修改时间进行比较。如果发现某个文件或文件夹的修改时间与记录的时间不一致，则表明该文件已被修改，构建工具会对其进行重新编译。同时，构建工具会更新该文件的修改时间记录，以便为下一次增量构建提供参考，通过这种方式就实现了针对构建的增量编译。

第 7 章

Serverless架构的配置设计

7.1 配置模块分类概述

在 Serverless 架构中，配置无处不在，每个配置项都具有独特的价值和意义。许多操作实际上都是围绕配置进行的，通过与配置的交互来实现功能。可以说，整个服务的实现依赖于配置，并通过配置完成了整个服务的部署。不同的配置决定了不同的行为和策略。配置模块主要分为四大类：框架配置、App 配置、部署配置和流量配置。

框架配置主要用于日常开发功能的配置，而对于服务而言，则是根据预定的服务策略制定的配置。这类配置通常从注册服务中心获取，并应用到服务中。服务通常有两种截然不同的配置方式：一种是通过容器进行伸缩，仅获取与 App 相关的配置；另一种是通过固定机器获取完整配置。

App 配置可以视为框架配置在 App 层面的应用。这类配置会限制 App 的相关行为，如资源消耗、权限使用等。换句话说，所有涉及 App 行为和资源的配置，都会通过 App 配置进行下发。

部署配置则是与服务部署方式相关的配置。核心操作通常通过版本传递来通知服务的部署状态，此外，部署配置也涉及构建包的上传方式。总体而言，部署配置并非独立的一部分，而是一个相对分散的配置集合，但它决定了服务的实际部署行为。

当服务上线后，流量配置就会发挥作用。流量配置主要用于支持服务的灰度发布和 A/B 测试，其本质是基于版本和策略的组合来实现这些功能。

接下来，将深入探讨本章的配置设计。

▶▶ 7.1.1 框架配置

虽然要构建的是 Serverless 平台，但其架构是渐进式的。因此，对本地开发者而言，它可以被视为一个框架。经过一定的配置后，这个框架可以实现不同的功能。框架配置主要分为以下几类：一是启动运行相关的配置，如运行端口的设置；二是与运行机制相关的配置，如 App 文件夹目录的配置；三是与请求相关的配置，如请求是否显示错误信息；四是与 App 相关的配置，如 App 的资源和权限限制。

首先讨论为什么框架需要涉及这么多配置。在大多数框架中，配置主要集中在端口配置、数据库配置和业务相关配置上，而作为 Serverless 平台的框架，配置却完全不同。这是因为传统的框架通过框架来编写业务，而 Serverless 平台本身不涉及任何业务，Serverless 平台的框架需要配置来实现 Serverless 相关的功能。当然，这些配置不需要使用者直接配置，默认包含在 Serverless 框架中。那么，如果 Serverless 平台的框架不需要之前框架的业务配置，这些业务配置又放在哪里呢？对于 Serverless 而言，数据库配置是直接写在代码中的。当然，不同 Serverless 平台的实现有所不同，有些平台只能将配置存放在函数代码中，而设计的这个平台则可以将配置放在 App

目录下的任意位置。这意味着，在框架中，如果想设计得更加复杂，可以自行设计代码结构，当然也可以不设计代码结构，直接写到函数中也可以实现。因此，业务配置实际上由使用者掌控。

在不同的配置分类下，各自的功能也有所不同。首先，关于启动运行相关的配置，这是框架启动的基础的必备条件。通常来说，如果缺少这些配置，框架可能无法正常运行服务。这类配置中最常见的是端口和项目的入口启动路径，它们为服务的启动和运行提供了基本信息。

运行机制相关的配置则涵盖更多内容，包括 App 和函数的一些管理工作。例如，App 文件夹的路径配置可以帮助 App 池预装 App，并对 App 文件夹的内容进行管理。在更新 App 时，也会通过此文件夹进行操作。然而，在不同环境中的更新行为可能存在差异。

对于请求相关的配置，这方面的配置相对较多。例如，可以提供函数配置能力，使系统能够根据请求识别 App 的名称，并决定在发生错误时是否报错。实际上，请求相关的配置可以不进行设置，因为通常 Serverless 平台是根据默认的规则来执行的。

接下来，将专门讨论框架中的 App 相关配置，这部分内容较为重要，下一节将进行详细说明。

▶▶ 7.1.2　App 配置

对于 App 的配置，通常指的是 App 的资源和环境限制配置。在开发框架中，这些配置可以自由设置，但在服务器中会读取 Serverless 的配置。关于 App 的资源使用配置，服务有时会根据实际情况进行动态调整，有时则使用一份无限制的函数配置，通过容器来控制资源使用情况。因此，具体的配置内容需要视具体情况而定。

那么，资源和环境权限配置有哪些？为什么需要设计这些配置？这些配置有什么用途？首先，App 的配置结构包括主要的资源限制结构，如线程数。这通过限制每个 App 的最大计算能力来实现，因为每个请求都需要一定的计算时间，多线程配置可以支持更多的计算请求。与计算请求相关的还有最大超时时间，即如果一个请求一直在计算或等待，超过最大超时时间后应结束该请求。通常，超时限制是为了限制短连接。对于长连接，如 WebSocket，则不会有请求超时时间的限制，而是变为心跳时间的限制。如果长连接的心跳时间间隔超过最大超时时间，则应退出该连接资源。

除去较大结构的配置限制外，还会对每个线程的资源进行一些限制，这与 Node.js 的实现密切相关。例如，最大新生代和最大老生代的配置，直接限制了每次请求的最大内存使用。此外，还有针对特定区域功能的区域限制，如代码区的范围限制。这限制了代码总体积的大小，因为代码运行最终会转换为内存空间，通过控制代码体积来限制过大的代码段。另一个例子是栈空间的限制，常见的错误如"Maximum call stack size exceeded"，即源于栈空间耗尽。在 JavaScript 中，栈用于存储函数的上下文信息。例如，有 a、b、c 三个函数，a 调用 b，b 再调用 c，a 和 b 都需要等待 c 执行完毕后才能销毁。因此，a 和 b 的上下文需要通过栈存储。栈溢出通常有两种情况：参数数量过大或递归调用过多。对于递归调用，如果使用尾递归优化，可以避免栈溢出。

除了资源限制的配置外，还有权限限制的配置。这种配置通过限制 App 对系统底层模块的使用来达到资源限制的目的，通常以白名单的形式存在。白名单记录了允许使用的系统模块集合，通过此配置来限制 Node.js 的一些操作系统能力。

▶▶ 7.1.3 部署配置

部署配置在 Serverless 架构中起到了开发端和服务端的桥梁作用，开发完成后即会使用部署配置。部署配置的处理主要在 Serverless 平台和开发者之间进行分工。Serverless 平台负责处理部署文件的上传和部署信息的存储，开发者则负责确定部署地址和相关密钥信息，将本地打包的代码上传到 Serverless 平台。

在部署流程中，项目中通常会配置对应的 Serverless 平台部署地址。将 Serverless 平台的部署地址放入项目配置中的原因在于，便于在多个 Serverless 平台之间进行切换。不过，由于目前不同 Serverless 平台尚未形成统一规范，仅能切换遵循相同协议的 Serverless 平台。Serverless 平台通常会基于不同环境（如内网和外网）进行切换，并允许配置多个部署地址。通过配置不同的 npm script 命令，可以调用部署功能。通常，发布操作不会直接在本地通过命令行工具完成，而是在自动化构建的流水线中进行。这些部署方式作为项目的底层配置实现，同时也支持在命令行工具中完成构建。

部署地址实际上是一个 API 接口，用于发布包时进行交互，如选择部署集群和监控部署完成度。通过命令行工具与 API 接口交互，最终完成部署。如果是通过本地进行部署而非平台操作，则需要向平台申请一个 appkey 来进行权限校验，并配置环境变量供命令行工具读取，以确保代码部署操作由合法用户执行。

当通过 Serverless 平台调用部署地址进行部署时，首先会将版本号和项目包的地址写入动态配置服务中。由于 Serverless 服务本身是注册中心的订阅者，因此会拉取部署配置并根据平台策略进行文件更新或容器替换。在替换完成后，注册服务的版本配置也会更新，整个部署流程随之完成。在这一过程中，部署配置中有几个重要的配置项，如项目 App 包的地址和 App 的版本配置。App 包的地址是通过调用 Serverless 平台的文件上传接口获取上传路径的，包上传到对应地址后，再开始读取最新的 App 部署信息，并确认 App 部署的流量分配情况。

接下来，将探讨流量配置的相关内容。

▶▶ 7.1.4 流量配置

流量是 Serverless 架构中的主要服务对象，也是性能消耗的核心来源。因此，流量配置对于服务的稳定性和效率至关重要。同时，针对流量进行性能优化，对于提升 Serverless 服务的整体性能也是极为必要的。

在讨论流量配置之前，需要先介绍流量与 Serverless 服务的关系。在传统服务中，流量的最大承载量是固定的，对于每个接口也是相对固定的，因此无法对流量进行细分。而在 Serverless 架构中，虽然整体机房的最大流量是固定的，但每个函数的流量是可变的，这意味着具有弹性。对于 Serverless 的大部分场景来说，流量几乎决定了其弹性程度。在计算弹性时，通常不直接使用流量，而是根据内存使用占比和 CPU 使用占比来决定。一般情况下，流量越大，内存和 CPU 占比越高。然而，有时请求量增加但 CPU 和内存依旧保持稳定状态，这可能是因为服务应用本身只使用固定资源。例如，在 Node.js 中，如果没有使用线程，那么单个 Node.js 的 CPU 占比可能有限，而在 64 位系统中，常规变量的最大使用为 1.4GB。在这种情况下，总体容器可能达不到弹性扩容的阈值。针对这种情况，要保证服务能够达到容器扩容的阈值，具体方法有两个：降低容器的资源限制，提升服务在资源使用上的极限值。降低容器的资源限制，只需合理设定单个容器的资源限制即可；提升服务的资源使用极限，则通过配置每个服务线程的资源上限来实现。当达到线程资源上限后，服务器负载运行时容易突破该上限，使弹性伸缩更容易。在配置服务时，可以对每个服务线程的资源进行上限配置，当达到上限后，服务器继续负载运行则突破上限，这样弹性伸缩更容易。如果是单机部署，也可以对每个 App 的资源情况进行限制。因此，在流量的伸缩配置上，通常根据内存和 CPU 的负载情况来进行配置保证服务在相对流量承载下的稳定性。

那么既然聊了服务的关于流量的弹性配置，接下来流量的配置还有一些重要的功能，如灰度发布和 A/B 测试的支持。首先说一下什么是灰度发布和 A/B 测试，以及它们的差别是什么。灰度发布是一种基于百分比的流量逐步切换策略。假设服务有 A 和 B 两个版本，其中 A 是当前的较低版本，B 是即将部署的更高版本。在部署 B 版本时，灰度发布的过程即为将流量从 A 版本逐步切换到 B 版本的过程。具体而言，初始阶段可以将原本全部流向 A 版本的流量划分出 10% 到 B 版本。经过一个周期观察，如果没有问题，则进一步增加流量比例，如提高到 30%。若继续稳定，最终将流量比例逐步增加至 100%，完成灰度部署。在这一过程中，灰度发布通常不针对特定用户群体，而是通过随机方式切换流量比例。与灰度发布不同，A/B 测试主要用于方案的对比评估。A/B 测试通常涉及对人群的定义，将不同用户群体分配至不同的版本或方案中，让他们体验不同的功能或界面，从而评估哪种方案更优。这种测试方式常用于确定最终方案。在流量配置中，通常会同时支持灰度发布和 A/B 测试这两种策略，以帮助用户灵活实现流量管理和优化。灰度发布与 A/B 测试的对比如图 7-1 所示。

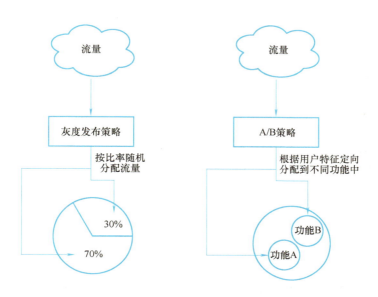

• 图 7-1 灰度发布与 A/B 测试对比

7.2 框架配置设计

对于一般的框架来说，可能没有特别的配置需求。然而，Serverless 服务必须要有大量配置支撑其服务，因此，Serverless 框架也必须依赖许多配置来实现其功能。框架配置是实现整体功能的重要环节。

本章节将通过讲解项目中的框架配置，说明不同配置对项目的影响。通过介绍项目中的不同配置，探讨配置之间的关系及各自功能，揭示框架配置的特殊性，并解释为何这样设计框架配置。同时，还将探讨在不同项目中，采用何种配置更为合理，这些都将在框架配置中详细讲解。

在讲解完基本配置设计后，还将深入探讨配置的实现。例如，如何实现这些配置？为什么许多函数的配置需要采用异步模式？这样做的好处是什么？如何通过异步机制来设置框架配置并实现相关功能？这些都是值得探讨的有趣问题。

接下来，通过讲解框架配置，将说明整个服务配置如何贯通并运行函数服务，从而窥见框架实现的全貌，展示服务配置如何打通并运行函数服务，并从中了解实现框架的具体过程。

7.2.1 项目基本配置设计

项目通常通过框架进行配置，而一个项目往往包含不同的框架配置。在不同项目中，使用不同配置来完成项目的搭建。同时，在不同项目中，开发方式有所不同。例如，在前端开发中，页面渲染和前端代码编译是重要能力,因此需要使用前端插件扩展框架,以辅助前端文件编译。然而,在基本项目中,这类编译手段通常不使用。那么,建立一个基本的 Serverless 项目需要怎样的配置呢?

Serverless 的基础项目通常仅提供接口能力,这意味着前端可能需要自行实现 UI 接口的部分,而最终结果是项目提供了接口服务能力。在项目的基本配置中,通常会配置服务端口以提供接口服务。那么,既然有了服务能力,服务的来源是什么呢?服务的来源是项目中的各个应用。对于 Serverless 而言,每个应用是一个相对独立的服务,具有隔离性。基于这一特性,既然应用是独立的服务,那么是否需要对每个应用进行相应配置?例如,每个应用可能需要一些依赖来完成服务,因此首先需要配置服务的依赖记录,通常会通过 package.json 文件来记录这些依赖。在每个应用中,package.json 文件并非用来描述整个项目的信息,而是用于描述各个应用的信息,包括应用的依赖信息和入口文件信息等。当某个应用的配置相对复杂时,不应将应用随意存储,因此需要配置应用的文件位置,或者使用相对统一的结构来约束应用。在这种情况下,应用管理的相关配置就显得尤为重要,如应用的资源使用情况、权限限制情况和对应的超时情况等,以保证应用运行环境的有序性。因此,对于项目而言,存在若干应用配置和主项目配置。应用配置用于满足每个应用的不同需求,而主项目的配置则用于解决整个项目的共性配置需求。这意味着项目主体配置会应用到各个应用的配置中,以确保整个项目的统一性。项目的配置结构如图 7-2 所示。

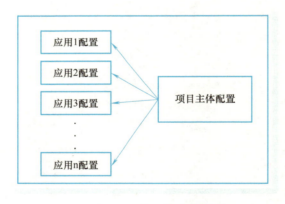

● 图 7-2 项目的配置结构

在此之后,项目开始涉及各种请求的进入,这就需要对请求进行引用划分配置。同时,还需要获取每个应用的线上配置及分流配置。那么,这部分配置是如何实现的呢?在下一节的异步获取配置设计中,将对此进行详细讲解。

7.2.2 异步获取配置设计

其实，对于框架配置而言，最具代表性的一点可能就是异步获取配置的设计。许多配置无法通过本地直接计算得出，而需要通过服务器计算或线上配置来最终确定，因此采用了异步获取配置的方案。那么，这种方式在实现上又会遇到哪些挑战呢？接下来，将通过对异步获取配置设计的介绍，逐步讲解实现过程及其面临的挑战。

异步获取配置的方式本质上是一个复杂的配置工具，由多个异步函数配置组成。其主要作用是通过异步方式获取服务中的一些动态计算配置。通常，这类配置的获取可能出现在以下几个阶段：根据请求决定如何分配应用程序（App），在流量进入时获取 App 的分流数据配置，以及在 App 初始化时获取每个 App 的资源和权限设定。之所以采用这种配置获取方式，有多方面的原因。首先，这些配置对于线上服务来说，大部分无法通过直接运算得出，其数据的获取存在依赖关系，甚至需要发起请求来获取数据。因此，如果不使用异步函数作为配置工具，将无法直接判断数据请求是否完成。当然，在使用异步函数作为配置工具的过程中，也遇到了许多需要规避的问题。

在异步函数作为配置的实现过程中，遇到的主要问题往往不是异步本身，而是与资源锁相关的挑战。例如，在应用程序（App）初始化时，通常会为其分配多个线程以运行服务。然而，如果在判断是否创建线程和实际创建线程的过程中存在时间间隙，并且在此期间使用了异步获取配置的方法，可能会导致超额创建线程的情况。此时，线程数量在并发情况下会急剧增加，进而导致机器或容器崩溃。为了更直观地解释这个现象，下面用一张假设图来进行表述。在图中，我们假设最大线程数设定为 5，这时有 5 个请求同时发起。异步配置导致线程超载的情况如图 7-3 所示。

在图中可以看到，当请求进入服务时，首先会对当前线程数与预定最大线程数进行比较和判断。如果发现当前线程数未达到预定的最大线程数，系统将尝试创建新的线程。然而，如果此时使用异步方式获取配置数据，可能会出现问题。由于异步运算本身会交出运行的控制权，系统可能会切换到处理其他请求。在处理其他请求时，由于之前的线程尚未真正创建完成，新的请求依然不会触发线程创建的判断条件，这样就可能导致超额创建线程。例如，如图所示，假设请求 4 的判断发生在线程 3 成功创建之前，那么系统会认为线程数尚未达到最大值，因此继续创建线程。为了解决异步获取配置导致的超额创建线程问题，系统引入了另一种方法。在后续的实现中，不再单纯依赖最大线程数来进行判断，而是引入了对当前负载情况的评估。如果当前系统不处于高负载状态，系统将直接创建新的线程以满足请求需求。与此同时，在后续的空闲收缩阶段，系统会检查当前线程数是否超过了预定的最大线程数，并根据需要进行线程回收。这种方法有效地避免了因超额创建线程而导致的资源过度消耗和系统崩溃问题。

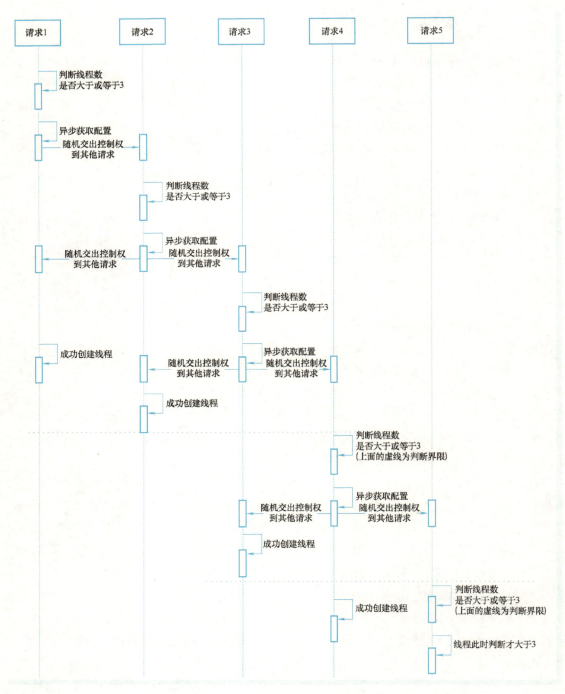

● 图 7-3 异步配置导致线程超载

7.3 App 配置设计

Serverless 的核心服务集中在应用程序（App）上，而 App 的配置实现是其核心功能之一，因此 App 配置的设计对整个服务而言至关重要。App 配置设计涵盖了多个方面，如最大线程配置、系统权限管控配置、超时配置及虚拟机（VM）和资源配置设计。每项配置在整个系统中都起着关键作用。

最大线程配置用于限定每个 App 可以使用的最大线程数。然而，这一配置并不是直接为 App 设置固定的最大线程数，而是作为一种相对最终态的配置。在开发阶段，这一配置可以用来锁定线程数，但在平台服务层，还会对每个 App 的最大线程数进行动态调整和计算。这是因为容器在运行时需要对 App 所使用的资源进行管控，因此最大线程配置并非绝对固定，可能根据运行环境的需求进行调整。

系统权限管控配置主要实现了对 Node.js 应用的权限管理能力。这种权限管理能力通过模块限制来实现，控制了 Node.js 代码的访问权限。未来，Node.js 可能会引入类似的权限管控设计，以增强对代码的安全性控制。

超时配置不仅是设置请求或操作的时间限制，还涉及线程销毁机制。超时配置与 HTTP 服务的代理层密切相关，通过代理层与线程的协同工作，实现了超时服务的自动挂断。

虚拟机（VM）在代码管理中不仅用于代码隔离和权限控制，还用于资源配置。通过使用 VM，可以对代码执行过程中的资源使用情况进行严格控制，以防止个别应用消耗过多资源。

▶ 7.3.1 最大线程配置设计

首先，为每个 App 设置一个最大线程配置，该配置用于限制每个 App 可以使用的线程数量。在开发环境或当 Serverless 框架独立运行时，这个配置通常是一个相对固定的数值。然而，当该框架与物理机器或容器相结合时，这个最大线程数并不是一个固定不变的数字。相反，它可能会根据机器或容器的运行状况和资源情况进行动态调整，以适应实际运行环境的需求。

在线程开发中，通常会通过直接设置 App 的配置或使用默认值来确定最大线程数。在开发阶段，这个配置通常是一个相对固定的数值。然而，当服务上线后，最大线程配置仍然可以进行调整，但此时的配置可能会隐藏在用户设置之下。例如，用户可能无法直接设置最大线程数，而是将该配置存放在注册配置中心。在 App 创建之前，系统会从配置中心读取这个配置，并据此进行判断和线程分配。然而，这种方式存在两个潜在问题。首先，判断和创建线程的过程中可能涉及异步方法，这会导致判断结果不够准确。其次，对于 Serverless 平台来说，快速生成和销毁函数调用是实现资源高效使用的关键。因此，当发现这种传统判断方式存在问题后，系统将判断条件修改为基于当前的资源使用情况来决定是否创建线程。具体而言，如果当前机器的性能仍有充裕的余量，可以不必过于保守地限制资源使用，因为创建线程本身会带来一些开销。对于 Node.js 而言，创建一个新的线程意味着重新创建事件循环任务和环境上下文，这些操作都存在一定的资源消耗。因此，在资源宽裕时，可以优先创建新线程，而在资源紧张时，则可以选择复用现有线程，以更高效地利用机器或容器的性能。在线程回收阶段，最大线程配置开始发挥作用。系统会将已经创建的线程进行分组，一组是最大线程数以内的线程池，另一组是超出最大线程数的部分。在负载分配时，系统会优先将请求分配给最大线程数以内的线程组。当线程池达到其吞吐能力的上限时，才会使用超出线程池的线程。那么为什么要这样设计？如何判断吞吐困难呢？

之所以采用这种设计，主要是为了更有效地利用资源。由于线程的回收机制与流量密切相关，当某个请求完成且没有新的流量进入时，线程资源就会被销毁。如果最大线程分组能够承接所有请求，那么超出资源分组的线程将在一段时间未接收到请求后被销毁。要判断最大线程分组是否能够承接所有请求的吞吐量，可以通过请求计数的方法来实现。具体来说，系统会统计每个线程的请求进入数和请求完成数。即使请求异常结束，系统也会将其视为请求完成。在此基础上，设置一个请求最大差值阈值，当差值超过这个阈值时，才会将请求分配给超出线程数的分组。系统为每个线程设置一个请求最大差值阈值，这个差值反映了当前线程组的吞吐能力。如果线程组的请求进入数和完成数之间的差值超过了这个阈值，线程的响应速度会明显变慢。通过这种方式，系统可以简单而有效地判断当前流量是否超出了最大线程分组的承载能力。

▶▶ 7.3.2 系统权限管控配置设计

在 Node.js 中设计一个权限管控系统，不仅是服务设计的亮点，也代表了未来的发展趋势。虽然 JavaScript 的权限控制在 Deno（由 Node.js 的创始人创建，并被宣称为下一代运行时）中已经有一定的实现，且 Node.js 已经有多年的发展历史，但直接采用 Deno 的权限控制方式并不现实。接下来，将探讨如何为 Node.js 设计和实现一个适合的权限系统。

为什么不能直接采用 Deno 的权限控制方式？因为 Deno 通过直接限制应用程序的权限来实现权限控制，如限制是否只能读取文件、是否能访问环境变量、是否能使用网络等。这种方式类似于安卓应用在安装时弹出的权限请求，对用户进行明确的权限提示和控制。然而，这种模式在 Node.js 中并不完全适用，主要有三个原因：第一，Node.js 的生态系统已经非常庞大，直接引入 Deno 式的权限控制将面临巨大的技术挑战；第二，Node.js 用户习惯了在没有显式权限控制的环境下进行开发和部署，突然引入严格的权限控制可能会引起用户的不满和困惑；第三，Deno 的权限控制是对整个应用程序进行的，而在许多 Node.js 场景中，可能只需要对某些特定的服务或 App 进行权限控制。

从实现难度的角度来看，Node.js 的 API 经过多次迭代，目前的 API 数量相当庞大。如果需要对具体的 API 接口进行限制，可能需要大量的封装或基于权限控制的目标，设计出类似 API 的黑白名单或 API 权限树的结构，以此来对应不同的权限行为。这样的设计类似于 RBAC（基于角色的访问控制）模型，只不过，在这里，角色变成了权限行为，具体的权限则变成了 API 接口。要流理如此庞大的 API 接口无疑是复杂的，如果将接口配置交由用户完成，对于用户来说也是不现实的。最关键的是，随着 Node.js 的版本不断迭代，API 接口也在不断变化，增加了维护的难度。因此，在设计上选择了直接限制系统模块的使用。2024 年的 Node.js 仅有 50 多个系统模块，最差的情况也不过是配置这 50 多个系统模块的白名单。通过这种方式，实现系统权限的管控变得更加简便。当然，若直接使用 Deno 进行限制，则需要考虑用户的使用情况。由于绝大多数 JavaScript 开发者仍然使用 Node.js 作为开发工具，从社区支持和稳定性角度来看，贸然启用一个新的运行时来为业务提供服务是不切实际的。

对于整个 Serverless 服务而言，权限限制需要针对每个应用（App）进行单独的配置。在此前，有多种不同的方案被提出，如直接使用 V8 引擎作为基础运行环境。然而，这种方式存在一个问题，即 Node.js 的 API 接口会全部丢失。鉴于用户普遍习惯使用 Node.js 的接口，因此决定对 Node.js 的 require 方法进行重写，并将其注入 Node.js 的虚拟机（VM）中。然后，在启动应用服务时，将系统模块的白名单列表传入到重写的 require 方法中，这样就可以在 require 中实现权限限制功能。例如，当引用的模块不在系统模块的白名单时，require 方法会抛出异常。

这种设计使得系统权限的管控配置变得非常简单，可以使用一个集合（Set）来定义引用模块的白名单。在 JavaScript 中，可以复用 Set 作为承载服务的整体，并将允许的模块名称以字符串的形式写入 Set 中。同时，还需要定义一个特殊标记，如星号（*），即当使用星号时，允许引用全部系统模块的功能。

7.3.3 超时配置设计

很多人可能会疑问，为什么一个超时配置需要如此详尽地解释？仅一个超时配置究竟有何用途？实际上，超时配置不仅涉及请求的超时时间，更重要的是它与线程的回收机制密切相关。

首先，线程回收与请求之间确实存在一定的关系。在线程回收的设计中，会回收那些长期没有请求进入的线程。因为一个线程长期没有请求进入，通常意味着请求量非常少，甚至完全没有请求量。那么，什么情况下会出现请求量非常少的情况呢？例如，当多个线程用于处理请求服务时，线程通常会通过轮循策略交替运行。在这种情况下，假设某个线程正在运行，而无请求的回收时间设定为 30 秒，那么如果在这 30 秒内仅有两个请求，该线程在某一时刻可能处于无请求状态，进而在回收时间到达时被回收。另一种可能是在回收时间内完全没有请求量，这种情况下线程必然会被回收。从上述情形可以看出，请求量与线程回收之间的关系得到了体现，但这种关系并不仅限于此。

既然请求和线程的关系在于无请求进入后的某段时间后会销毁线程，那么可以进一步考虑请求一直没有响应的情况。这种情况通常是由某种特殊的异常引起的。如果是普通异常，请求通常会快速返回，从而达到结束的目的。只有一种情况会导致请求一直未响应，即代码处于等待返回或发生阻塞的状态。这种阻塞会导致代码继续运行但无法产生结果，此时就必须先结束代码的运行，然后再判断请求是否超时。因此，请求超时本身也可能对线程回收产生一定影响。那么，线程回收的时间是应该比超时时间短还是长呢？理论上，线程回收时间应当比超时时间长。然而，需要明确的是，线程通常服务于多个请求，在这种情况下，线程的回收时间长于超时时间更为合理。如果每个线程只服务于一个请求，那么请求超时后直接终止线程即可。

为什么线程回收时间要大于超时时间呢？例如，在没有请求的情况下，假设某个请求大约需要 25 秒，而请求的超时时间为 30 秒，而线程在无请求状态下的回收时间为 20 秒。那么会发生什么情况呢？简单来说，就是请求还没有结束，也没有超时，但线程却已被回收。对于这个请求来说，只能被迫超时。因此，线程回收时间必须要比请求的超时时间更长。对于请求来说，超时的判断并非在线程中进行，而是通过请求代理层来处理。请求代理层通过与线程的交互来判断请求是否超时，即便线程出现异常，代理层仍然可以正常判断，并通知前端或终端出现了超时情况。因此，超时配置在设计时需要考虑多方异常状态，本质上是通过组件化设计，将各个组件的组合来实现完整的功能。

▶ 7.3.4　VM 和资源配置设计

引入虚拟机（VM）主要有几个目的。首先，是为了实现程序代码的隔离性；其次，是为了实现全局变量的重写和自定义操作，一个典型的例子是对模块的重写，即在重写 require 方法后再将其注入 VM。

对于虚拟机（VM）来说，可以通过配置超时时间来限制代码的初始化时间和运行时间。然而，为什么要将这一过程分为两个阶段呢？这是因为应用程序（App）本身可能具有一定的代码量，在这种情况下，App 的初始化需要耗费一定的时间。如果每次请求进入服务时，都重新运行整个 App，便会导致以下问题：每次请求都需要承担 App 初始化的时间成本，而这不仅是时间成本，还包括内存成本和请求量的限制。例如，假设每个 App 大约需要 10MB 的变量上下文空间，如果每次请求都重新初始化 App，那么一个请求就需要 10MB 的内存空间。如果同时有 140 个请求，将占用接近 1.4GB 的内存空间，进而导致整个架构的 QPS（每秒查询率）被限制在 140，因为默认的老生代内存空间为 1.4GB。然而，即使不是因为老生代内存限制，虚拟机也不能被允许如此大量地消耗内存资源，这对于服务来说是不可接受的。因此，在设计虚拟机时，必须注意复用 App，以优化资源使用。为了解决这个问题，采用了多阶段运行的方式。首先，使用

VM 初始化 App，并获取初始化后的 App 类。然后，将该 App 类实例化。在实例化完成后，系统进入等待请求阶段。当请求进入时，会启动另一个 VM，这个 VM 会复用之前虚拟机的上下文，以便快速启动，同时传入实例化的 App 来运行相应的方法。在运行阶段，还会对这个 VM 的运行时间进行限制。通过这种两阶段运行的方式，能够有效控制代码的运行时间。这种方法相当于节约了每次请求初始化 App 所需的资源成本（包括运行时间成本和内存成本）。在运行时，使用最小的代码量来执行方法的代码运行。因此，第一阶段运行的代码量相对较大，包含代码引用和解析。而在第二阶段运行时，只传入参数和相应的方法，直接运行方法，从而减少解析成本。通过这种两阶段运行的设计，在 VM 中运行代码的成本显著降低，每个请求的成本也相应减小。

如果说虚拟机（VM）的资源配置设计是对环境的管控，那么 Worker 的资源配置设计则是对运行实例的管控。在 Worker 的管控中，通常会对代码内存进行管理，如新生代和老生代的设计、代码空间大小和运行栈空间的大小。有些人可能会认为，Worker 也可以通过终止线程的方式来控制运行时间，从而实现时间的管控。然而，Worker 本质上是 Node.js 功能的扩展，换句话说，它是 Node.js 功能的一个实例化对象。Worker 拥有与 Node.js 类似的事件循环体系，并且具备各种系统功能和模块，因此无法直接模拟虚拟环境。然而，通过将 Worker 与 VM 结合，可以实现整体环境的模拟运行。对于 Worker 而言，它更好地承载了 VM 系统的负载，而不是让主进程承担 VM 的开销，这样可以避免计算资源过于集中。

7.4 部署配置设计

对于部署而言，本质上依赖于 Serverless 平台来实现服务的运行。因此，部署配置通常会储存在 Serverless 平台的配置中心，以便进行相关的部署配置和设计。在选择部署服务时，Serverless 平台是不可或缺的一部分。对于部署配置的设计，首先需要设计部署配置的结构。在部署配置设计中，需要处理大量的应用程序（App）信息，同时也需要满足对 App 的查询和反查询需求。因此，在设计部署配置时，必须将查询的简便性和良好的扩展性作为重点。

当然，如果仅停留在部署配置结构的设计上，未免显得过于单调。因此，有必要对配置的具体功能实现进行解析，这样会更加合理。下面将详细介绍部署配置的两个重要功能：部署版本配置设计和部署数据地址配置设计。

首先，对于部署版本配置设计，将探讨服务的 App 为何要引入版本，以及对应 Serverless 平台是如何根据部署版本配置进行 App 的版本选择的。

其次，对于部署数据地址配置设计，将讨论 App 和部署数据地址配置的关系，App 又是如何通过部署数据地址配置来部署到 Serverless 服务器当中的。

7.4.1 部署版本配置设计

应用程序（App）是否能够部署在服务中，完全取决于版本的控制。版本实际上是对 App 实际内容的管理，每次运行都依赖于版本进行管理。当每个请求进入服务时，它已经分配了该请求所对应的 App 版本。那么，对于 App 版本而言，请求与版本之间到底有什么关系呢？接下来将详细阐述部署版本的实现。

首先，需要明确为什么需要引入版本的概念。实际上，在最早期的简单服务部署模型中，版本的概念并不需要存在。服务总是使用最新发布的内容进行运行。然而，这种方式存在两个显著的局限性：首先，在发布出现异常时，无法快速实现服务的回滚；其次，无法实现灰度发布和 A/B 测试功能。因此，引入了版本的概念，通过版本记录每次的发布信息，并在需要回滚时，通过切换版本的方式快速实现回滚。

在 App 的运行结构中，最上层是 Serverless 平台，Serverless 平台之下是若干运行的机器。这些机器负责管理线程池，而在线程池之下，则运行着多个 App。这些 App 对应着不同的版本，而最终实际运行的，是每个版本对应的内容。App 版本在服务结构中的定位如图 7-4 所示。

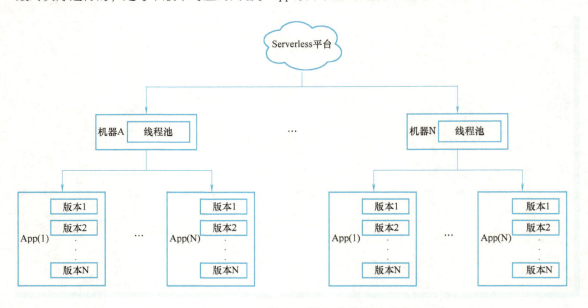

- 图 7-4 App 版本在服务结构中的定位

对于一个请求而言，在请求下发的过程中，实际上已经确定了请求所对应的版本。当请求进入服务后，通过请求的路径或域名确定相应的应用程序（App）后，系统会首先获取该 App 的流量分发策略。该分发策略由配置管理，可以通过分发策略实现代码回滚、灰度发布及 A/B 测试等功能。最简单的分发策略可能是使用最新版本的策略，即运行最新发布的代码。假设请求命中了使用最新版本的策略，此时系统会检查机器中是否存在该 App 的对应版本号。如果该版本号存在，则直接运行代码并返回结果；如果不存在，则系统会根据 App 的配置，拉取该版本的相关数据地址。完成数据地址的拉取和部署后，再运行该版本的 App 代码。关于具体的数据地址配置实现，请参见下一节的详细解析。

7.4.2 部署数据地址配置设计

对于 Serverless 平台而言，每个应用程序（App）或每个函数都是一段动态代码。作为服务的提供商，Serverless 平台的职责仅是执行这些动态代码。乍听之下，这项服务似乎很简单。然而，当深入探讨这章内容时，需要关注一些细节：在服务执行动态代码的过程中，这些代码是如何被获取的呢？

前文提到，服务的最小隔离颗粒度本质上是若干 App，但在设计上，服务的最小颗粒度则是若干函数。那么，在服务执行动态代码的过程中，如何确保每个请求都能执行到对应的代码呢？代码拉取的契机是什么？代码是在何时被上传的？最终，动态代码是如何确定下来的呢？为了回答这些问题，按照时间顺序进行讲解或许更为清晰。

代码打包的过程中，每个应用程序（App）都会进行代码上传。在 App 上传时，首先会经过一个策略，即文件上传的方式。上传方式主要取决于使用何种存储服务来存储文件。例如，如果使用 S3 作为存储服务，则会通过下发带签名的上传链接到命令行工具中，最终，命令行工具会上传文件，并将上传链接的 key 和上传类别反馈给 Serverless 平台。在 Serverless 平台接收到与 App 资源相关的部署数据地址后，会对 App 信息进行一系列更新，其中最重要的就是更新 App 的版本信息。当 App 版本信息更新后，平台会开始通知需要部署该 App 的服务，服务则会更新相应的 App 代码。当然，对于代码更新而言，即使未能成功通知到所有服务也无大碍。对于那些未能成功通知的服务，或者尚未完全生成的服务，App 版本的拉取会在请求过程中进行。

既然涉及请求处理，我们可以先讲解一下请求是如何确定并运行相应的代码的。首先，当一个请求到达时，系统会根据请求的域名或一级路径来确认相应的应用程序（App）。一旦获取到 App 的信息，系统就会开始获取该 App 的版本信息，通过拉取 App 版本来检查当前机器或容器中是否存在所需的版本。如果当前机器中没有所需的版本，则系统会重新拉取代码并进行部署。在这种情况下，由于代码尚未提前拉取，请求会进入等待状态，直至代码部署完成并运行服务，整个请求才会结束。有人可能会担心，如果每次请求都需要经过这样的拉取和部署过程，时间是否会被大幅延长？实际上，这种情况只会在极少数情况下发生，如服务第一次初始化或运行时，或 App 版本配置未能及时通知到服务时。此类情况导致的延迟可以被量化计算，通常在一个迭代周期中，线上服务只会部署一次，这意味着影响时间仅限于两周内且低于一分钟。而这种延迟仅表现为速度的暂时减慢，按时间计算，其对性能的影响大约只有万分之一，对于绝大多数业务场景来说，这种影响是可以接受的。

在服务拉取代码的过程中，系统具体做了什么呢？首先，资源文件会经过压缩处理，因此在下载过程中，系统会先对这些资源进行解压，并将解压后的内容存放到 App 对应版本的路径中。完成后，系统会通知请求继续执行，此时虚拟机会运行解压后的代码文件，从而完成代码拉取的整个流程。

7.5 请求流量配置设计

对于业务方而言，流量当然是越多越好，但对于服务来说，在突破一定流量后，每向上提升一点可能都需要付出巨大的努力。因此，大多数开发者在谈及流量时，都会提到流量的承载能力。然而，在本节中，我们主要探讨的并不是流量承载，而是流量分配，尤其是流量配置的实现。

当谈到流量分配时，许多人首先会想到灰度发布或 A/B 测试等流量配置功能的实现。但实际上，流量分配并不仅限于这些，还包含一些相对底层的实现。而对于上层的灰度发布或 A/B 测试功能，实际上是基于底层的配置能力组合而成的，最终实现了流量的自定义配置。

在这一节中，我们首先探讨域名配置与 App 实现的关系，即通过域名来实现对 App 的转发。在许多情况下，域名配置是动态的，通过这种动态配置，可以使每个 App 拥有专属域名。

接下来，我们将讨论分流配置的实现。分流配置涉及多个方面，包括版本更替、灰度发布及 A/B 测试等。作为一种流量分配策略，分流配置如何支持并实现各种不同的功能，是一个非常有趣的话题。

最后，将探讨路由配置的实现。众所周知，路由配置通过代码来实现路由能力，而这种与其他 Serverless 平台不同的路由实现方式又是如何工作的呢？接下来将对此进行讲解。

▶▶ 7.5.1 域名配置实现

谈到域名，众所周知，域名是通过域名服务商注册的。在注册之后，域名会被指向相应的服务地址，从而实现通过域名访问服务。当一个带域名的请求发出时，首先会去 DNS 服务器中查找域名对应的地址，然后再将请求发送到相应的域名地址上。对于 Serverless 平台而言，域名系统需要完成两项任务。首先，当 Serverless 平台的使用者希望使用自己的域名时，平台需要帮助使用者设置其域名，以便请求能够正确地被路由到他们的应用程序（App）上。其次，在线上、预发及测试环境中，平台需要生成动态域名并绑定到 App 上，以便开发者能够根据这些动态域名对 App 进行调试和测试。

对于 Serverless 平台的使用者来说，使用个人域名是一项常见的需求。那么，如何将域名与服务绑定呢？传统的方法是直接通过域名管理平台将域名指向服务地址。然而，对于 Serverless 服务地址来说，往往承载着大量的服务，这就要求确保域名与特定的应用程序（App）或函数之间具有一对一的关系。此外，还需要判断域名是否对服务合法，因为如果黑客注册域名指向 Serverless 服务，可能会对使用者所在企业的商誉造成一定影响。因此，有必要检测外部域名是否确实由使用者拥有并使用。为了实现这一点，需要建立一个域名与对应 App 绑定的映射关系表（Map），即明确域名与 App 之间的绑定关系。为什么要这样设计呢？因为 App 是 Serverless 平台中隔离的最小集合，且一个 App 可以包含多个函数，因此，将 App 作为域名绑定的最小集合是相对合适的。在域名绑定的设计上，会将域名作为注册配置中心的一个键。当请求进入服务后，系统会到注册配置中心查询当前域名是否存在配置。如果不存在配置，则会通过其他方式判定 App 信息，或通知用户当前的域名配置非法。这种方法确实可以快速提供服务的域名配置和 App 信息，但也有一个问题，即根据 App 获取域名配置时可能会相对麻烦。为了优化这一点，除了存储一个域名键以便通过域名获取 App 外，系统还会生成一个 App 键来存储对应的域名。通过这种方式，既能实现客户端的快速响应，又能方便管理端获取域名资源。

在域名的使用上，Serverless 平台会使用动态域名来提供服务。那么，动态域名的作用是什么呢？实际上，动态域名的作用是更好地调试 Serverless 服务。例如，当在 Serverless 平台中创建了一个应用程序（App）时，为了方便用户调试，平台通常会为该 App 默认分配一个二级域名供其使用。对于动态分配二级域名，通常有两种实现方式：一种方式是将"*.域名"指向 Serverless 服务，这样一来，该域名下的任意二级域名都会指向 Serverless 服务。在这种情况下，Serverless 服务只需定义二级域名与 App 对应的规则，就可以通过二级域名访问到正确的 App；另一种方式是通过域名提供商的接口，动态生成二级域名，并将其指向对应的 Serverless 服务。这两种方式各有优劣：全指向的方式更加灵活，适合频繁调试和测试的场景；而生成实际域名的方式则更适合需要稳定访问和特定域名的场景。因此，根据具体的应用场景和需求，选择最合适的动态域名方式，以实现 Serverless 平台的域名配置功能。

7.5.2 分流配置实现

对于分流配置而言，主要围绕着应用程序（App）版本来制定分流策略。简单来说，分流策略的实现非常直观，即根据请求的输入来返回对应的 App 版本。通过这种方式，系统可以将请求分配到不同的 App 版本中，使得每个请求都与一个特定的 App 版本相对应。

基于请求的方法，可以在请求的过程中实施分流配置。对于应用程序（App）来说，默认的分流配置通常是使用最新版本，通过最新的 App 版本来运行函数并返回数据。这种策略是最常见的，但其实现方式并不是简单的文件覆盖。在早期，确实有通过覆盖文件的方式来使用最新代码的策略，但这种方法在面对更复杂的、可配置的策略时显得不可行。因此，实现最新版本的方法是：在发布 App 代码时，首先更新注册配置中心中的 App 配置。此时有两种情况：一种是主动通知服务拉取最新的 App 数据；另一种是当请求进入时，系统先获取当前的策略（即使用最新的 App 版本），然后拉取最新的 App 版本，将其数据下载并运行，最终响应当前请求。与直接覆盖的方式相比，这种方法有两个显著的差别。首先，这种方式不会覆盖之前的文件，而是为每个版本分配独立的存储空间，以保存当前版本的代码。其次，多个版本可能会同时运行，而不是在升级到最新版本时立刻丢弃之前的版本。

对于第二个差别需要进一步解释，为什么在使用最新版本时，原来的版本仍可能在运行。其实，这很好理解。版本发布本质上是一个瞬时行为或操作，即该行为只有两个状态：发布版本完成和未完成。然而，用户请求的访问不一定是瞬时的，有些请求可能非常快速，瞬间完成，但有些请求可能需要较长时间才能完成。例如，某个请求可能需要 10 秒才能完成。假设在这种情况下，第一个请求发起后约 1 秒，新的 App 版本发布完成。此时，第二个请求也发起了。对于这个案例来说，第一个请求还在进行中，并且需要 9 秒才能完成。而在请求进行时，新版本还未发布完成，因此不能粗暴地结束用户的请求。所以，第一个请求运行着旧版本的代码，而第二个请求则是在新版本发布完成后运行的，所以第二个请求应该使用新版本的代码运行才是合理的。在这种情况下，系统需要同时保留两个版本的运行。既然之前的版本仍有请求在运行，它就不能被立即销毁。从服务稳定性的角度来看，旧版本理论上也应该继续存在。那么，什么时候才会真正切换到新版本呢？答案是，当旧版本的请求全部运行完毕后，只要是新版本发布后的后续请求，都会使用新版本的代码运行。通过同时保持多个版本的代码运行，系统实现了一种请求的软切换，从而保证了服务的平稳过渡。

基于这种方式，可以在分流策略的基础上实现更加复杂的策略。例如，通过灰度发布，可以按比例随机分配请求到不同的 App 版本。由于服务器本身可能同时存在多个版本（即使不存在，也可以在请求进入后进行同步更新），因此可以通过随机选择不同版本的方式，将请求按比例分发到这些版本上。当然，除了随机分配，还可以进行版本之间的比例轮询，以确保每个版本按照特定的数量来处理请求。A/B 测试，则是在灰度发布的基础上进行升级。具体来说，可以根据传入的参数将请求分发到不同的版本中。例如，可以读取请求头、请求参数或请求体等信息来决定分发到哪个版本。平台还提供了根据请求判断 App 版本的函数配置，因此，用户甚至可以实现一些自定义的分流配置需求，以满足更加个性化的场景需求。

▶▶ 7.5.3　路由配置实现

在前文中，我们讨论了应用程序（App）外部的流量分配。一开始讲解了如何通过域名将流量分配到相应的 App，接着讨论了如何在不同的 App 版本之间进行流量分配。而本节将探讨如何在 App 内部进行流量分配。对于 App 内部而言，流量的分配主要依赖于代码，而代码中的流量控制通常是通过路由来实现的。路由的作用是将请求路径映射到指定的函数，那么路由配置又是如何实现的呢？

路由配置的结构大致可以分为请求类型、请求方式和请求路径。请求类型包括 HTTP、WebSocket 和 RPC。其中，HTTP 主要用于处理 HTTP 请求中的短连接场景；WebSocket 则针对 HTTP 请求中的长连接场景；而 RPC 通常用于实现 App 之间或 App 内部的调用。请求方式和请求路径通常只适用于 HTTP 和 WebSocket，因为 RPC 只需要指定所调用函数的唯一标识，而这个唯一标识通常由 App 名称和函数名称组成。请求方式包括但不限于 GET、POST、PUT、DELETE 等。路由配置中的请求方式设置后，只有符合该请求方式的请求才能被路由到对应的函数。至于请求路径，它是服务的唯一资源定位标识，直接决定了请求将被路由到哪个具体的函数处理。

在讲解了路由配置的结构之后，接下来需要讨论其具体实现。对于路由配置的实现，主要涉及两个方面：一是如何将动态路由绑定到函数上，二是如何从函数中获取并生成动态路由。

首先，每个函数可能都会绑定一个路由。那么，如何将路由与函数绑定呢？简单来说，这是通过装饰器来实现的。在编写代码时，开发者可以直接将装饰器放置在需要绑定路由的函数上方。这样，在配置该函数的路由时，装饰器会自动为该函数增加一个路由配置。当装饰器运行时，它会将路由配置数据写入一个类似于 Map 的数据结构中。通常情况下，使用函数名作为键名，而装饰器的参数则作为键值。装饰器的参数包含了路由配置的结构信息。通过这一步，路由配置就成功地绑定到了对应的函数上。

接下来，需要讨论如何读取配置并在请求中生效。在这里，需要再次提到 Worker，因为路由是在 Worker 中生成的。当请求到达时，系统首先会根据请求来判断对应的应用程序（App），并通过 App 生成一个 Worker。然后，Worker 会生成相应的动态路由。在这个过程中，请求数据会被传入到 Worker 中。Worker 使用动态路由解析请求，判断出对应的函数方法，最终执行该函数。那么，动态路由是如何判断请求属于哪个函数的呢？首先，Worker 会读取代码中通过装饰器生成的路由配置 Map。接着，系统会将这些路由配置转换成一种方法，用于判断请求是否符合当前路由配置。当请求传到 Worker 后，系统会将请求作为参数，遍历路由配置 Map 中生成的各个方法，直到找到匹配的方法为止。如果遍历完成后仍未找到匹配的路由配置，系统会抛出未匹配异常，以告知开发者请求没有成功匹配到任何函数。在这种机制下，系统通常会按照函数在代码中的位置优先执行匹配的方法。因此，当两个路由配置相似时，系统会优先执行代码中位置靠前的路由。不过，通常不推荐使用两个相似的路由配置来定义路由，以避免潜在的冲突或意外行为。

第 8 章

Serverless架构的协议设计

8.1 Serverless 架构的协议组成

本章主要讲解 Serverless 协议。为什么要专门抽出一章来讨论 Serverless 的协议呢？实际上，Serverless 协议是当前 Serverless 领域的痛点之一。每个平台都按照自身的特点制定了各自的 Serverless 平台，这种做法对平台本身来说没有太大问题，但对使用者而言，一旦选择了某个 Serverless 开发平台，也就意味着失去了灵活切换至其他 Serverless 平台的能力。这对 Serverless 的长期发展来说是不利的。因此，本章将对设计中的各种 Serverless 协议进行说明，希望这些协议在未来某一天能够为 Serverless 标准的制定发挥作用。

主观上看，Serverless 协议是 Serverless 实现过程中需要保证的最低一致性标准。对于各个 Serverless 平台来说，只需要按照协议的标准来实现功能，而协议之外的部分则可以保留各自的特色化定制。这些特色化定制有助于平台吸引用户。当然，这种特色化定制不能影响用户基本的代码开发。换句话说，相同的代码应该能够在遵循相同协议的 Serverless 平台上无缝运行，这也正是协议的意义所在。

Serverless 协议主要围绕代码展开，包括代码的编写方式、行为结果、影响范围等。总的来说，这些协议的制定是为了确保代码在不同平台上运行时的一致性。接下来将简单介绍协议的各个主要组成部分，以便对协议的构成有一个初步了解。

8.1.1 代码协议

代码协议是指在支持协议的 Serverless 平台上如何编写代码，使其能够正确运行。代码协议的结构主要由以下几个部分组成。

首先是模块引用协议。该协议定义了如何引用第三方库或框架的代码，以及模块应以何种方式组织才能作为模块包被正确引用。其次是函数结构。这一部分定义了一函数的编写规范，包括如何定义函数，以及如何定义函数的输入参数和输出结果。第三是路由定义。在一些 Serverless 平台中，路由可能通过平台配置文件定义，但在设计灵活的平台中，路由定义通常被包含在代码中。除了上述与代码直接相关的部分，还有与代码相关的文件组织结构。代码文件的目录结构和路径规范也是代码协议的一部分。从上述内容可以看出，代码协议是 Serverless 平台对代码的一系列约束条件，用以保证代码能够在平台上正确运行。

虽然 JavaScript 是目前 Serverless 平台中最广泛使用的语言，但代码协议并不限制使用何种编程语言。事实上，Serverless 平台可以支持多种语言，甚至为平台量身定制专属的领域特定语言（DSL），以更好地支持开发。然而，鉴于 JavaScript 的广泛使用，选择大家熟悉的语言显得尤为重要。如果需要使用某种特定的高级语言，可以首先为该语言制定代码协议，随后在引入其他语言时,将制定的协议推广到其他语言的代码协议中。例如,由于 JavaScript 是 Serverless 平台的主要编程语言,各大平台的其他支持语言也往往采用与 JavaScript 相对一致的模板来实现。接下来,将以 JavaScript 为例,讲述在不同的代码协议中对其的具体约束。

模块引用协议的设计可以分为几个部分:一是如何设计模块暴露协议,二是如何设计引用模块的协议。在讨论这些设计之前,有必要先探讨一下为什么需要模块引用。在许多 Serverless 平台中,实际上并不存在传统意义上的模块引用功能,一些平台通过参数环境的注入来实现代码的扩展。然而,如果一个 Serverless 平台没有第三方依赖引用的能力,那么这个平台必然是不完整的。因此,在设计模块引用协议时,可以参考当前编程语言的包管理机制。以 JavaScript 为例,官方认可的模块引用和暴露协议是 ECMAScript Modules。在大多数情况下,应该保持与 ECMAScript Modules 的使用方式一致,如使用 import 引用方法和 export 暴露方法。保持模块协议与语言的模块协议相一致,有助于提高使用者的适应性。如果使用了不同的关键字来实现模块的引用和暴露,用户将不得不单独学习新的模块暴露方法。这不仅增加了用户的学习成本,还要求 Serverless 平台在系统开发中基于现有语言模型创建新的模型,并满足定制需求,从而大幅增加了开发成本。这种做法违背了制定代码协议的初衷。因此,对于模块引用协议而言,最好的方式就是与当前编程语言主流的协议保持一致。

在模块引用协议中,保持与编程语言的模块协议一致是一个基本原则。然而,对于其他类型的协议来说,情况可能有所不同。在后续内容中,将不会立即介绍代码协议的子协议,而是先讨论一些相对更宏观的协议。接下来,通过请求协议来进一步探讨 Serverless 架构的协议设计思路。

8.1.2 请求协议

请求协议涉及用户的请求方式及内部的请求分发流程。虽然协议本身并不关注具体的实现细节,但其功能必须相对完备。在这部分协议中,主要描述了用户在发起请求时应遵循的规范。协议内容规定了如何在请求正常和异常情况下采取不同的策略,以确保请求的处理符合预期。

用户发起请求到服务器时,通常使用 HTTP 协议进行处理。由于 HTTP 是全球最广泛使用的协议,因此用户请求通常会依据 HTTP 协议的规范进行限定。然而,在内部调用过程中,请求类型的约束相对较少,可以直接使用 HTTP 或其他第三方通信协议,如 gRPC、Thrift,或基于 UDP 或 TCP 的自定义协议。在内部调用中,只需实现内部远程调用的逻辑即可。因此,在对外请求方面,通常更倾向于基于 HTTP 的请求协议规范限制,包括如何遵循 HTTP 协议、设置 HTTP 请求的超时规则及如何做到 HTTP 请求与函数的分离等。请求协议需要支持 HTTP 的功能,这意味着需要实现 HTTP 请求的全部能力,包括 WebSocket 的支持。然而,对于大部分 Serverless 平台而言,实现 HTTP 相对简单,但 WebSocket 功能的实现则较为复杂。原因在于,Serverless 为了实现函数容器的动态性,通常在每次请求完成后立即销毁容器以释放资源。然而,WebSocket 的请求时间相对较长，这类请求无法及时销毁容器。在常规 Serverless 设计中，容器在 WebSocket 的生命周期为一直存在，这对 Serverless 资源的动态伸缩性构成了巨大挑战。因此，请求协议中引入了 HTTP 服务代理层的概念。HTTP 服务代理层的设计是为了弥补 Serverless 平台在 WebSocket 能力上的不足。它类似于 Tomcat 或 Nginx 的前置服务，用于代理 HTTP 请求。通过 HTTP 服务代理层，可以定制 HTTP 请求的处理方式，如在何种情况下才会请求 Serverless 函数。同时，Serverless 函数不再需要管理请求的异常情况，所有异常都由 HTTP 请求代理层处理。请求代理层本身几乎没有计算，仅用于请求的中转和管理。有了 HTTP 请求代理层，便能解决如 WebSocket 长连接等问题。代理层可以保持长连接，而由于其本身没有计算和存储开销，因此保持长连接的成本较低或几乎为零。当 WebSocket 接收到需要处理的消息时，代理层可以激活 Serverless 函数。通过这种方式，Serverless 函数能够继续保持良好的动态伸缩能力，同时与请求解耦。

因此，请求协议的处理可以更多地依赖于请求代理层，通过代理层来实现对请求协议的功能限制。

▶▶ 8.1.3 应用隔离协议

应用隔离对于 Serverless 平台而言是一个至关重要的功能。应用隔离并不意味着绝对的隔离，而是在软件层面实现相对的隔离。绝对隔离在实际操作中难以实现，因此应用隔离协议的标准旨在通过隔离行为，尽可能减少对其他应用和函数的影响。

在隔离架构中，App 被视为最小的隔离单元，而函数则隶属于 App。一个 App 可以包含一个或多个函数，通过这种方式，系统可以灵活地限定函数的隔离级别。选择 App 作为隔离级别的原因在于，App 作为一个函数集合，可以实现函数环境的复用、自定义隔离及资源限制等功能。对于内存和 CPU 等资源的限制，也是以 App 作为最小单元来进行控制的。除了资源限制之外，权限配置也作为 App 的限制之一。将 App 作为函数的集合，函数可以通过 App 的配置进行个性化的资源和权限限制。这些资源限制与权限配置组合后，绑定到特定的 App 中。此时，App 更像是角色权限控制（RBAC）中的角色，用户可以拥有多个 App，每个 App 包含若干函数，并且每个 App 可以有不同的资源和权限配置。

关于应用隔离协议而言，隔离的核心目标是防止某个应用对其他应用产生影响。那么，如何消除这种潜在的影响呢？主要通过以下两个方面来实现应用的隔离。首先，通过为每个 App 分配独立的进程或线程，并限制这些进程或线程的资源消耗。通过这种方式，实现了对 CPU 和内存使用的限制，确保各应用间不会因为资源争夺而互相干扰。其次，在环境隔离方面，App 之间理论上不应互相干扰其运行环境。为此，采用两种方法的组合来处理环境隔离问题。首先，在线程初始化时同时初始化 App 的独立环境，这确保了每个 App 都运行在一个独立、全新的环境中。虽然这种方式保证了 App 的独立性，但仍存在一个问题：App 可能会修改其他 App 或外部的环境，导致初始化环境发生改变。为了解决这一问题，应用虚拟机（VM）代理来阻止 App 对外部环境的修改。V8 引擎已经在很大程度上解决了环境修改的可能性，但为了进一步确保隔离性，开发 VM 时需要在以下两方面进行代理。一方面是环境变量代理，每个 App 运行的 VM 应拥有一份独立的环境变量，以维护 App 内部的环境变量数据。这些环境数据仅包含 App 对外部环境的修改，确保不会对其他 App 造成影响。另一方面是依赖代理，通过限制系统依赖的权限，递归地控制第三方依赖的权限。例如，要限制用户的文件读写权限，可以通过限制文件系统（FS）模块的能力来实现。这不仅限制了用户的文件读写操作，还可以通过检查依赖关系，限制第三方依赖在使用 FS 模块时的权限。

以上内容是对应用隔离协议的简单介绍，重点在于将 App 作为隔离的最小单元。接下来将介绍通信协议，详细说明在保持隔离的前提下，如何实现 App 之间的安全、高效通信。

8.1.4　通信协议

通信协议主要有两点。一个是 RPC 通信，即应用和应用之间的通信，也可以说是函数和函数之间的通信。另一个是应用与 HTTP 代理层的通信，这更多涉及线程之间的通信。

通信协议用于定义不同计算机系统或进程之间通信的规则和标准，其主要用途是确保数据在传输过程中准确且有效地被发送、接收和理解。Serverless 架构中的通信协议旨在解决远程通信或线程与主进程之间通信的问题。通信协议的作用主要包括：确定如何调用远程服务，确保服务之间的沟通高效，以及解决服务与服务之间交流的序列化问题。通过通信协议，可以基于应用程序和函数的信息，确定远程服务的调用地址。同时，在追求高效沟通的前提下，通信协议不需要在 TCP 或 UDP 协议的基础之上重新制定，而是可以选择适当的远程调用协议，并通过这些协议来调用远程服务。在这种背景下，通信协议还涉及如何动态生成调用方和被调用方的参数结构及返回值数据的问题，特别是序列化的问题，即确保参数结构和返回值数据的结构被正确还原。

在远程调用中，通常会遇到选择最优服务调用的问题。若要判断某台机器是否能够被合理调用，可以采取以下几种策略。第一种策略是随机网络调用，这一策略是通过随机算法来选择一台机器进行调用。虽然随机算法简单易实现，但由于随机性与每台机器的请求负载相关，可能导致某些机器承受较大请求量，从而引发负载不均的问题。不过，该策略的优点在于实现成本较低，容易部署。第二种策略是轮询机器列表，这种策略依次轮询机器列表中的各台机器进行调用，实现方式也相对简单。然而，轮询可能导致请求堆积，尤其在某些机器响应速度较慢的情况下，请求可能无法及时处理，从而导致负载不均。为了优化这些策略，可以考虑第三种策略，即请求计数法。这种方法通过记录每台机器请求的进入和返回数量，并根据两者之差来决定请求的分配，理论上能更均匀地分配请求，但实现成本较高。每台机器都需要记录请求的数量，并在请求进入或返回后将当前请求数量报告给注册配置中心。调度器再根据这些数据来分发请求。此策略虽有助于平均请求分配，但由于请求资源消耗的不一致性，可能导致某些机器负载过重，而其他机器负载较轻。为解决请求失衡问题，可以采用基于资源剩余配比的策略。该策略按照一定周期向注册配置中心发送每台机器的 CPU 和内存剩余情况，并根据这些信息由调度器进行运算和调度。调度器根据机器的资源状况，合理分配请求，从而更有效地解决请求失衡问题。上述方法虽然能在一定程度上实现最优调用，但在实际应用中，还应根据具体场景选择最适合的策略以实现最优调度。

通信协议的实现不仅涉及最优策略，还包括其他方面的优化，如数据的序列化。数据序列化是为了确保在通信过程中能够高效、准确地传输数据，并保证代码的顺利执行。接下来，将探讨执行协议的相关内容。

8.1.5 执行协议

简而言之，执行协议是关于代码执行的一系列规范。这些规范涵盖了代码运行前后的多个方面。首先，在代码运行前，执行协议规定了执行参数、执行函数的结构，以及返回值结构的限定。在代码运行过程中，协议还明确了代码中断的条件、运行的最大资源供给及代码运行时数据的流转方式。总之，执行协议涵盖了代码执行过程中可能发生的所有行为。

在代码运行之前，需要明确代码在哪些状态下可以作为函数使用，哪些状态下不能作为函数使用。例如，之前提到 App 会作为一个类暴露给外层接口，并通过外层初始化 App 实例。同时，App 也是函数的集合。这意味着，函数必须在 App 类中，才能被暴露到外部接口中。如果函数不在 App 类中，则不会被暴露。然而，仅位于 App 类中，并不意味着函数可以直接对外运行。一个类中的方法，如果没有使用装饰器进行包装，这个方法将无法对外使用。装饰器本身承担了路由的作用，如果没有装饰器，函数就不会注册到路由中，外部也无法通过路由访问该函数。因此，如果一个函数没有通过装饰器增加路由，它将无法被外部正常使用。即使一个函数使用了路由装饰器，使其可通过路由访问，这也并不意味着该函数能够正常使用。因为这还涉及路由参数的问题。路由参数的类型决定了函数的参数设定，只有参数设定正确，函数才能正常运行。当函数参数设定正确且函数可以运行时，接下来需要考虑的是如何将数据渲染到接口或页面上。在函数中，数据的返回方式决定了如何将其返回给客户端。如今，许多平台通过参数中的 callback 来返回数据结果，而其他情况则通过函数返回的数据作为接口的返回体或页面的数据渲染内容。关于返回结构是否需要定义的问题，则根据返回的类型决定，如 JSON 类型一般不需要定义结构。函数返回的内容将直接展示在请求体中，但根据返回类型的不同，展示的结果也会有所差异。例如，如果返回的是对象类型，则会返回 JSON 字符串，并将返回头默认设置为 JSON 类型；如果返回的是 Buffer 类型，则会将 Buffer 数据作为文件返回；如果返回的是字符串类型，则直接返回字符串并设置文本类型。在这种情况下，返回体的数据来自函数的返回值，而返回头的设置则通过函数的参数进行。通过这种方式，可以完成对一个 HTTP 请求的相对完整的操作。

执行协议还涵盖了多个方面，如文件的运行模式是单文件还是多文件。许多人可能认为代码只能是一个单独的文件，所有的函数代码都必须写在这个文件中。在一些 Serverless 平台上，确实存在这样的设定。然而，在执行协议的设定中，是允许多文件执行的。支持多文件执行的优势在于，可以将代码进行模块化拆分。然而，这种方式也带来了一些挑战。例如，开发者需要自行设计合理的代码结构。在打包时，多文件结构可能会增加复杂性，使打包过程不会像单文件那样简便。既然提到代码打包，部署自然是不可忽视的话题。接下来，可以进一步探讨部署协议的相关内容。

▶▶ 8.1.6 部署协议

部署协议是为了规范部署过程中的各项内容而制定的标准化协议，涵盖了代码打包结构、调用部署 API 接口的流程及相关的结构设计。总体而言，部署协议专注于部署流程及其各个结构的规范，而不关心具体的实现方式，其作用与之前提到的协议类似。与其他协议相比，部署协议更具通用性，因为只要遵循部署协议生成的代码结构，就能在任意 Serverless 平台上实现相对通用的部署。

部署协议的流程通常从构建代码开始。例如，首先进行代码的编译，并将编译结果放入指定目录。接下来，需要将这些编译结果进行打包。对于一个项目来说，可能同时开发多个 App，即多个函数的集合，这意味着往往会有多个编译结果。因此，针对多个编译结果，通常需要进行打包隔离，以确保每个 App 的内容独立。可以通过目录隔离将编译结果压缩成一个包，也可以直接打包成多个独立的压缩包。选择单个还是多个压缩包，取决于后续的应用场景。主观上看，将每个 App 打包成一个独立的压缩包可能更加合理，因为如果使用多个压缩包，服务端需要重新分包，以便将每个 App 的包地址放入相应 App 的部署信息中。打包完成后，下一步可能是将编译包上传到服务中。由于文件服务通常与接口服务分离，因此，部署接口的下一步是生成或获取包的上传地址。一旦获取上传地址，就可以将包上传。这里的包上传方式也是协议的一部分。可以选择相对通用的上传方式来制定协议，或使用现有的、相对流行的协议来实现这一过程。例如，使用 S3 的文件上传方式就很常见。这种方式具有两个主要优势：首先，它是一个相对通用的上传方案；其次，许多 Serverless 平台都可以使用 S3 作为文件存储平台。文件上传完毕后，接下来可能需要更新 App 的版本信息和部署地址信息，并通知各个部署该 App 的服务进行服务部署。可以用图表来直观地表示整个部署流程。如图 8-1 所示。

图 8-1 更加清晰的展示了部署的流程。那么，函数服务会出现什么现象呢？或者说，当代码在服务器上时，还有什么样的配置是可以设定的呢？接下来一起聊聊函数配置协议。

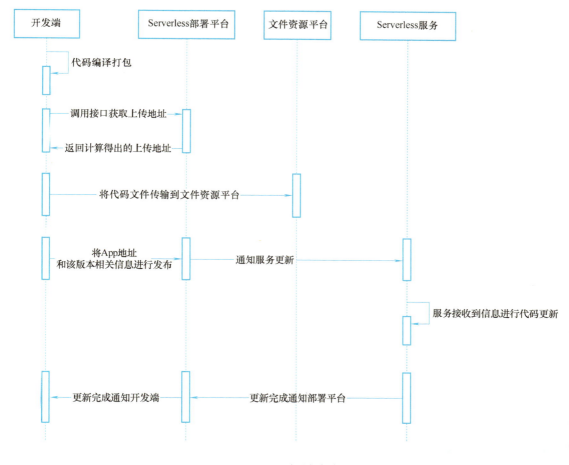

● 图 8-1 部署的流程

▶▶ 8.1.7 函数配置协议

函数配置通常在代码之外进行，特别是在项目开发过程中或 Serverless 环境中的函数配置。该配置往往影响一些边界性的行为，如函数的超时时间、运行空间及不同版本代码的流量配比等。这些都属于函数配置协议的范畴。可以说，函数配置协议实际上是对函数行为的配置。

函数配置协议可以分为几个方面，其中一个重要的方面是 App 资源和权限的相关配置。以 App 的资源和权限配置为例，来说明协议对资源、权限配置及函数运行的影响。首先，在资源配置方面，主要涉及线程数、内存空间使用和硬盘空间使用等。这类资源配置主要是为了优化函数的性能。例如，在 Node.js 环境中，如果存在阻塞性的运算，如每个请求的运算需要耗时一秒，而每秒有三个此类请求，那么至少需要配置三个线程才能应对 CPU 的消耗。如果代码本身无法有效解决这一问题，那么增加函数的资源配置便是一种可行的解决方案。这也体现了函数配置协议的优势之一，即通过标准化的配置方式，使得开发者能够在不同平台上更方便地理解和应用这些资源配置，而不必学习各平台不同的术语和功能。例如，一些平台可能提供线程数量的配置，而另一些平台则可能提供 CPU 核数的配置。虽然这两种配置方式存在差异，但协议的标准化可以帮助开发者更好地适应这些不同的配置方式。线程数量是一种显性的配置，而 CPU 核数则是相对隐性的配置，因为即使 CPU 核数很多，也难以了解代码内部的线程逻辑。

此外，函数配置协议还包括 App 权限的相关规定。在许多平台上，权限和能力的配置可能是默认的，即函数在容器中拥有所有权限。然而，协议可以对这些权限进行明确的规定，设定函数的权限范围。对于现有的 Serverless 环境来说，这样的权限规定有两个主要好处：首先，协议弥补了 Serverless 在权限设定方面的空白；其次，从未来发展的角度看，这种权限管控将推动平台的进步。以 Node.js 为例，其创始人在 Deno.js 中实现了对 JavaScript 调用系统 API 权限的管控，这预示了未来将有更多平台支持类似的功能。

通过这些简单介绍，读者可以初步了解 Serverless 协议的组成部分。接下来，需要深入探讨每个协议的设计，以全面理解其结构和功能。

8.2 代码协议设计

如前文所述，代码协议是在代码编写过程中对接口和设定的规范。相较于其他协议，代码协议的实现空间相对较小，因为它通过固定代码形式来规范代码的编写方式，使代码能够在 Serverless 平台上正确运行。

代码协议主要包括路由协议、装饰器协议、文件和路径协议及方法暴露协议等。路由协议依据路由规则，规定了请求指向函数的行为，即通过识别请求并绑定相应函数来实现。装饰器协议通过装饰器来限定其影响的函数范围，以实现函数功能的增强。文件和路径协议规定了代码文件的编写和引用范围，并明确了代码入口文件的设定，属于代码之外的规范。方法暴露协议则规定了如何将函数暴露给 Serverless 平台，以便请求能够最终访问到这些函数。

以上为代码协议的简要介绍，后续将对各项协议逐一解读，进一步明确其内容。

8.2.1 路由协议

对于路由协议而言，虽然大部分 Serverless 平台没有明确规定此类协议，但由于平台普遍具备相关功能，因此将其视为一种协议进行描述。

路由的主要功能是根据指定路径访问相应的函数。通常，路由配置的结构包括请求类型、请求方式和请求路径。请求类型通常包括 HTTP、WebSocket 和 RPC 三种。其中，HTTP 用于短连接的通信，WebSocket 用于长连接的通信传输，而 RPC 则用于函数之间的内部通信。请求方式主要指 HTTP 的若干请求类型，如 GET、POST、PUT、DELETE 等，这些请求方式在 HTTP 和 WebSocket 中都具有实际应用。请求路径虽然是字符串类型，但支持简单的正则匹配和路由参数的定义，请求路径的配置是路由协议设计的核心，具体细节将在后文中详细讲解。

在请求路径的功能设计中，路由支持参数和基本的正则功能，以提高用户使用的便捷性。参数功能允许将路径的某个部分作为参数，并通过绑定上下文的 params 字段进行输出。params 字段的结构是一个键值对，键名来自于路由路径中定义的参数名称，值则取自实际路径的解析。例如，定义路由为/user/:id，当传入路径为/user/1 时，id 作为键名，1 作为键值。同样，可以配置多个路由参数，如/user/:id/:actId，其中 id 和 actId 作为参数，以冒号方式定义。路由参数需要根据实际路径获取参数数据。此外，路由还支持简单的正则表达式功能。正则子串通常用括号分隔，由于路由定义是字符串，因此正则表达式中的功能，如字母 \w、数字 \d，通常使用 \\w和\\d表示。此外，它还支持其他简单的正则语法，如任意匹配 (.)、存在或不存在（?）、零到多个内容(*)，这些语法有助于路由匹配规则的编写。

在获取到这些路由信息后，App 在初始化过程中会相应地初始化路由。当请求进入 App 时，App 会根据预设的方法解析请求路径。至此，路由协议的基本说明完成。关于路由协议的具体使用场景及装载方式，将在后续的装饰器协议部分详细介绍，届时将探讨如何通过装饰器装载路由协议。

8.2.2 装饰器协议

说到装饰器，就不得不提及 JavaScript 的装饰器功能，装饰器协议本身就是基于 JavaScript 的装饰器实现的。那么什么是装饰器功能呢？简单来说，装饰器为类或函数绑定了额外的信息或能力，使它们具有超出其本身代码所能表达的功能。装饰器的一个显著优势是，它不会直接修改类或函数的核心逻辑，而是通过在代码中显式地使用装饰器标记，为类或函数附加额外的能力。在 Serverless 平台中，装饰器的主要用途之一是实现函数路由的配置。通过装饰器，可以在函数定义时，附加该函数的路由信息。在函数被读取和执行时，Serverless 平台会通过装饰器提取这些路由信息，并基于此信息初始化路由。路由信息、函数和装饰器的关系如图 8-2 所示。

在介绍装饰器协议之前，有必要先明确代码结构。通常，App 是一个类，而类中的若干函数则是 Serverless 所使用的函数能力集合。装饰器作为类中的一部分，使用@ 符号

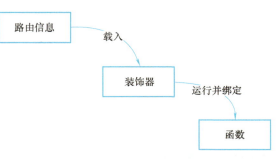

● 图 8-2 路由信息、函数和装饰器的关系

标识，并置于函数上方，又称为函数装饰器。装饰器本质上是一个方法，接受参数并将这些参数传入装饰器方法执行，最终实现函数装饰器内容与函数代码的绑定。一个函数可以运行多个装饰器，但最终仅会与一个功能相同的装饰器配置进行绑定，通常是离函数最近、最后被执行的那个装饰器。

装饰器通过 Reflect.defineMetadata 定义其内容，并将其绑定到函数上。在获取函数信息时，使用 Reflect.getMetadataKeys 先获取函数绑定的键值，再通过遍历这些键值，使用 Reflect.getMetadata 来获取函数的元信息。定义函数信息时，Reflect.defineMetadata 会在函数的原型链中生成一个内部属性 Metadata，并通过该属性读取函数装饰器信息。

至此，装饰器在代码层面的约束相对完整。然而，除了代码结构上的限定，还有哪些与代码相关的协议呢？接下来将通过文件和路径协议探讨 Serverless 对代码文件路径的相关要求。

▶▶ 8.2.3 文件和路径协议

对于一个函数而言，由于 App 是函数的集合，因此代码通常会写在 App 中。App 的代码范围通常被限制在 App 文件夹内，这意味着 App 中的全部代码都应存放在 App 文件夹中。然而，仅通过文件夹的限制是不够的，还需要规定一个 App 的入口文件，以确保能够通过入口文件来运行整个 App。

基于上述设定，App 作为一个最小的隔离单元，其内部代码理论上不应引用外部的代码文件。如果需要调用其他 App 的代码，应该使用 RPC（远程过程调用）来实现。这种隔离机制的实现可以通过重写 require 来完成，因为在 Node.js 中，import 语句最终会被转换为 require 进行解析和执行。因此，只需要修改 require 的文件规则，就可以防止 App 内部代码引用外部代码。具体实现方式是在 VM（虚拟机）初始化时，将 App 的文件夹路径传入 VM 中，然后通过 VM 通知 require 模块，拒绝使用 App 外部的代码路径。至于 App 文件路径，则依赖于对 App 文件夹路径的配置来获取，而不能直接通过入口文件路径来确定，因为入口文件的路径是可以配置的，并非唯一的固定值。对于 App 的入口文件，它实际上是整个代码的根，即所有代码的引用都从这个主入口文件开始。App 入口文件和其他模块的关系如图 8-3 所示。

对于主入口而言，通常会引用若干模块。例如，在图 8-3 所示的例子中，主入口可能会引用 A、B、C 模块，而这些模块又可能引用下层的 D、E、F 模块。同时，A 模块可以同时引用 D、E、F 模块，B、C 模块也可以如此。这意味着中间层的模块能够交叉引用下层模块。此处仅展示了三层结构，但在实际开发中，模块引用的层次通常远超三层。因此，对于模块系统的引用管理，需要确保所有引用的模块和被引用的模块都实现对外部代码路径的隔离。这就要求在引用路径下的所有代码文件或模块都必须进行严格的路径访问控制。这一行为的实现主要依赖于 App 主入口的配置。

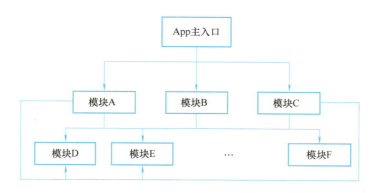

· 图 8-3　App 入口文件和其他模块的关系

具体的实现方式将在下节方法暴露协议中详细讨论，该协议将进一步探讨如何对模块的引用路径进行限制。

▶▶ 8.2.4　方法暴露协议

方法暴露协议与入口文件协议的设定密不可分。只有明确了入口文件，才能制定出合理的方法暴露策略。那么，App 的入口文件协议设定是怎样的呢？如何基于入口文件协议设定来制定方法暴露协议呢？方法暴露协议又具体有什么用途呢？本节将对此进行探讨。

入口文件作为 App 的运行起点，通常默认设为 index.js。选择 index 作为入口文件的默认路径，源于网页开发中的通用习惯：在未指定路径时，通常默认使用 index。这种做法具有一定的普遍性，且符合开发者的习惯。然而，这并不意味着入口路径不能被修改。事实上，开发者可以根据需要自定义 App 的入口路径。作为最小的隔离单元和可运行单元，App 拥有独立的依赖体系，通常通过 package.json 文件来管理依赖。这也意味着可以通过 package.json 文件来指定入口文件路径。虽然 package.json 中入口文件的配置相对复杂，包括 browser、module 和 main 字段，但对于大多数场景而言，只需要使用 main 字段即可满足需求。browser 字段优先级最高，通常用于浏览器场景；module 字段用于 ECMAScript 模块规范下的入口文件，如 Node.js 的 .mjs 文件；而 main 字段则用于 CommonJS 场景，支持 Node.js 和浏览器的相关应用。考虑到通用性和易用性，方法暴露协议中可以优先选择使用 main 字段来设定文件入口。如果用户配置了 module 字段，则提示暂时不支持，未来根据情况考虑增加对 module 字段的支持。毕竟，main 字段目前使用最广泛，对于用户而言也更容易理解和操作。

在完成入口文件的暴露协议设定后，还需要选择适当的暴露方式，使入口文件中的代码能够被 Serverless 服务正确识别和运行。为了实现这一目标，可以通过暴露 App 类的方法来确保函数的暴露。具体来说，可以通过暴露 default 字段的方式将 App 类暴露给外部。外部系统只需要读取 default 字段即可获取 App 类，并通过初始化该类来访问其中的方法。那么，为什么不直接暴露函数呢？这是因为 JavaScript 中的函数提升机制会导致函数无法直接使用装饰器。如果直接暴露函数，路由功能将无法正常使用。因此，选择通过类来暴露函数，使得路由功能和其他装饰器功能能够正常运行。此外，由于一个 App 通常只能暴露一个类，因此选择 default 字段作为唯一的暴露字段，可以简化暴露过程并避免冲突。

8.3 请求协议设计

请求协议主要指的是当请求发送到函数服务时，如何通过一系列规定来实现请求与函数的交互。虽然表面上看，前端或客户端通常是通过 HTTP 协议进行交互，似乎不需要额外的协议规定，但实际上，仍有许多关键内容需要在请求协议中进行明确的规范。首先，App 的定位规则是请求协议中的一个重要组成部分。如果没有明确的 App 定位规则，系统很难根据请求准确地找到对应的 App。找不到 App，函数也就无法被正确执行。除了 App 定位之外，请求协议还需要处理请求分发的相关规则。例如，当请求需要分发到某台机器上时，或者在调试阶段有指定机器的需求，请求协议就需要包含相应的处理规则。

简单来说，请求协议是对请求行为的一种描述，规定了在请求上进行哪些操作才能触发特定的行为。这不仅包括来自客户端或前端的请求，也涉及内部调用的请求行为，如 RPC 调用。对于 RPC 调用，请求协议需要处理更多关于请求分发的规则。例如，函数在注册到配置中心时的规则，以及如何根据这些规则选择最优的函数地址进行执行。下节将详细探讨请求协议的各个方面及其具体设计。

▶▶ 8.3.1 请求方式协议

请求方式协议基本决定了请求的规则。因为 HTTP 协议在 Web 开发中最具通用性，所以外部请求通常将 HTTP 协议作为请求基础，用户端也一样。那究竟如何基于 HTTP 请求来实现请求协议呢？

HTTP 协议建立在 TCP 协议之上，而 TCP 协议是传输层的协议。在 TCP 协议之下，还有网络层、数据链路层和物理层多个层次。物理层涉及电缆的传输，仅负责信号的传递。以网线为例，每根网线中的 8 根不同颜色的线实际上代表着不同的电流信号。当信号通过网线传输时，不同的线传递不同的电流信号，且各线之间的组合代表着不同的信息。因此，尽管接线的顺序在某种程度上并不做严格要求，但要确保网线两端的接线顺序保持一致。在无法确定另一端接线顺序的情况下，需要参考通用接线法，并通过测量仪器发送信号来验证接线是否正确。如果将物理层比作网线,那么测量仪器的信号检测则属于数据链路层的范畴。数据链路层负责确认信号的可用性,并确保信号按照预定的顺序接收。在通过测量仪器检测信号时,灯光会按特定顺序亮起,表示信号已按照协议顺利传输。要访问局域网或互联网中的其他设备时,需要依赖网络层的协议,如 IP 协议。IP 协议将 IP 地址转换为传输所需的网络路径,确保数据能够找到目标设备的具体位置,并通过路由器建立传输路径。在网络层建立了传输路径之后,TCP 协议负责控制传输的数据大小,并确保对方设备可用。最后,在应用层,HTTP 协议开始处理数据的传输与交互。早期的 HTTP 1.0 版本通过字符串传输数据,这种方式实现简单且可读,便于交互。随着 HTTP 协议的不断发展,1.1 版本引入了 keep-alive 和 chunked 传输功能,2.0 版本则进一步引入了二进制格式、多路复用等功能。这些改进反映了 HTTP 协议在广泛应用中的不断演进和优化。

在请求协议中,虽然 HTTP 协议的具体实现细节并不是重点,但协议本身确实需要定义一系列规则,以确保请求能够正确地路由到相应的 App 和函数。这些规则通常涉及域名、路径的解析,以及请求的分发逻辑。接下来,让我们深入探讨如何根据路径来确定 App,以及如何将请求分发到具体的服务器或机器上。

▶▶ 8.3.2 请求分发协议

请求分发是处理接收到的请求的关键环节。简单来说,请求分发协议的主要工作是根据请求的内容,将其转发到不同的机器上,并依据特定的规则确定目标机器的地址。需要注意的是,这里要区分外部请求和内部调用。对于外部请求,通常使用 HTTP 协议进行函数调用。此时,通常通过域名和路径来确定目标应用(App),再通过应用的动态路由来定位具体的函数。而对于内部调用,则需要判断目标应用是否属于相同的注册域,并确定是否需要发起远程调用来实现内部应用的服务。

对于外部请求的处理,通常通过域名配置和自动分发的 App 地址来确定相应的 App 服务。在确定了对应的 App 之后,系统会向注册配置中心查询当前 App 的相关信息,如该 App 是否存活、存活数量是否已达到服务的最大限制等。如果已达到服务的最大限制,系统将查询已存活的 App 地址,并向这些 App 发送请求信息。App 的销毁与请求密切相关。如果一个已存活的 App 在长时间内没有接收到请求,它将被销毁,注册配置中心也会更新该 App 的存活状态。请求分发协议中需要明确 App 的移除条件,因为这涉及请求是否已被处理。为此,系统在超时时间之外额外设定 1 秒的 App 销毁时间,这样既可以在没有请求时及时回收资源,又能确保已在存活 App 中的最后一个请求得以完整运行。在定位函数时,需要判断请求是否首次进入 App。App 的创建取决于请求的进入,如果 App 的存活数量未达到服务的最大限制,那么 App 将被创建。在创建过程中,App 的全路由将被初始化,而 App 本身是函数的集合,因此这一过程也初始化了所有绑定路由的函数。对于路由,系统通过请求方式和请求路径来识别请求,并优先执行代码中最先定义的路由函数，以确定请求对应的执行函数。这种方式决定了在相同路由下的访问优先级。

对于内部访问，需要向注册配置中心发起请求，其逻辑与外部请求类似。但在此之前必须先确定调用的合法性。通常来说，两个 App 之间的互相调用需要配置可调用权限，以防止越权调用的发生。未经授权的调用可能会导致被调用的 App 被无故触发，从而引发严重的后果。因此，内部访问时需要先进行注册域的判断。如果是个人创建的 App，需要判断是否为同一人创建的应用；如果是公司创建的 App，则需要判断是否为同一公司创建的应用。如果是相同人员或公司创建的应用，系统默认允许调用。但对于涉及商务合作或母子公司之间的互相调用，必须在被调用的 App 中配置可调用 App 的白名单，以确保调用的合法性。一旦调用被确认为合法，系统将查询被调用 App 的存活数量，以决定是否需要创建新的 App 实例来处理这个内部调用。内部调用同样作为一个请求参与 App 的创建和销毁过程。

8.4 应用隔离协议设计

应用隔离协议主要涉及两个方面：隔离的覆盖范围和应用在隔离情况下的影响范围。该协议不仅会说明现有的隔离方式，还将这些隔离方式公开化。同一容器内的隔离方式，通常包括 VM 隔离、Worker 隔离及变量隔离。此外，不同版本之间也存在一定的隔离。对于不同容器的隔离，则更偏向于容器层的隔离协议，而在软件层的讨论相对较少。针对不同的隔离方式，协议还将详细说明这些隔离方式在编写代码时可能带来的影响。

以 VM 隔离为例，它的优点在于实现相对简单，但隔离能力有限。VM 隔离更像是一种上下文隔离，通过这种隔离可以重新实现环境中的方法变更。具体来说，可以重写上下文中的某些方法，使其能够被更合理地使用，从而减少恶意使用方法可能带来的破坏。

相比之下，Worker 隔离虽然无法重写上下文，但如果与 VM 隔离结合使用，则可以显著增强隔离能力。Worker 在资源限制方面表现突出，例如，可以直接限制内存使用上限，并通过控制 Worker 的线程数量来避免 CPU 资源的过度占用。

总的来说，应用隔离协议旨在探讨如何对应用进行隔离，以及为什么隔离对于应用至关重要。通过学习该协议，研究人员将更深入地了解应用隔离相关的协议规范和实践。

▶▶ 8.4.1 隔离方式协议

隔离方式协议的诞生主要是为了解决代码在运行中互相影响的问题。该协议在隔离方式上做了三个功能上的限定：一是保证 App 在运行时资源的独立占用；二是保证环境可读但不可被修改，这里包括环境变量和宿主环境数据；三是保证引用的隔离性，即对依赖的隔离能力。

首先，什么是运行时资源的独立占用呢？资源一般包括三个方面：运算资源、运行空间和存储空间。在容器层面，可以通过参数实现对这些资源的控制。然而，在软件框架层面，独立于容器进行资源管理也是可行的。首先，关于运算资源的管理，可以通过创建单独的线程来实现运算隔离，并使用线程数量限制所需的运算资源。这种方式与容器中的资源管理有所不同，容器通常通过限制机器运算性能的百分比来控制资源的使用，而软件层面则通过线程数量来实现运算资源的隔离与控制。其次，关于运行空间的管理，在线程运行时，可以通过限定线程的最大运行空间来实现。由于线程是基于 V8 引擎运行的，而 V8 的内存资源管理是在其内部完成的，因此可以通过 V8 的内存控制参数来限定线程的最大运行内存。最后，关于存储空间的管理，容器通过限制系统空间大小来控制存储资源的使用，而在软件层面实现类似的功能，则需要重写 API。API 通常通过 require 系统引入，因此需要重写文件读写的相关系统。通过在创建、增加、删除文件操作时加入代理，并进行空间使用的计数，可以实现对存储空间的控制。此外，还可以将该存储空间接入文件系统（如 S3），使得不同机器中的应用程序也能访问相同的文件数据。通过上述方式，运行时资源的独立占用在隔离方式上基本得以实现。

环境数据可读但不可修改，是指对于应用程序而言，环境数据仅是一个镜像。例如，这类似于使用一张系统光盘来安装系统，光盘本身是固定且不可更改的，但安装好的系统是可操作和可修改的。因此，要实现应用程序的系统环境信息对于宿主系统来说是一个不可更改的复制，有多种实现方式。最简单的方式是直接对系统环境进行复制，然后将其应用于应用程序中。另一种方式是使用代理，仅代理系统环境，对于应用程序来说，只记录其修改操作。在这种情况下，应用程序只具备对系统环境的读取权限，而不具备修改权限，但可以记录应用程序对系统环境的修改行为。这种方式可以通过伪装让应用程序认为其修改了系统环境，而实际上并未真正更改系统环境，从而以较低成本运行，而不需要完整复制系统环境。

关于对依赖的隔离能力，这主要涉及对依赖项的权限控制。通过依赖隔离，可以限制应用程序在运行时使用哪些依赖项，禁止使用哪些依赖项，从而实现对应用程序运行时依赖的权限控制。

这些隔离协议可能会对服务产生一定的影响，接下来，将通过影响协议来说明可能产生的可接受的影响范围。

8.4.2 影响协议

影响协议的制定主要是为了在应用隔离的情况下，明确可能影响的范围并加以限制。在这一限制下，必须确保资源使用不会受到干扰，同时在运行过程中允许接受一定程度的变量和环境影响。

首先，对于 Serverless 架构而言，在未发生严重超卖的情况下，应用程序不应因其他应用程序的运行而导致严重异常。这些异常包括但不限于服务入侵、资源占用、服务中断等。需要解释的是，Serverless 架构的超卖现象指的是在恒定资源条件下，服务器能够提供的最大请求服务量超出服务器能处理的最大请求量。当服务商为了最大化利润而采用超卖策略时，可能会导致虚标现象。例如，若有 10 台服务器，每台服务器能够支持每秒查询率（QPS）为 1000 的 10 个用户，那么在用户负载波动的情况下，可能最多支持 20 个每秒查询率（QPS）为 1000 的用户。然而，如果服务商出售了 30 个每秒查询率（QPS）为 1000 的用户服务，这 10 个额外的用户便是超卖用户，超卖会导致服务性能的大量虚标。再回到严重异常的讨论，严重异常包括服务入侵行为，如非法调用、非法读取函数信息、非法获取函数数据等；资源占用行为，如无限提升计算能力、利用函数进行挖矿等；服务中断行为，如单点应用程序服务异常导致整体服务异常或单点应用程序无响应导致整体服务无响应等。

服务入侵的主要原因在于应用程序服务的逃逸，例如，应用程序未采用沙盒系统，导致其占用了外部宿主机资源，或在容器层获取到不当的链接信任。因此，除了在容器层进行限制外，还需要在软件层面进行限制。例如，通过沙盒系统防止应用程序逃逸。在使用沙盒系统时，还需要为用户提供宿主环境的系统变量，这些变量应通过代理运行，并将所有运行结果限制在沙盒中。此外，对于运行全流程，还需要确保沙盒能够进行全面的监控，防止代码在沙盒外部执行。通过这些措施，可以较大程度地保证当前应用程序不会对其他应用程序造成服务入侵的风险。

对于资源占用的管理，必须明确规定每个应用程序的线程使用量。这意味着每个应用程序的线程数量应受到严格管控。线程数量可以通过动态计算或固定线程锁定来管理。通过锁定线程的运行参数，可以限制特定的运行资源，如 CPU 资源和内存资源。这样，即使某个线程进入死循环，也不会消耗整个服务的计算资源，避免 CPU 被完全占用。因此，只要没有发生严重的超卖，其他应用程序仍能相对稳定地运行。

关于服务中断问题，早期的平台常出现多个服务共享一台机器的情况，甚至没有容器进行隔离。在这种情况下，实现热更新功能时，很多人会使用 require 来进行代码的热更新。然而，这种方式带来了一个潜在的问题：如果运行过程中没有对代码进行完整的异常捕捉，可能会导致整个服务的异常。例如，在早期的 Node.js 服务平台上，由于缺乏线程隔离，当某个服务进入死循环时，可能会导致其他服务全部出现异常。为了防止这些问题的发生，最佳做法是在容器层面进行每个应用程序的隔离。如果未使用容器进行隔离，也应通过虚拟机（VM）和线程隔离来最小化服务的影响，将每个服务作为一个独立的整体进行隔离。这样可以确保异常捕捉的完整性，并防止死循环问题影响整个服务的运行。

8.5 通信协议设计

通信协议的制定主要涉及客户端与服务端之间的通信规则。这些规则定义了双方如何在调用服务时进行交互。在代理层与服务器通信时，通常有两种主要的通信方式：HTTP 短连接请求和长连接请求。这两种方式在请求层的处理方式及应用程序的唤起方式上存在显著差异。除了外部调用，还存在内部调用方式，而在内部调用中，也可以选择不同的调用手段和方式，每种方式对应不同的调用规则。

接下来，将分别探讨调用协议、沟通协议和唤起协议，以说明在各个阶段服务调用和交互的必要流程。调用协议主要用于说明在外部调用和内部调用时，如何根据既定规则进行调用。沟通协议侧重于通信过程中可能出现的问题，以及应对这些问题的协议制定。唤起协议则关注在通信过程中应用程序或函数的唤起行为。

所以对于通信协议来说，调用协议其实是调用通信协议前的协议制定，沟通协议则是在通信过程中产生的一些协议内容。而在调用通信协议时，App 根据什么样的规则进行唤起，更多是在唤起协议里说明。那么调用后的行为如何处理呢？对于调用后的行为，通常涉及资源的释放或销毁。然而，销毁的时机在不同的沟通协议中可能有所不同，需要结合整个通信协议的整体流程来进行处理。那么接下来，看看通信协议下这些协议到底是如何处理的吧。

▶ 8.5.1 调用协议

如前文所述，代理层的作用是实现请求与函数之间的交互，而调用协议则主要用于说明代理层调用服务层的一些方法和规定。代理层处理来自外部的 HTTP 短连接和长连接请求，以及内部的 RPC 通信。这意味着所有的请求都会通过代理层转发到服务层。代理层的优势在于，它能够有效地管理和维护请求，从而使得服务层可以专注于执行任务和函数的销毁工作。通过这种分离，代理层承担了请求的管理职责，确保了请求的稳定性和高效转发，而服务层则能够专注于实际的应用逻辑执行，无需考虑请求的处理细节。这种结构不仅优化了资源的利用，还提高了系统的可维护性，使服务层能够更好地执行应用和函数销毁操作，确保资源及时释放。

在许多 Serverless 平台中，WebSocket 交互常被认为不适合函数式编程，原因在于它缺乏对长连接的有效处理机制。在传统的 Serverless 架构中，由于函数的生命周期短，WebSocket 连接往往在交互完成前就因为函数的销毁而断开。此外，Serverless 平台通常使用冷启动，这种方式在处理较大流量时显得相对困难。为了解决这一问题，可以引入代理层来处理 WebSocket 的交互。代理层可以管理和保持需要长期保持的请求，并将长连接请求转换为若干个短连接请求，从而使服务层在处理请求时无需担心连接的持久性，可以自由地销毁函数。例如，当客户端发起请求时，该请求首先会被托管到请求代理层。如果是长连接请求，代理层会保持连接，直至客户端挂断或超时未响应。为了维持 WebSocket 连接的存活，客户端通常会使用心跳机制。在代理层中，WebSocket 连接的请求方式和路径被用来定位相应的函数。在长连接未断开的情况下，当客户端发起信息时，代理层会通知相应的函数，并将客户端的信息传递给该函数。函数处理完成后，会将结果作为长连接会话的消息返回给客户端。对于主动推送的场景，代理层可以在客户端发送心跳包时，检查是否有需要推送的信息。如果有多条数据需要推送，可以将这些数据放入数组中，等待心跳包到来时集中推送。为了增强实时性，可以缩短心跳包的间隔时间，从而更频繁地进行数据推送。代理层代理 WebSocket 的原理如图 8-4 所示。

以上是代理层和服务层关系的介绍，其实在服务内部不仅包含代理层和服务本身的调用。从内部调用角度来说，RPC 的调用也是重点，关于 RPC 的调用具体细节将沟通协议中详细讨论。

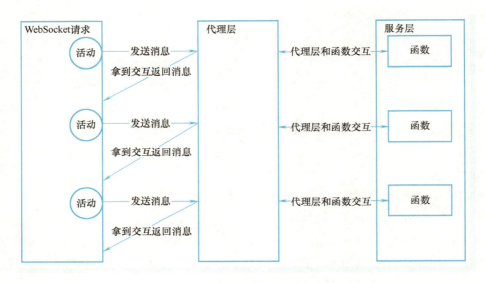

• 图 8-4　代理层代理 WebSocket 的原理

▶▶ 8.5.2　沟通协议

函数之间的通信通常记录在通信协议中。通信协议包含了两种主要的函数通信方式以及这两种通信方式下的若干子类。第一种方式为本地调用，即在本地机器上直接执行函数。在本地调用的场景中，存在两种主要的调用手段：一是直接引用目标函数文件进行调用；二是通过新建一个 Worker 来承载新的函数，并使用 Worker 的交互机制进行调用。第二种通信方式为远程调用，也称 RPC 调用。远程调用通常通过 HTTP 或其他开源的远程调用协议来实现，具体使用的协议通常无需特别关注，因其它们会通过传输层协议进行转换与发送。发送方和接收方仅需按照规定的方式传递应用名称、函数名称及参数即可。接下来，将对该协议进行详细讲解。

本地调用一般用于本地开发、学习，或在希望减少投入、仅需实现基本功能的场景下。此时，通过本地调用模拟远程调用成为一种常见做法。在许多情况下，本地调用通过直接引用应用代码并执行函数来获取结果。这种方式在早期应用广泛,但存在诸多问题。例如,它不能有效模拟真实环境;若被调用的应用程序出错,调用者也会受到影响;此外,结果无需序列化,虽然本地调用可能没有问题,但在真实环境中可能会导致问题。为了应对这些问题,一种改进方案是使用线程单独启动新的应用程序,并将相关的虚拟机(VM)放入新的应用程序中运行,同时通过线程间通信进行交互。此方法更真实地模拟了被调用应用程序的运行环境,因此,协议中规定不能通过直接引用的方式来模拟远程调用。

接下来,将重点介绍远程调用。远程调用中,通常需要将应用和函数的 ID 传入 RPC 调用方法中。此操作是为了通过函数的 ID 获取在请求服务层的 TCP 和 UDP 通道。获取 TCP 和 UDP 通道的原因在于,编码协议几乎都是基于应用层实现的,因此,当用户拥有 TCP 和 UDP 通道时,可以根据任意协议发送请求。而这些 TCP 和 UDP 通道是根据函数信息在请求服务层注册的。由于请求服务层无法读取编码信息的内容,发送编码信息时只能根据函数 ID 生成两个通道来实现信息转发。在获取 TCP 和 UDP 通道后,用户可以根据所需的编码协议,通过相应的函数发送信息。接收到信息后,函数需手动解码,解析出对应信息。在默认的协议加解密方案中,HTTP 方式被默认用于远程调用。如果远程调用需要使用其他协议,只需在发送 RPC 请求时将要发送的数据进行编码,并将通道信息传递给编码方法,随后只需对通道数据进行加解码即可。

▶▶ 8.5.3 唤起协议

唤起协议旨在调用服务时将应用唤起,那么,应用的唤起时机是什么呢?接下来,将讨论关于唤起协议的设计。

唤起协议在通信过程中起着至关重要的作用。无论是内部请求还是外部请求,都需要通过唤起应用程序(App)来运行服务。请求的管理通常由请求代理层负责,然而,唤起 App 的操作并非由请求代理层直接执行,而是由服务层完成。这意味着,请求代理层的主要职责是将请求发送到服务层,而服务层则根据具体情况决定是创建一个新的 App 服务,还是复用已有的 App 服务来执行服务代码。以请求为例,当请求到达请求代理层后,代理层会将该请求传递给服务层。服务层根据请求的内容来判断需要启动的服务类型及其版本。由于不同的请求可能需要唤起不同的应用,因此服务层会依据服务策略来进行判断。例如,如果使用了灰度发布策略,服务层就需要根据灰度策略的配置唤起对应的版本。当确定了需要唤起的 App 和版本后,还有一个关键步骤,即判断是新创建一个 App 服务实例,还是复用已有的实例。服务层会对当前 App 版本下的服务进行存活性检查,即确定该版本下是否还有存活的 App 服务实例。如果没有存活实例,服务层则需要创建一个新的 App 服务实例,以提供服务。如果已有的存活实例数量超过了配置的上限,服务层会从存活的服务中选择一个,并将通信数据传入该服务对应的方法中。因此,请求代理层实际上掌握了 App 信息和函数信息。而在前述的沟通协议中提到，通信是通过 TCP 和 UDP 通道来实现的。那么，这个流程到底是如何进行的呢？RPC 唤起流程如图 8-5 所示。

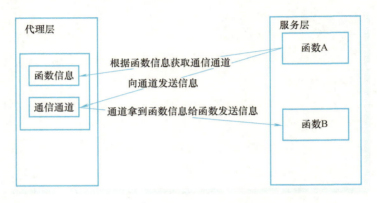

● 图 8-5　RPC 唤起流程

从图 8-5 可以看出，函数首先发送所需的函数信息，以获取目标函数的通信通道信息。获取到通道信息后，函数便可以通过该通道将数据发送给目标函数。在目标函数执行完成后，其返回的数据同样通过该通道传回。在此过程中，代理层起到了中介作用，它将要运行的函数信息直接转发给服务层，从而推进目标函数的运行。

8.6　执行协议设计

执行协议是代码运行的必要条件，主要包括执行入口协议和返回值协议两个方面。执行入口协议定义了代码如何暴露和启动，而返回值协议则规范了不同请求方式下的返回结果及其相应的处理方式。在执行入口协议中，重点讨论代码的入口类的引用方式。通常，入口类的引用有两种方式：静态引用和动态引用。静态引用是指在编译时明确指定入口类，而动态引用则是在运行时根据条件获取入口类。此外，还需要考虑在获取到入口类时，是否需要执行该类的特殊操作，如构造方法的调用。返回值协议则专注于讨论数据返回方式的优劣。不同的请求方式可能会产生不同的返回效果，因此返回值协议需要根据具体的使用场景，选择最适合的返回方式。协议设计时，应考虑现有的技术挑战和使用场景，推动服务协议向更合理的方向发展。

通过执行入口协议与返回值协议的结合，可以构建一个更加完善的执行协议。执行入口协议保障代码的正确启动，而返回值协议则确保返回结果的准确性和合理性。通过这些协议的设计和实施，可以为用户提供更好的体验。即使用户在初次接触时无法立即意识到这些设计的优点，但在实际使用后，也会感受到这些协议所带来的便利和提升。

说了这么多，正式进入正题，通过执行入口协议和返回值协议来聊聊执行协议的设计。

8.6.1 执行入口协议

执行入口协议主要定义了代码的运行方式，它决定了代码如何启动和执行。不同于代码协议关注代码文件的组织方式，执行入口协议更关注代码的实际运行方式。当前的执行入口通常基于类，而不是基于单独的函数，这并非是因为形式上的限制，而是因为编程实践中的一些关键因素。首先，类在当前的编程环境中具有独特的优势，尤其是在使用装饰器的情况下。装饰器在 JavaScript 中常用于路由配置等任务，而目前只有类可以方便地利用装饰器的功能。其次，类可以看作是函数的集合，类似于命名空间的作用。虽然在语义上可能不够完美，但在当前的 JavaScript 语法中，类的使用非常合适。通过类来组织函数，不仅可以提高代码结构的清晰度，还可以为未来的语法扩展和优化留出空间。

例如，在模块暴露时，目前常用的方式是通过暴露 default 来暴露类。这种选择不仅符合当前的通用语法规范，还为未来可能的函数单独暴露保留了设计上的灵活性。如果以后需要对函数进行单独暴露，可以使用其他方式，而 default 暴露方式则可以专门用于类的暴露。然而，使用类来暴露方法时，也会引发一些关于代码执行的额外问题。

在入口代码的执行方式上，更加倾向于使用类似 require 的方式，而非 import 的方式。可以将 import 的方式称为结构引用，而 require 的方式则称为执行引用。在 Serverless 的运行时环境中，更加偏好执行引用的方式，主要有以下两个原因。首先，如果采用结构引用的方式，运行代码时必须依赖底层模块系统，这将导致实现成本较高。而且，目前 require 在模块使用上依然占据主导地位，因此在引用类时，执行引用方式会执行类所在代码文件的全部代码。例如，假设代码中有一个全局变量 i=1+1，使用执行引用的方法时，无论是否使用到 i，其赋值代码都会被执行。有人可能认为未引用的代码对执行无影响，但可以考虑另一种情况：如果代码文件中包含一个向当前目录写入文件的方法，且该方法在类中未被使用，那么结构引用方式不会触发该写文件操作。然而，若使用执行引用方式，则该写文件的方法会被运行，从而导致文件被写入。尽管这两种方式各有优劣，但在权衡后，更倾向于采用执行引用来实现应用类的引用。因此，在执行协议中也规定了使用执行引用来进行代码引用。

此外，对于入口文件而言，还有一些必然发生的事情。例如，将类作为函数的集合来引用时，类不仅是一个简单的集合。类具有构造方法，在引用入口应用类后，类的初始化也会随之进行。因此，执行引用时需特别关注构造函数的运行，并在协议中加以标注。

8.6.2 返回值协议

定义返回协议的必要性主要在于确保数据返回的一致性和可预测性。在很多 Serverless 平台中，返回值通常需要遵循特定的结构，以实现期望的请求返回结果。然而，这种特定结构的要求对于开发者来说，可能并不友好，因为每次编码都需要遵循这些固定格式。

首先，探讨一下常见的返回值协议。在许多平台中，数据返回通常通过传入的 callback 函数来实现。这种 callback 本质上是一个方法，当需要返回数据时，通过调用 callback 方法来实现数据返回。使用这种方式的一个原因是，早期的 JavaScript 不支持 Promise 语法，因此在需要异步处理或等待的场景中，回调函数成为了实现数据返回的主要方式。其原理是定义一个 callback 函数，包含请求返回的执行行为，然后将 callback 作为参数传入方法中。当方法完成一些操作（如数据处理或远程调用）后，调用 callback 函数，执行其中的请求返回操作。然而，这种实现方式存在局限性。例如，如果函数被多次调用，可能会引发异常。此外，过多的回调函数也会增加代码的复杂性和维护难度。因此，在返回数据时，相较于将数据传递给 callback 并使用返回数据结构中的标识符来判断是否为异常，更倾向于直接使用 return 语句代替 callback，并使用 throw 来抛出异常。通过使用 return 或 throw，可以避免函数被多次执行的问题，因为一旦执行到 return 或 throw，函数的执行就会终止。同时，这种方式还鼓励开发者使用异步函数来完成操作，将原本依赖回调的函数转换为异步函数。

对于返回数据结构的设计，应该优先考虑简洁性和实际需求，而不是一味追求功能的集成。这种设计理念可以避免结构过于复杂，减轻不必要的维护负担。从反面案例来看，许多 Serverless 平台倾向于使用复杂的结构来返回数据，标榜其为多功能集成实现。然而，功能的堆砌往往并不能真正满足用户需求，反而可能带来更多的问题。例如，假设用户提出需要实现跨域功能，可能会在返回结构中添加一个 isCors 字段来标识是否支持跨域。随后，用户又要求支持 JSONP 的跨域实现，于是再增加一个 isJsonp 字段。随着功能需求的增加，结构体中可能堆积了大量字段，这不仅增加了复杂度，还可能引发混乱。尤其是在长期使用中，开发者可能对某些字段的用途产生疑问，导致功能设计的失控，原本的便利反而成为系统的负担。因此，在设计返回协议时，应该从用户需求的本质出发，专注于提供真正有价值的功能，而不是盲目添加功能。为此，返回协议的设计可以分为两部分：返回体协议和非返回体的数据协议（如返回头、状态码等）。对于返回体协议来说，返回体的数据类型可以包括字符串、缓冲区（Buffer）、数据流（Stream）和可被 JSON 化的对象。如果返回的是字符串，则直接返回字符串内容；如果涉及文件或大数据块，建议使用缓冲区或数据流进行返回，以提高效率；对于可被 JSON 化的对象，返回时应以 JSON 格式返回。如果对象无法被 JSON 化，则应抛出异常以提示错误。对于非返回体协议来说，通过设置返回头（headers）和状态码（status）来控制响应的其他部分。根据不同的需求，可以灵活设置这些非返回体的部分，以提供所需的页面内容或响应信息。

8.7 部署协议设计

部署协议的规范化意味着执行相同部署协议的 Serverless 服务可以实现无缝衔接，从而使得在一个平台实现的 Serverless 代码能够在多个平台中共同运行。因此，部署协议本身具有重要意义。在部署过程中，通常包括三个细分协议：构建协议、请求部署协议和版本升级协议。

首先，构建协议主要规定构建产物的结构。设计构建协议时，应确保构建产物的结构具有可实现性，并遵循特定的结构规范。这些规范指导构建产物在各种功能环境下的运行。其次，在构建产物完成后，接下来是请求部署协议。该协议主要涉及请求接口的调用规则和请求结构的定义。将通过一个示范结构，具体展示请求部署协议的规范及流程。最后，在请求部署完成后，涉及应用的滚动更新。通过版本管理的方式进行应用的升级，推动函数代码的更新。

简而言之，部署协议涵盖了开发完成后到上线部署全过程中发生的各项事宜，包括代码构建、请求部署服务、服务部署上线等。接下来，将根据上述流程对协议内容进行详细拆解。

8.7.1 构建协议

构建协议的核心是规定打包的基本结构，以确保代码能够正常运行。首先，需要明确构建过程应支持代码的运行。对于一个服务来说，通常需要提供接口功能、页面渲染功能、文件上传和下载功能等。而在 Serverless 平台上，系统只关注代码本身，并不关心具体使用了什么代码去构建服务。因此，构建协议的重点在于确定以下两方面的内容：一方面是打包结构的合理性。即确定是将多个应用一起打包，还是单独对每个应用进行打包；另一方面是产出物结构的合理性。即确定构建协议产物能够适配相应的功能。

在 App 的构建过程中，通常会使用多种框架或编译器增强功能。例如，可以使用 TypeScript 进行编译增强，从而提供代码的类型提示。对于前端开发，可能会使用 Angular、React 或 Vue 等前端框架，这些框架可以通过插件的方式进行集成。然而，编译后的代码最终会生成 JavaScript 产物，并且这些产物必须具备能够正常运行的入口文件。只要编译后的代码保留了正常的入口文件，系统即可运行这些代码。对于前端框架而言，打包的产物通常包括 HTML 文件、JavaScript 文件及其他静态文件。尽管某些前端打包工具会将静态文件转换为 JavaScript 代码，例如，将文件转换为 base64 格式并嵌入代码中，但这种方式在服务端环境中并非必要。服务端可以直接读取服务器上的文件，并将其返回至页面中。因此，对于服务端的产物，关键在于 JavaScript 的入口文件。通常情况下，入口文件的路径可以在 package.json 文件中指定。如果 package.json 文件不存在或未指定入口文件，系统将默认使用 index.js 作为入口文件。一旦确认了 JavaScript 入口文件，接下来的问题就是如何打包其他文件。

当确认了入口文件后，服务器在运行时会首先执行入口文件的代码。如果存在前端文件，服务器则会根据当前请求的路径来读取并渲染相应的前端资源文件。当然，如果需要提供文件下载的功能，也可以在打包时将这些文件一并打包上传至服务器，然后在需要时读取并提供给用户。不过，这种做法并非服务端的标准操作。标准做法通常是使用文件资源服务器来获取文件的上传或下载地址，因此，对于较大的文件，上传到文件资源服务器反而更为便捷。由此可以得出结论，在构建过程中，入口文件是唯一必须打包的部分，其他文件则可以视需要选择性地进行打包。例如，对于前端渲染功能，可能需要将前端的产物文件一并打包到最终产物中。虽然这些文件的存放位置没有严格要求，但必须确保它们与入口文件不冲突，因为服务器可以直接读取打包文件并返回，而入口文件的引用和运行则至关重要。实际上，入口文件的引用格式可以根据具体执行协议的内容进行生成。接下来，将进入请求部署协议的讨论，详细讲述其内容和流程。

▶▶ 8.7.2 请求部署协议

在构建协议中提到，构建产物中不可或缺的是 JavaScript 入口文件，也就是说，只要有这个入口文件，产物便可以在服务器上运行。那么，是否仅需打包 JavaScript 入口文件呢？实际上，需要进一步了解入口文件的内容。入口文件是 App 运行的起点，它是整个应用程序的核心。前面提到，App 实际上是函数的集合。在开发过程中，通常会开发多个 App。那么，在这种情况下，如何处理多个或单个 App 的部署请求呢？

现在正式讨论请求部署协议的内容。请求部署协议主要涉及与服务端交互的接口及发送给服务端的数据内容。主要的交互接口包括获取文件上传地址接口、文件上传接口、增加 App 部署信息接口和 App 部署更新接口。首先，获取文件上传地址接口的存在，可能存在质疑：为什么需要这个接口？主要原因在于，文件资源管理通常并不直接依赖接口服务器。因此，在这种情况下，接口服务器需要先生成文件上传地址，或从配置中心获取文件上传地址。这个地址将作为产物上传的目标地址，构建的产物会被上传到这个地址。接着，在产物上传完毕后，会调用增加 App 部署信息接口，将 App 的部署信息进行更新。这一步骤将生成一个与产物资源相对应的 App 版本。随后，系统会将这个 App 版本信息及相应的部署策略发送给 App 部署更新接口。在部署策略完成后，系统会返回部署完成的确认信息。调用服务部署的流程和结构如图 8-6 所示。

如前文所述，通常会进行多个 App 的开发。那么在上传 App 构建产物时，是将多个 App 文件统一打包上传，还是将每个 App 的产物单独上传和部署呢？早期曾尝试将多个 App 文件统一打包并进行部署，但这种方式对整个流程的影响较大。统一打包不仅增加了打包和上传的复杂度，还使服务端增加了额外的拆包操作，这无疑增加了设计流程中的不必要步骤和功能。因此，最终选择了将每个 App 单独打包并上传的方式。这样，每个 App 的构建产物可以独立上传和部署，简化了部署流程，同时减少了服务端的处理负担。每个单独打包的 App 可以遵循图 8-6 所示的流程，实现从构建文件到服务升级的全过程。

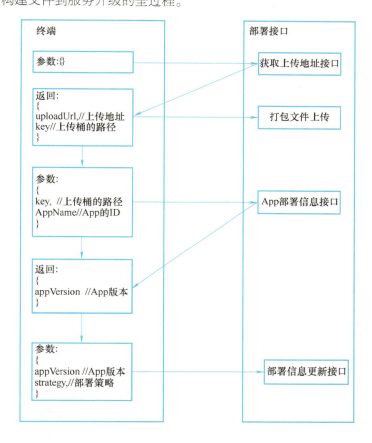

• 图 8-6 调用服务部署的流程和结构

8.7.3 版本升级协议

在 8.7.2 节中提到，在请求部署协议流程中，最后一步是部署信息的更新，其中涉及 App 版本和部署策略的发送与更新。那么，这其中的结构是怎样的呢？服务更新又遵循什么样的策略呢？

从服务功能的角度来看，版本升级是指在服务中引入新的功能或修复现有的功能。在早期，服务升级通常采用直接覆盖的方式，即用新代码覆盖旧代码并重新运行服务。然而，这种方式存在一个显著的问题：一旦新版本出现问题，回滚变得十分困难。因此，逐渐出现了一种两者并存的方法，即在升级前保留老版本的代码，新的代码覆盖后，如果出现问题可以迅速回滚到老版本。这种方式虽然解决了部分问题，但仍有改进的空间。随着容器技术的兴起，服务升级开始通过容器化的方式进行。这种方式不仅简化了部署过程，还提高了服务的可移植性和隔离性。但是，新旧容器之间的切换成为一个新的挑战。这时，引入了版本管理的概念，通过版本号来管理不同版本的容器，并在需要时进行版本切换。随着版本管理的成熟，人们开始考虑如何在不同版本之间实现灰度发布、A/B 测试等高级功能。通过这些功能，可以在部分用户中试验新功能，而不会影响所有用户。然而，实现这些功能往往需要重新部署容器，流程相对烦琐。因此，逐渐产生了在软件层面基于版本实现这些功能和流量发布策略的需求。要在不同平台上实现这些策略的通用性，就需要制定相应的发布协议。对于版本升级协议而言，虽然版本是核心，但策略的设计实际上占据了协议设计的大部分工作。针对代码发布的主要版本策略，通常包括以下两种：使用最新版本或锁定版本，如图 8-7 所示。

对于 A/B 测试，可以通过请求的参数来决定是否访问新的应用版本。具体来说，可以根据请求路径的参数或请求头的参数来判断是否命中特定版本的条件。在这个过程中，key 表示指定的字段，而 values 是一个数组，表示该字段可能的取值。如果请求中的 key 值命中数组中的某个值，则使用当前配置的版本。如果分组内所有 key 值都未命中，则请求进入默认的分组渠道。默认分组渠道的配置可以选择使用最新版本，也可以选择使用一个锁定的特定版本。A/B 测试结构如图 8-8 所示。

- 图 8-7 最新版本和锁定版本结构

- 图 8-8 A/B 测试结构

至于灰度发布，由于它与分流配置协议密切相关，因此，关于如何实现灰度发布的具体实例将在函数配置协议中详细讲解。

8.8 函数配置协议设计

函数配置协议指的是与函数运行相关的配置，这些配置能够影响服务的运行。例如，通过限制内存和 CPU 资源，可以确保函数运行时不会超出预设的资源限制；通过分流协议，可以实现流量的配置管理；而当需要将函数部署到不同平台时，可以利用部署配置协议来实现跨平台的部署能力。

从代码的角度来看，代码本身基于给定的参数生成相应的结果。一般情况下，函数配置不会影响函数的运行，但如果函数的运行超出了设定的最大限额，函数配置就会发挥作用。此外，函数配置还可以选择运行哪一份代码，这一选择通常由平台来决定。而在更高层次上，选择在哪个平台运行函数，也属于函数配置协议的范畴。这些配置和选择权的赋予，使得开发者或终端用户提供了更多的灵活性和自主性。

8.8.1 App 配置协议

App 配置的主要作用在于通过配置来限制代码的能力范围。限制代码能力的原因在于，如果不加限制，代码可能会过度使用资源，从而影响其他服务的正常运行，导致诸如响应缓慢、内存不足或空间不足等问题。此外，限制代码的能力还能帮助开发者更好地掌握系统行为，通过权限控制，限制函数的权限范围，使其在超出权限时触发异常，从而避免不必要的风险。例如，为了防止代码未经授权修改文件或读取环境变量，可以通过权限配置来确保某些文件只能被读取而无法被修改。这些限制和控制都可以通过 App 配置协议来实现。那么，App 配置协议具体是如何构建的呢？接下来将从配置和结构两个方面进行详细说明。

对于 App 配置协议而言，其主要任务是对函数的能力和权限进行管理与配置。然而，在 Serverless 架构下，这一配置方式需要更加灵活，以适应平台的动态化需求。在传统项目开发中，直接配置函数的能力和权限并非难事。但在 Serverless 平台中，由于其配置的动态性要求更高，直接配置变得复杂。例如，假设需要为一个函数设置最大线程数，在传统项目中，只需直接配置即可。然而，在 Serverless 平台上，如果每次修改配置都需要重新发布代码，这将给开发者带来极大的不便。为了解决这一问题，Serverless 平台可以直接在平台内部实现函数的配置，并通过配置的下发，动态地对函数生效。因此，在 Serverless 平台上，App 配置需要以一种方法的形式存在，而平台则通过重写该方法，使其能够在 Serverless 平台的注册配置中心中读取相关配置。对于本地项目，开发者则可以更灵活地修改 App 配置。基于 App 配置本身作为方法的前提，其参数应当包括一个唯一的 App ID。通过这个唯一 ID，可以查询相应的配置，或在本地项目中确定合适的资源限制。此外，开发者也可以直接拉取配置代码，实现动态配置的能力，但此时需要指定相应的配置接口服务。对于返回的数据，应至少包括以下参数：最大线程数、允许的系统模块、超时时间及最大内存使用量的限制。有了这些参数，App 配置协议才算是相对完备。

8.8.2 分流配置协议

对于分流配置协议而言，其核心任务是提供一个低层的配置机制，用于支持版本锁定、A/B 测试及灰度发布等上层策略的实现。分流配置协议作为实现层，需要为上层的策略层提供基础功能，以确保不同的策略能够顺利运行。既然如此，实现层该如何实现，才能让各种策略都可以运行呢？

在设计分流配置协议时，首先需要明确版本区分的机制。用户可以自定义版本，也可以通过系统自动生成版本。对于自动生成的版本，通常需要用户填写备注，以便用户清楚地了解版本的生成时间和背景。在有了明确的版本区分机制后，分流配置协议便可以基于这些版本实现各种分流功能。那么，分流配置的功能又需要具备什么样的能力呢？在进行流量分配时，一般通过预定的策略来满足不同版本的需求。针对这些策略需要明确所需的能力，无论是最新版本还是锁定版本，均需通过应用的唯一 ID 查询相应的版本策略信息。如果处理的是最新版本，还需要通过应用的唯一 ID 查询最新版本信息；若是锁定版本，则直接依据应用的配置实现版本锁定。在涉及 A/B 测试的场景中，需获取请求相关信息及应用的唯一 ID，以确定版本。在此过程中，首先应根据 A/B 测试的策略获取相应的白名单列表，再通过版本比对确定黑白名单。

对于灰度发布而言，灰度是一种按比例返回数据内容的方法，因此只需通过应用名称获取灰度策略。然而，在按比例随机分配不同版本服务的情况下，存在多种随机方式。其一是通过伪随机算法根据权重决定服务；其二是通过轮询权重进行随机分配，以确保每次请求均按比例命中。此外，灰度策略本身还可以在指定权重下与其他策略嵌套使用，如嵌套 A/B 测试、最新版本或指定版本等。因此，还需将这些功能所需的参数一并整合。灰度结构实例如图 8-9 所示。

```
灰度版本:
{
type:"weight",
weight:[
    {
        weight:10,   // 权重值
        strategy:{
            type:"latest"   // 使用最新版本
        }
    },
    {
        weight:10,   // 权重值
        strategy:{
            type:"lock"   // 使用锁定版本
            version
        }
    },
    {
        weight:10,   // 权重值
        strategy:{
            type:"group"   // 使用锁定版本
            group:[
                {type:"query",key,values,version},
                {type:"header",key,values,version},
            ],
            default:{
                type:"lock",
                version
            }
        }
    },
]
}
```

- 图 8-9　灰度结构实例

针对上述策略，分流配置协议的设置必须遵循某种特定的策略，并且在参数配置上，需要包含应用名称（AppName）及对应的请求头数据，以实现精准的流量分流。对于数据返回部分，仅需返回当前应用的版本信息即可。

8.8.3 部署配置协议

部署配置协议的主要作用可以归纳为以下三点：首先，它赋予用户选择平台的权限。平台的选择可以细分为内部平台的选择、内部与外部平台的选择及外部平台之间的选择；其次，它为用户提供了选择部署协议的机会。不同的平台可能对应不同的部署协议，用户可以根据具体协议获取相应的平台部署方式；最后，部署配置协议的作用在于整合差异。通过一套统一的脚手架命令或方法实现部署，类似于 Git 代码提交工具，尽管代码可能会提交到不同的仓库，但依然可以通过相同的命令规范处理代码提交。

部署配置协议与部署协议之间存在显著差异。部署协议主要处理部署过程中需要完成的各项任务，而部署配置协议则更多地关注部署前的准备工作。可以认为，部署协议依赖于部署配置协议，或者说部署配置协议是部署协议的一个前置协议。在部署函数执行之前，首先需要配置好要发布的服务器。通过配置服务器，可以建立与该服务器的连接。在连接完成后，将获取部署协议。如果本地命令行中已经实现了该部署协议，部署过程将按照协议执行。如果本地命令行中尚未实现该部署协议，则需要根据部署配置协议中提供的服务地址跳转至帮助说明。在帮助说明中，可能会提示用户升级命令工具版本或下载其他必要的命令工具，以便进行下一步的部署。此外，还存在一些隐藏的路径。例如，在通过部署配置协议的地址获取部署协议时，如果遇到鉴权问题，则需要根据部署配置协议获取相应的鉴权配置，进行登录操作。登录方式通常较为通用，如 OAuth 或 SSO 登录等。登录完成后，便可以继续执行上述步骤，并将登录凭证附加到接口中，以确保后续操作顺利进行。

对于部署命令的设计，目前包括以下几个命令：deploy-auth-fetch、deploy-auth、deploy-fetch、deploy。这些命令都需要配置部署服务地址，通常使用--host 或其缩写-h 参数来配置。其中 deploy-auth-fetch 命令用于获取部署的登录方式。deploy-auth 命令则根据 deploy-auth-fetch 的结果进行登录，因此此命令需要增加登录方式的可选参数配置。如果未指定可选参数，deploy-auth 命令将先执行 deploy-auth-fetch 来获取登录方式。在这种情况下，deploy-auth 实际上包含了 deploy-auth-fetch 的执行过程；deploy-fetch 命令用于获取部署协议；deploy 命令是一个全自动的部署方式，其可选参数为 deploy-fetch 的部署协议类型。如果未指定部署协议，deploy 将先调用 deploy-fetch 来获取部署协议。同时，如果在 deploy-fetch 过程中遇到需要登录的情况，还将调用 deploy-auth 进行登录。通过 deploy 命令，用户可以直接在服务器上完成函数的部署。

第 9 章

Serverless架构的实践

第9章 Serverless 架构的实践

9.1 部署方案

本章侧重于 Serverless 实践的应用，因此，首先通过部署一个 Serverless 环境来为后续开发做好准备。尽管 Serverless 可以在单机环境下进行开发和部署，但其所需的依赖项相对较多。首先，Serverless 本身需要依赖 Docker 容器作为开发环境。在容器准备就绪后，还需要依赖多个 Serverless 组件，如 ETCD 和 MinIO（一个 S3 开源文件存储系统）等。那么，这些组件又是如何组合在一起构建部署的呢？这些内容将在部署依赖部分中详细说明。

在处理好这些部署依赖后，可能还会出现其他问题。例如，部署的规模需求如何确定。在开发和学习过程中，通常单机即可满足基本需求，但如果涉及更大规模的场景，又该如何部署呢？Docker 是否能够应对多机器部署的问题呢？需要明确的是，Docker 作为底层容器方案，通常不会直接用于多机部署的处理，因为 Docker 本身只是一个容器解决方案。对于多机部署而言，仍需依赖容器技术，以更便捷地实现多机器服务副本的部署。

需要强调的是，部署方案并非指 Serverless 项目中运行应用的部署方案，而是涵盖了整个 Serverless 架构的部署方案。在 Serverless 项目完成部署后，将进一步探讨 Serverless 项目开发中的具体部署实践。接下来，将直接进入部署方案的讲解。

9.1.1 部署依赖

Serverless 的部署依赖包括 Docker、ETCD、MinIO（S3 文件系统的开源版本）及 Serverless 服务。这些依赖在 Serverless 平台中都分别扮演着重要的角色。

首先，Docker 是一个轻量级虚拟化技术，可理解为一种快速部署和运行应用的工具。Docker 为开发者提供了丰富的命令行工具和镜像操作功能，支持通过 Dockerfile 编写镜像代码，从而快速搭建虚拟服务和构建镜像。在 Serverless 平台中，Docker 可用于将 Serverless 服务部署到容器中。然而，若要在多台机器上运行 Serverless 服务，仅靠 Docker 是不够的，还需借助 Kubernetes（K8s）等容器编排工具来支持多机部署，相关内容将在后续章节中详细说明。

ETCD 是一个强一致性的开源数据库，广泛应用于容器编排中。其订阅和监听能力使得 ETCD 能够方便地实现服务的心跳检测、服务注册和摘流功能。心跳检测确保服务的存活性，服务注册使得不同服务之间可以通过注册信息进行通信，而摘流则用于防止流量被发送至异常服务。在 Serverless 平台中，ETCD 用于服务更新通知，以协助部署最新代码。此外，服务部署完成后，还会主动向 ETCD 注册服务信息，确保服务在流量进入后能够正常进行存活性判断并进行心跳检测等。

在讨论完服务之后，接下来探讨存储。存储部分主要是通过 S3 来进行代码文件的管理。那么，什么是 S3 呢？S3 最早由亚马逊推出，是一种对象存储服务，具有分布式、高可靠性和丰富的接口等特点。为了实现 Serverless 架构的存储需求，采用了 S3 的开源版本 MinIO。MinIO 不仅能够快速实现 Serverless 架构的存储功能，还支持代码文件的存储与拉取，从而使得 Serverless 架构更加简洁、高效。从部署目标的角度来说，最终需要部署的是一个 Serverless 服务。而 Serverless 服务实际上是一个代码平台，能够执行代码。在这一平台上，依赖项是什么呢？首先，容器是 Serverless 服务的底层依赖，可用于运行和分发，通过 Docker 容器可以实现服务的运行、隔离及分发。其次，为了注册服务，可以借助 ETCD 完成服务的注册。那么，Serverless 架构中大量的代码文件应存储在哪里呢？这可以依赖分布式文件系统实现文件的存储、分发、上传和下载。当所有这些工具都准备就绪后，便可以开始 Serverless 服务的部署。对于部署而言，还需要考虑部署规模。通过不同的部署规模，可以制定不同的部署方案。接下来，将进入下一节，详细讲解部署规模准备的相关内容。

▶▶ 9.1.2 部署规模准备

部署规模主要取决于使用场景。例如，如果仅用于开发和学习，部署在一台带有操作系统的机器上即可，支持的操作系统包括 Windows、Linux、MacOS 等。单台机器的基本配置要求为至少 2 核的 CPU，建议配置 4GB 的运行内存和至少 40GB 的存储空间。虽然部署本身不需要如此大的空间，但由于开发过程中需要进行镜像打包，而镜像打包会消耗大量存储空间，因此建议提供更大的存储空间以满足开发需求，从而确保日常开发和学习的顺利进行。

在本地部署时，首先需要准备好 Serverless 服务的镜像，然后使用 Docker Compose 来启动所有组件和相应的服务。那么，什么是 Docker Compose 呢？在使用 Docker 时，通常需要通过 Docker 命令来构建镜像，并准备服务所需的文件资源。接下来，还需要使用 Docker 命令来指定镜像的端口、环境变量及前台或后台运行方式。然而，将这些配置通过命令行工具运行过于烦琐，并且无法在命令行工具中清晰体现依赖关系。因此，可以使用 Docker Compose 来解决这些问题。Docker Compose 支持使用 YAML 文件来定义容器之间的依赖关系、使用的网络、端口及环境变量等。通过 Docker Compose，可以一键完成容器的运行，而无需在命令行中输入冗长的指令。这不仅简化了运行方式的描述，还能快速启动服务。例如，可以在 docker-compose.yaml 文件中定义 etcd 和 minio 的依赖关系，指定每个服务的镜像、环境变量和端口等。对于 Serverless 服务，还可以指定其依赖关系和对应的网络配置，从而方便地将服务作为一个整体进行部署。Serverless 部署的 Docker Compose 实例如图 9-1 所示。

然而，如果需要在业务环境中使用，则需要根据业务规模来决定部署方案。当业务规模较大时，可能需要使用多台机器进行部署，此时通常会使用 Kubernetes（K8s）来管理和部署容器。接下来，将介绍容器部署的实际操作，并详细探讨 Kubernetes 及其用途。

```
version:'3.6'
services:
    etcd:…
    
    minio:…
    
    vaas-platform:
        image:vaas-platform-image
        container_mame:vaas-platform-server
        testart:always
        environment:…
        ports:
            - "9080:9080"    # API端口
        links:…
        depends_on:
            - etcd
            - minio
        networks:…

volumes:…

networks:
```

图 9-1 Serverless 部署的 Docker Compose 实例

9.2 容器部署实现

对于 Serverless 架构而言，虽然每个服务最终都需要部署在容器中，但这些服务本质上是由函数组成的。要将这些函数转换为可运行的服务，必须依赖某种载体来实现服务的部署和运行。因此，容器部署的核心在于如何通过容器化的方式将框架用于 Serverless 服务的部署。

在这一部分，将从三个方面进行阐述。首先，讨论 Dockerfile 的使用，这是构建服务的最基本单元。Dockerfile 本身就是服务的基座，决定了容器的构建方式。既然要使用容器，就意味着需要实现容器的部署。对于容器部署来说，容器的编排和管理至关重要。在 9.1.1 节中提到的 Docker Compose 虽然可以用于容器的部署，但其功能相对有限，尤其是在多机环境下，Docker Compose 无法有效满足容器的部署和管理需求，其编排能力也较为薄弱。基于这些限制，接下来将进一步探讨 Dockerfile 在 Serverless 中的作用，以及如何使用 Kubernetes（K8s）来进行容器编排和管理。Kubernetes 作为一个强大的容器编排工具，不仅能够接入容器管理，还能为系统带来诸多好处，如实现弹性伸缩等功能。接下来，将围绕这些问题展开讨论，以寻找答案。

9.2.1 Dockerfile 准备

什么是 Dockerfile？简单来说，Dockerfile 是一个用于定义容器内部内容的描述文件。可以将其类比为早期光盘刻录的过程：当光盘作为存储介质时，刻录一张游戏盘需要编写存储在光盘中的内容。当然，这里的编写并不意味着要完成整个游戏，而是对光盘进行一些配置，例如，将游戏安装程序写入到光盘的引导区中。通过这种方式，可以轻松调整游戏光盘的运行效果。同样地，Dockerfile 的产物也是固定的。既然如此，接下来就开始准备 Dockerfile。首先，需要考虑 Dockerfile 中应包含的内容。这包括引入操作系统镜像，如果需要运行一个 Node.js 服务，意味着还需要安装 Node.js。对于 Serverless 服务，需要将其加载到容器中并运行，运行后还要暴露服务端口。因此，根据这些需求，可以按照步骤编写 Dockerfile。

首先，引入操作系统镜像。在这里，选择 Ubuntu 系统作为基础镜像。因为 CentOS 自 8 版本之后采用了滚动更新模式，稳定性不如以往版本。此外，需要注意的是，在 macOS 中，基于 Intel 芯片和 AMD 架构的系统引入方式有所不同。引入系统如图 9-2 所示。

```
# 如果是intel则直接使用ubuntu,如果为mac M系列芯片则使用amd64/ubuntu
FROM ubuntu:latest
```

- 图 9-2 引入系统

由于是 Node.js 的服务，所以还需要安装 Node.js，这里最好定义 Node.js 版本为环境变量，同时动态安装。安装 Node.js 如图 9-3 所示。

```
# 安装node环境
ENV NODE_VERSION v18.17.1
RUN mkdir -p /node/$NODE_VERSION
RUN wget https://nodejs.org/distl$NODE_VERSION/node-$NODE_VERSION-linux-x64.tar.gz
RUN tar xzf node-$NODE_VERSION-Linux-x64.tar.gz -C /node/
ENV PATH /node/node-$NODE_VERSION-linux-x64/bin:$PATH
```

- 图 9-3 安装 Node.js

完成基本环境的准备，也就意味着要准备引入服务了，对于服务来说首先要引入服务，并将服务进行构建，通过构建完成服务为可运行的状态。引入服务如图 9-4 所示。

服务准备好后，则可以根据服务的暴露端口及服务的入口方式写到 Dockerfile 的入口文件中，这样，镜像一旦运行，服务就能执行。暴露端口和执行服务如图 9-5 所示。

```
# 复制文件到工作区间
COPY . /vaas-platform
RUN npm install
RUN npm run copy
RUN npm run build
```

```
# 暴露端口 需要跟server的port一致
EXPOSE 9080

CMD ["npx","vaas"]
```

- 图 9-4 引入服务   - 图 9-5 暴露端口和执行服务

完成这些基本的镜像后，就可以进行 K8s 的部署和接入了。

9.2.2 K8s 接入

首先，什么是 K8s？K8s 是 Kubernetes 的缩写，因为"Kubernetes"一词中"K"和"s"之间有 8 个字母，因此简称为 K8s。Kubernetes 是由谷歌推出的一款用于容器的自动部署、扩缩容、容器管理和编排的开源系统。K8s 的强大之处在于其能够实现自动化的上线和回滚，多机器的服务发现和负载均衡，并且在面对异常容器服务时，能够自动将流量引导至健康的容器。这些功能使得 K8s 成为管理大规模容器时的首选工具。

可以访问 K8s 官方网站（https://kubernetes.io/）选择适合的安装方式，并按照教程完成安装。安装完毕后，还可以选择安装 Dashboard，这是 K8s 的可视化平台，可以通过该平台查看服务的部署情况。当然，如果使用这个平台，还需要提前安装 Metrics Server 插件。该插件的作用是监控每个服务的运行情况，如果没有这个插件，Dashboard 可能会出现运行异常。

接下来，开始编写 Serverless 服务的部署文件。这个文件与 Docker Compose 的 YAML 文件有些相似，但它是 K8s 的部署文件格式。在使用 minikube 或 microK8s 时，需要重新构建镜像，并将其导入到 K8s 集群中，以便更好地构建环境。例如，使用 minikube 时，需要使用 minikube image load 命令将本地镜像载入到集群中，或者使用 minikube image build 命令来重新构建镜像。完成这些准备工作后，就可以开始讲解 K8s 的 YAML 文件编写了。如图 9-6 所示。

编写完成 YAML 文件后，可以通过 K8s 的命令来进行部署。使用 kubectl apply -f 命令可以指定 K8s 文件进行部署；如果需要删除某次部署，可以使用 kubectl delete -f 命令来指定文件进行删除。如果安装了 Dashboard，部署完成后，就可以通过它查看已部署的 Serverless 服务。

• 图 9-6 K8s 部署配置

9.2.3 弹性伸缩配置

既然可以使用 K8s 作为容器的基座，那么是否可以基于 K8s 使用 Knative 作为底层基座呢？简单来说，Knative 是一个无服务器的容器部署解决方案，能够实现路由分发、弹性伸缩，并提供生成函数、开发函数、部署函数及脚手架的多种方法。根据描述，确实可以使用 Knative 来配置弹性伸缩。然而，如果已经实现了一套自定义的路由分发、函数生成、函数开发和函数部署方法，对于 Knative 来说，可能只需要使用它的弹性伸缩功能。更重要的是，在许多企业的私有化部署平台中，通常只提供了机器和容器管理的方法，以及弹性伸缩的功能配置。甚至有些情况下，K8s 对外不可见，即没有提供具体的机器权限。在这种环境下，既要解决如何在一台空机器上进行部署的问题，也要考虑如何在已有的容器化管理平台下进行部署。如果有容器化管理平台，那么通常不需要单独配置弹性伸缩功能，因为弹性伸缩由平台管理；而在仅提供机器的情况下，由于拥有了对机器的控制权限，可以在其上自行搭建 K8s。既然 Knative 的核心功能是弹性伸缩，那么可以深入探讨 Knative 是如何实现弹性伸缩配置的。众所周知，Knative 主要使用的是 KPA（Knative Pod Autoscaler），而 KPA 可以看作是 HPA（Horizontal Pod Autoscaler）的升级版本。HPA 是 K8s 的水平伸缩机制，而 KPA 与 Knative 结合得更加紧密，能够实现灰度发布、蓝绿发布及快速冷启动等功能。然而，其他功能可能需要平台自行实现。因此，直接使用 HPA 也是可行的选择。接下来，可以通过 HPA 的配置来实现 Serverless 服务的弹性伸缩。

首先，需要在 K8s 集群上安装 Metrics Server。在 9.2.2 节中，已经介绍了在安装 K8s Dashboard 时如何安装 Metrics Server，因此此处不再赘述，仅进一步讨论 HPA 的配置。弹性伸缩配置如图 9-7 所示。

```
apiVersion: autoscaling/v2beta2
kind: HorizontalPodAutoscaler
metadata:
  name: vaas-platform-hpa
spec:
  scaleTargetRef:
    apiVersion: apps/v1
    kind: Deployment
    name: vaas-platform
  minReplicas: 1
  maxReplicas: 10
  metrics:
  - type: Resource
    resource:
      name: cpu
      target:
        type: Utilization
        averageUtilization: 80
  - type: Resource
    resource:
      name: memory
      target:
        type: Utilization
        averageUtilization: 80
```

● 图 9-7 弹性伸缩配置

如图 9-7 所示为对 VaaS 平台 Pod 的监控情况，并配置了基于内存和 CPU 的弹性伸缩策略。这意味着，当内存或 CPU 的使用率达到 80% 时，系统会自动扩容；如果使用率长期低于 80%，则会触发缩容操作。这种配置可以确保机器资源得到相对高效的利用，同时维持服务的性能和稳定性。

9.3 Serverless 架构的限制实例

在 Serverless 的许多场景中，需要对项目进行资源限制。这些资源限制包括线程数、超时时间、内存限制等。所有这些限制实际上都是围绕 App 的构建而设定的。本节将从创建一个 App 并对其进行注册的角度，说明开发前所需的准备工作，包括对 App 权限的限制等内容。通过架构的限制配置，实现 Serverless 相关的资源限制功能。在资源限制功能之外，还需展示代码引用能力的功能。在许多情况下，通过隔离代码引用能力来实现隔离操作，可以在开发阶段预防许多问题。

在开发框架中，实例（Instance）通常被称为应用（App）。App 是最小的隔离单元，开发者在本地开发框架初始化 App 后，可以开始编写 App。编写 App 的过程实际上就是开发服务端功能的过程。在完成功能开发后，App 需要注册到 Serverless 服务中。注册后，开发者可以对 App 进行配置。配置完成后，开发的代码可以发送到 Serverless 服务上进行部署，最终在 Serverless 服务上运行。

那么，这个实例（App）是如何创建和使用的呢？接下来，我们将深入探讨 App 的创建与使用。

9.3.1 Serverless 架构构建 App

首先，什么是构建 App？简单来说，Serverless 服务本质上是一个多租户平台，除了 Serverless 自身的服务运行在平台之上，其他用户也可以将自己的服务迁移至该平台运行。每个服务都可以被定义为一个 App，而每个 App 则构成了 Serverless 服务的一部分。接下来，将说明如何构建单个 App。

构建一个 App 通常包括几个步骤。第一步是在本地初始化项目；第二步是在 Serverless 平台上进行服务的注册和配置；最后一步是将 App 发布到 Serverless 平台。

首先，本地初始化项目的目的是为了便于在本地进行开发。通常会使用脚本来运行项目的初始化，执行 npm init vaas 命令来启动服务。该命令本质上是执行 npx create-vaas 命令，而 npx create-vaas 命令实际上是 npm install create-vaas && create-vaas 的简化形式。不同之处在于，npx 不会真正将依赖安装为全局包，而是临时注册一个服务。也就是说，通常会先安装某个依赖，再执行该依赖对应的 npm 全局命令。项目的初始化如图 9-8 所示。

>npm init vaas

>>Cloning into 'vaas-project'...

>>vaas-template @ 1.0.0 postinstall
>>sh ./install.sh

>>init vaas project complete!
>>1. cd vaas-project
>>2.npm run dev

• 图 9-8　项目的初始化

在运行项目初始化脚本后，会看到初始化完成的提示。此提示通常包括切换到初始化项目目录的指引，并提醒使用 npm run dev 命令来启动项目。在进入项目目录后，可以看到项目的结构。项目的结构如图 9-9 所示。

- 图 9-9 项目的结构

在此项目结构中，大体上可以分为几个主要部分。首先是源码区，这里是具体编写代码的地方。在源码区内有一个应用区，通常用于存放需要开发的应用。在应用区内的具体实例是实际要开发的应用程序，这些实例最终会在 Serverless 平台上进行注册。此外，服务配置部分则为本地开发提供了服务配置的能力，便于开发者进行相关的调试和配置工作。

9.3.2 开发者的权限控制实例

9.3.1 节介绍了如何初始化开发者的应用，并提到需要在 Serverless 平台进行注册。那么，为什么要在 Serverless 平台进行注册？注册的目的又是什么？实际上，注册与服务的运行密切相关。如果应用只在本地运行，那么不需要进行所谓的注册，可以直接在本地执行代码。然而，如果需要要在 Serverless 平台上运行代码，就必须在平台上进行注册。注册的过程让平台能够识别和管理该服务，特别是在进行鉴权时，如果没有在平台上注册，就无法对 App 进行有效的管理，这可能导致平台的混乱。因此，只有在平台注册后，才能将服务推送到平台上运行。

在平台上注册后，还需要进行一些配置。首先需要配置 App 名称，该名称需要与项目中 App 目录的名称保持一致。例如，如果在初始化项目时，App 目录名称为"hello"，那么在注册时，平台上的 App 名称也应命名为"hello"。其次，描述部分是对应用的简要说明，包括创建这个 App 的目的和其功能作用。描述部分在未来需要对 App 进行迁移、重构或大规模改动时，将起到指导作用。接下来，需要配置一些功能和权限的限制，如 App 被允许调用系统模块数、最大线程数、请求超时时间及内存限制等。App 的注册如图 9-10 所示。

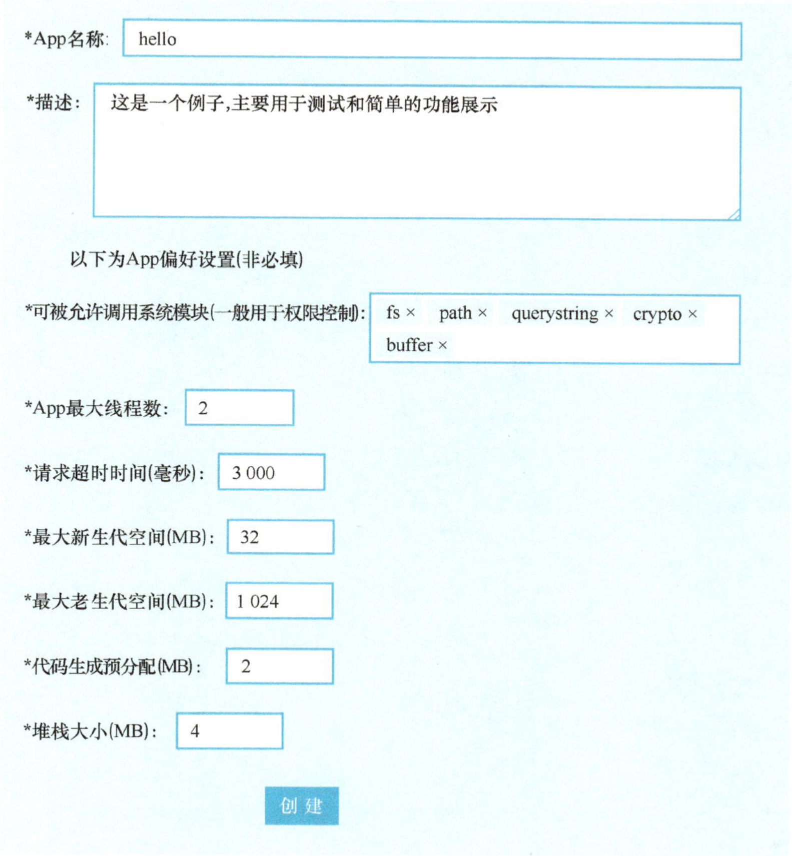

- 图 9-10 App 的注册

在 App 的偏好设置中，可以看到一些非必填选项，其中包括对模块的权限控制。例如，在设置中限制了 hello App 只能使用特定的系统模块，如 fs、path、querystring、crypto、buffer 等。

一旦设置了这些模块权限，不仅在编写代码时只能使用这些指定的模块，所依赖的第三方库也会受到同样的限制。这种控制机制确保了整个 App 在运行过程中只能调用被允许的系统模块。

9.3.3 开发者代码引用规范实例

在使用 Serverless 服务进行开发时，应该遵循一定的规范。首先，函数应该是相对独立的。如前文所述，App 是函数的集合，也是最小的隔离单元。那么，在开发中如果引用了外部文件，会产生什么问题呢？

其实，对于 Serverless 函数的开发，本质上没有太多限制。开发者可以自由选择自己想要的架构或直接编写函数进行返回。函数编程可能更适合直接编写功能函数，但无论采用何种方式，函数的返回结果都会被视为函数的出口。如果采用函数式编程的思想，函数代码会更具函数化特点。当然，如果在函数中使用其他编程思想，从平台的角度来说，这些都不应受到限制。然而，在代码引用方面存在重要的限制。主要有两个方面：一个方面是对代码外部文件引用的限制。因为如果使用了代码外部的文件，首先，隔离性就无法得到保证；其次，在打包代码时也不会将 App 外部的文件进行打包。因此，必须限制引用 App 外部的文件，以帮助 Serverless 使用者在开发时更加规范。也就是说，需要根据配置和是否符合 App 的引用文件的规范，来决定引用的文件或模块是否可以被引用。那么，遇到不可被引用的情况应该如何去修改代码呢？例如，在 App 内引用了 App 外部的文件，就不符合 App 的引用文件的规范，属于一个错误的行为。有两种方法去解决，第一种做法是将外部的文件移动到 App 内部来进行使用，这是比较简单的方法，但是如果每个 App 都使用这种方式那么就会造成文件的冗余，所以更好的做法是使用 RPC 进行调用，这样就可以更好地将代码根据功能来划分到不同的 App 中，从而增加代码的复用性，如图 9-11 所示。

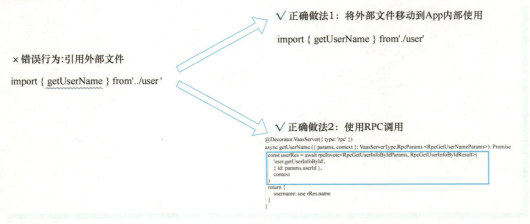

- 图 9-11　App 引用规范案例

在开发过程中，许多人可能会使用外部插件来实现禁止引用外部文件的功能。然而，由于 Serverless 平台本身重写了 require，因此无需通过插件来实现这一限制。此外，使用插件来实现禁止引用外部文件通常需要依赖编辑器插件或在运行时进行检测并报错。这种方式在某些情况下可能会导致开发效率降低，因为每次运行时都会进行检测，从而延长了运行时间，出现类似"开发五分钟，调试一小时"的尴尬状况。为避免这种问题，建议在代码运行时动态触发规则检查，即仅当发生违规行为时才触发。这种方式不依赖于编辑器或其他外部环境，并且只有在代码中确实存在规则问题时才会触发检查，从而提升了编译和开发的整体效率。

9.4 基于 Serverless 架构开发

讲解完 Serverless 环境的准备流程，接下来，将进入开发流程，并探讨在代码层面的接入步骤。本节将基于基本的开发需求，介绍如何在 Serverless 上接入第三方数据库，如 MySQL、MongoDB 和 Redis 等。同时，还将讲解在使用这些数据库时如何进行增删改查的基本操作。通过这些基本教学，可以更好地理解服务的开发流程。当然，除了服务端的一些基本能力，还会讨论如何通过 Serverless 进行前端页面的渲染，因为在 Serverless 的受众中，前端开发者也是一个重要的群体。

本节将详细说明在接入数据库时，如何接入每个数据库的实例。从数据库的依赖开始，逐步讲解数据库的使用和搭建案例，最终介绍在代码中的使用方法，详细解读接入数据库的完整流程。

在增删改查的实例部分，将通过一个数据库的运行实例，讲解如何在 Serverless 中方便地使用数据库实例，并展示在 Serverless 环境中使用数据库后可以实现的功能。

最后，在前端页面的渲染实例部分，本节将介绍如何在 Serverless 中进行前端页面的渲染。同时，还将针对前端页面的哈希模式和路径渲染模式进行讲解，帮助用户更好地理解前端页面渲染的底层原理。

9.4.1 接入数据库

在本节中，将讨论如何接入开发过程中常用的几种数据库：MySQL、MongoDB 和 Redis。这三种数据库各有特点，广泛应用于不同的场景。MySQL 作为一种经典的关系型数据库，历经时间的检验，以其稳定性和全面的功能著称。MySQL 支持复杂的查询和事务管理，且运行成本较低。MongoDB 作为一种文档型数据库，其优势在于灵活性和易用性。MongoDB 无需事先设计文档结构，这使得开发变得更加迅速。其基本功能完备，且提供了一系列操作方法，使得开发者能够轻松管理和查询数据。Redis 是一个键值对缓存型数据库，主要用于需要高频读写但数据修改较少的场景。

既然已经了解了各类数据库的用途,接下来便可以启动数据库。在本地环境中,可以通过访问官方网站下载并安装数据库;而如果之前已经使用了 Docker,则也可以继续通过 Docker 来启动数据库服务。在选择 Docker 镜像时,可以直接使用 MySQL、MongoDB 和 Redis 的官方镜像来启动相应的数据库服务。此外,在管理数据库时,使用可视化工具将更为便捷。因此,可能还需要通过 Docker 运行一些数据库的可视化管理工具,以便更好地观察和调试服务。在 Docker 镜像中,MySQL 常用的可视化工具是 phpMyAdmin,这是一个由 PHP 开发的功能管理后台。MongoDB 则可以使用 mongo-express 作为可视化管理后台,该管理后台由 Node.js 的 Web 开发框架 Express 开发。至于 Redis,Redis Labs 社区提供的 redisinsight 是一个知名的管理后台。这些管理工具的作用有两个方面:一是便于管理和调试数据库;二是可以验证数据库服务的可用性,从而更方便地连接数据库服务。如果认为逐个启动 Docker 镜像的操作过于烦琐,还可则使用 Docker Compose 来组合这些镜像,并一次性完成启动。

数据库完成启动后,在 Serverless 架构中,可以选择自己喜欢的数据库驱动的 npm 包来连接并操作数据库。通常会倾向于选择一些方便使用的 npm 包。例如,对于 MySQL 数据库,通常会选择 mysql2 这个 npm 包,因为它已经实现了 Promise 的封装,相比之下,mysql 包仅支持 callback 的调用方式,这意味着如果选择 mysql 包,还需要自行封装 Promise 对象。对于 MongoDB 数据库,直接使用 mongodb 包即可,这是 MongoDB 官方提供的 npm 包,由于在 Node.js 开发中大部分用户都会选择 MongoDB 作为数据库,MongoDB 在支持 Node.js 用户开发方面做得非常出色。而对于 Redis 数据库,则倾向于使用 ioredis 包,目前该包已经成为 Redis 的官方包,可能是因为 Redis 官方发现这个包的功能和使用体验优于自己原有的官方包,因此进行了收购。至此,数据库及对应的 npm 包都已准备就绪,接下来可以进入数据库增删改查操作的实例演示。

9.4.2 增删改查的实例

既然已经选定了适用于不同数据库的 npm 包,那么接下来可以结合 Serverless 架构,分别对 MySQL、MongoDB 和 Redis 数据库进行增删改查操作的说明。在编写 Serverless 代码时,首先需要对相应的 npm 包进行引用。在 Serverless 中引用数据驱动包如图 9-12 所示。

```
import { type VaasServerType, Decorator } from 'vaas-framework'
import * as mysql from 'mysql2/promise';
import { MongoClient } from 'mongodb';
import { Redis } from 'ioredis';
```

• 图 9-12 在 Serverless 中引用数据驱动包

引用相关包后，MySQL 的操作流程通常包括以下步骤。首先，需要创建一个数据库，并在数据库中创建一个数据表，同时设计好表的结构。在这个实例中，假设数据库命名为 test，数据表也命名为 test。表的结构包括一个名为 name 的字段，表示姓名，类型为 varchar；另一个字段是 age，表示年龄，类型为 int。这里只是一个实例，但在实际使用中，年龄字段可能更适合使用无符号的 tinyint 类型。在创建数据表后，可以插入一条实例数据，例如，姓名为李四，年龄为 21 岁。接下来，可以使用 Serverless 代码插入另一条数据，姓名为李四，并随后修改李四的年龄。然后，通过查询操作来观察数据的变化，最后删除李四的记录。MySQL 的增删改查实例如图 9-13 所示。

```
@Decorator.VaasServer({type:'http',method:'get'})
async masql({req,res}:VaasServerType.HttpParams){
    const connection=await mysql.createConnection({
        host,
        user:'root',
        password:'123456',
        database:'test',
    });
    // 增
    await connection.execute("INSERT INTO `test`(`name`,`age`)VALUES('李四','21')")
    // 改
    await connection.execute("UPDATE `test` SET `age`=22 where `name`='李四'")
    // 查
    const [results,fields]=await connection.query(
        'SELECT * FROM `test`'
    );
    // 删
    await connection.execute("DELETE FROM `test` where `name`='李四'")
    return {results}
}
```

• 图 9-13 MySQL 的增删改查实例

对于 MongoDB 来说，同样可以使用 MySQL 的例子来实现。然而，与 MySQL 不同的是，MongoDB 通常只需要手动创建数据库，而不需要手动创建数据表，因为 MongoDB 会自动创建数据表以供使用。此外，MongoDB 主要通过 API 进行操作，而不是使用 SQL 语句。在 MongoDB 的代码中，存在针对操作对象数量的不同接口，例如，insertOne 用于插入单条数据，而 insertMany 用于插入多条数据。同样地，updateOne 只更新最先查询到的一条数据，而 updateMany 则更新查询到的所有数据。删除操作也是如此。MongoDB 的增删改查实例如图 9-14 所示。

最后是缓存型数据库 Redis 的操作。与传统关系型数据库不同，Redis 并没有类似于表的概念，只有不同的数据类型。不过，可以使用类似于表结构的数据类型来进行操作，如 Hash 类型。在 Hash 中，可以使用姓名作为键，年龄作为值，从而模拟表的结构。Redis 并没有单独的插入操作，插入和更新实际上是通过相同的命令来实现的，可以使用相同的 API 接口来实现增和改操作。Redis 的增删改查实例如图 9-15 所示。

```
@Decorator.VaasServer({type:'http',method:'get'})
async mongo ({req,res}:VaasServerType.HttpParams){
    const client=new MongoClient('mongodb://root:123456@${host}:27017');
    await client.connect();
    const db=client.db('test');
    const collection=db.collection('test');
    // 插入
    await collection.insertone({name:'李四',age:31})
    // 更新
    await collection.updateMany({name:'李四'},{
        $set:{
            age:35
        }
    })
    // 查询
    const results=await collection.find({},{projection:{_id:0}}).toArray()
    // 删除
    await collection.deleteMany({name:'李四'})
    return{results}
}
```

- 图 9-14 MongoDB 的增删改查实例

```
@Decorator.VaasServer({type:'http',method:'get'})
async redis({req,res}:VaasServerType.HttpParams) {
    const redis=new Redis({...
    });
    // 增
    redis.hset('test',{李四:21})
    // 改
    redis.hset('test',{李四:22})
    // 查
    const results=await redis.hgetall('test');
    // 删
    redis.hdel('test','李四')
    return{results}
}
```

- 图 9-15 Redis 的增删改查实例

至此，数据库相关的增删改查实例就讲完了，接下来讲讲页面渲染相关的实例吧。

9.4.3 前端页面的渲染实例

前端页面渲染通常有两种方式：一种是基于 Hash 的渲染，另一种是基于请求路径的渲染。这两种渲染方式本质上是截然不同的。

首先，Hash 渲染是一种完全由前端识别和处理的渲染方式。具体来说，当页面路径后增加井号（#）和路径时，前端会读取井号后的值并据此渲染页面。前端通过 JavaScript 监听浏览器的 Hash 值变化，随时根据变化加载相应的资源。由于这是一种纯前端的行为，页面不会刷新，Hash 值的改变并不会触发后端请求新的资源，因此后端只需根据前端提供的路径返回数据即可。

相比之下，路径渲染模式主要依赖于后端的配合。例如，假设路径变为/a/b/c，此时如果仅靠前端去查找对应的文件，可能会发现这样的目录并不存在。为了解决这个问题，需要将该路径重写为最近的 index.html，以确保在路径对应的文件不存在时，依然可以返回 index.html。这样，index.html 中的前端代码就能够读取到路径，并根据读取到的路径渲染相应的内容。

了解了这两种渲染模式的区别后，当然可以分别为 Hash 渲染模式和路径渲染模式编写代码来实现它们。前端页面的不同渲染模式实例如图 9-16 所示。

```
const type=process.env.renderType || 'hash'        ——> 渲染模式
export default class UI {

  @Decorator.VaasServer({type:'http',method:'get',routerName:'/'})
  async index ({req,res}:VaasServerType.HttpParams) {       ——> index方法
    return (await fsPromises.readFile(path.join(_dirname,'./public/index.html'))).toString()
  }

  @Decorator.VaasServer({type:'http',method:'get',routerName:'/:fileName*'})
  async render({{req,res}:VaasServerType.HttpParams){
    const { fileName }=req.parames
    const filePath=path.join(_dirname,'./public/${fileName}')
    if(type==='hash'){
      return createReadStream(filePath)
    } else {
      try {
        const stat=await fsPromises.stat(filePath);       ——> render方法
        if(stat.isFile()) {
          return createReadStream(filePath)
        } else {
          throw new Error('这个路径不是文件或文件不存在')
        }
      } catch(err) {
        return (await fsPromises.resdFile(path.join(_dirname,'./public/indes.html'))).toString()
      }
    }
  }
}
```

- 图 9-16 前端页面的不同渲染模式实例

在这里可以看到两种页面渲染的方法。首先是 index 方法，该方法的作用是在访问根目录时，直接渲染前端路径下的 index.html 文件。其次是 render 方法，其根据渲染模式选择适当的渲染方式。如果使用的是 Hash 渲染模式，则读取到的文件会通过流式处理返回；而如果是非 Hash 渲染模式，则默认采用路径渲染模式。在这种情况下，系统会先判断目标文件是否存在，若不存在，则渲染原来的 index.html 文件，并由该文件根据路径来进行后续的渲染操作。

9.5 用户模块的实现

用户登录是大多数服务必不可少的功能，涉及多个用户相关模块。用户通常需要接口来注册、登录及获取用户信息。用户注册的作用是将用户信息存储到数据库中，供用户信息获取和登录验证时使用。用户登录则是验证用户名、密码或密钥是否正确的过程。获取用户信息是基于登录后返回的凭证进行校验，有了凭证，用户无需重复登录即可证明身份。凭证的使用避免了在每次请求中都需要传递用户账号和密码的问题。目前，凭证的实现主要有两种方式：一种是 Cookie 和 Session，另一种是 Token。

Cookie Session 的原理是在用户登录时，在响应头中添加 Set-Cookie 字段，其中包含 Session 的 ID。随后，浏览器会自动将 Set-Cookie 的数据存入 Cookie，并在后续的请求中将 Cookie 作为请求头发送给服务器。服务器接收到请求后，会从 Cookie 中提取 Session 的 ID，再根据这个 ID 从服务器的存储中获取对应的 Session 数据，通常包含用户信息如用户 ID 等。

另一种方式是 Token，其中 JWT（JSON Web Token）是一种常见的实现方式。在用户登录后，服务器会返回一个经过 JWT 加密的 Token，前端将该 Token 放入请求头的 Authorization 字段中，并以"Bearer+空格+Token"的形式发送给服务器。服务端通过解码 Token 获取用户 ID 信息，并进一步验证 Token 的合法性。由于 Token 包含所有必要的信息，服务器无需存储 Session。

了解了用户登录的原理后，可以选择其中一种方式来实现登录和注册功能。在这里，将使用 JWT 来实现。

9.5.1 登录和注册功能实现

9.4 节中已经探讨了数据库的接入，本节将重点讲解在 Serverless 环境中登录和注册功能的实现。首先，关于注册功能，其核心在于根据用户提交的数据进行数据保存，以便在后续的登录过程中使用。具体来说，当用户填写了用户名和密码后，系统会将这些信息存储起来，以便用户日后可以通过该用户名和密码进行登录。而登录功能的本质是生成登录凭证，使得后续的操作可以基于该凭证进行身份验证。很多情况下，登录和注册功能会被集成在一起，即当用户不存在时，系统会先完成注册并直接返回登录凭证；如果用户已经存在，则直接进行登录验证，并返回相应的登录凭证。

在讲解具体实现之前，先介绍一下 JWT（JSON Web Token）的原理。目前，越来越多的服务采用 JWT 替代传统的 Cookie 和 Session，其主要原因在于 JWT 提供了一种无需分布式存储用户信息的解决方案。换言之，JWT 本身就是一种低成本的用户信息分布式存储方案。在 Cookie 和 Session 时代，用户信息通常存储在 Session 中，而 Session 数据需要分布式存储和管理。而 JWT 则通过将用户信息直接嵌入到 Token 中，使得系统可以直接从 Token 中读取用户数据。当然，要确认 JWT 是否有效，仍需要依赖其签名部分的数据进行验证。

接下来，进入注册功能的实现。注册功能的实现过程相对简单，基本步骤如下：首先，系统接收到前端提交的用户名和密码信息，然后使用用户名在用户表中进行查询，统计是否存在相同的用户名。如果发现已有相同用户名，则系统抛出异常，并返回"该用户已注册"的信息；如果未发现相同用户名，则直接向用户表中插入新的用户数据。在此实例中，密码未进行加密处理，建议在实际应用中采用加密策略，并对密码设置一定的规则限制。数据插入完成后，返回操作结果。在 Serverless 中，用户注册的实现如图 9-17 所示。

```
@Decorator.VaasServer({type:'http',method:'post'})
async register({req,res}:VaasServerType.HttpParams){
  const {username,password}=req.body
  const collection=await this.getUserCollection()
  const userNameCount=await collection.countDocuments({username})
  if(userNameCount>0) {
    throw new Error('该用户已注册')
  }
  const results=await collection.insertOne({username,password})
  return{results}
}
```

● 图 9-17 用户注册的实现

在完成注册功能后，接下来需要实现登录功能。对于登录功能的实现，首先要接收前端传递的用户名和密码信息，并进行验证。开发步骤非常简单：系统首先接收前端提交的用户名和密码信息，检查数据库是否存在同时匹配该用户名和密码的记录。如果数据库中存在对应的用户名和密码，则说明用户的登录信息是有效的，可以通过验证，系统会生成一个 Token，并将该 Token 返回给前端。这个 Token 将用于后续的请求中，用来进行用户身份的校验。在 Serverless 中，用户登录的实现如图 9-18 所示。

```
@Decorator.VaasServer({type:'http',method:'post'})
async login({req,res}:VaasServerType.HttpParams){
  const {username,password}=req.body
  const collection=await this.getUserCollection()
  const userRes=await collection.findOne({username,password})
  if(!userRes){
    throw new Error('用户名或密码错误')
  }
  const token=jwt.sign({_id:userRes._id.toString()},jwtSecret)
  return{token}
}
```

● 图 9-18 用户登录的实现

那么 Token 又是怎样校验和验证的呢？接下来将进入 Token 的校验和 App 交互部分。

9.5.2 Token 的校验和 App 交互

在本节中，将详细讲解如何校验 Token，以及不同应用程序间的交互。实际上，Token 的校验过程相对简单，就是根据 Token 查询用户数据。然而，在很多情况下，不仅用户模块需要处理用户相关的信息，其他模块也可能需要获取用户信息，以执行与用户相关的操作。因此，在设计登录功能时，需要考虑如何以一种高效的方式将用户数据提供给其他应用程序使用。

在 9.5.1 节中，已经介绍了通过登录生成 Token 的过程。本节将探讨如何使用生成的 Token 作为凭证，支持后续流程的运行。当前端接收到登录凭证后，需要将 Token 放置在请求头的 Authorization 字段中，并在 Token 前添加 Bearer 前缀，然后将其传递给服务端以发起请求。虽然将 Token 放置在其他请求头、请求体或请求路径中也是可行的，但将其放在 Authorization 请求头中并添加 Bearer 前缀是一种验证标准。在这个验证标准中，Authorization 请求头用于用户登录鉴权，Bearer 则表示授权类型。当然，除了 Bearer 这一授权类型外，还有许多其他的授权类型。服务端接收到请求头中的数据后，会提取并解码 Token，从而读取存储在其中的登录信息。尽管可以直接使用 Token 中的非敏感数据，但当需要获取非 Token 中的用户数据时，则需要通过查询数据库来获取相关信息。本节的实例实现了两种方法，getUserInfoByTokenHTTP 方法通过提供给前端 Token 数据来获取用户数据的后端接口，而 getUserInfoByToken 方法则是基于 Token 数据获取数据库中的用户数据功能，以便于代码复用。Token 校验在 Serverless 的实现如图 9-19 所示。

```
async getUserInfoByToken({token}:{token:string}){
    let decodeData
    decodeData=jwt.verify(token.replace('Bearer',''),jwtSecret)
    const collection=await this.getUserCollection()
    const userRes=await collection.findOne({_id:new ObjectId(decodeData._id)})
    retuer{username:userRes.username}
}

@Decorator.VaasServer({type:'http',method:'get'routerName:'/getUserInfoByToken'})
async getUserInfoByTokenHTTP({req,res}:VaasServerType.HttpParams){
    return await this.getUserInfoByToken({token:String(req:headers['authorization'])})
}
```

getUserInfoByTokne方法
实现根据toekn数据
获取数据库中的用户数据功能
并在用户模块中便于代码复用

getUserInfoByTokne方法
为是提供给前端发送toekn数据
来获取用户数据的后端接口

- 图 9-19　Token 校验在 Serverless 的实现

介绍了 Token 的校验过程后，那么，如何将用户模块的数据提供给其他应用程序调用呢？这可以通过 RPC（Remote Procedure Call）的方式来实现。首先，用户模块需要定义一个 RPC 方法，然后通过 RPC 调用需要的用户模块的应用程序。具体来说，当其他应用程序需要通过 Token 获取用户信息时，可以将 Token 作为 RPC 方法的参数传递给用户模块的应用程序。用户模块解析该 Token 后，将用户数据返回给调用方的应用程序。

9.6 聊天系统功能实现

许多人认为 Serverless 架构不适合实时聊天功能的实现,本章将通过实际案例展示如何利用 Serverless 来实现实时聊天功能,从而打破这一固有观念。在此,将通过 WebSocket 技术来实现聊天功能,并通过简单的代码构建一个聊天平台。本章的内容分为两部分:一部分讲解如何实现实时聊天系统,另一部分讲解消息通知的实现。

在实时聊天的实现部分,重点讨论如何构建一个聊天系统,包括前端页面展示和前端与 WebSocket 的通信方式。在后端部分,将介绍如何实现 WebSocket 接口及其消息发送服务的功能。

在消息通知的实现部分,将讨论后端服务聊天信息的发送和接收,以及一些简单的优化点。在 8.5.1 节中已经提到,Serverless 架构本身包含一个代理层,用于接收和管理 WebSocket 的连接。通过该代理层,可以保持 WebSocket 的长连接。然而,Serverless 函数本质上是被动触发的,即需要某些事件来激活 WebSocket 的相关功能。那么,如何在 WebSocket 中触发这些事件来激活 Serverless 函数服务呢?

本章将带着这些问题,深入探讨聊天系统功能的实现。

9.6.1 实时聊天实现

对于实时聊天功能的实现,在 Serverless 架构下相对简化了许多。这是因为 Serverless 已经集成了 WebSocket 功能,因此后端无需再专门实现 WebSocket 的连接管理,只需专注于如何有效存储聊天数据,以便于后续的数据接收和推送。而对于前端来说,开发的重点在于根据后端定义的 WebSocket 消息结构体来实现功能,通信上的难点基本被 Serverless 的集成解决了,剩下的挑战可能更多集中在界面的实现上,不过界面的开发相对而言也并不复杂。

接下来,构建了一个简单的界面,该界面包括用户列表、对话框和对话输入框这 3 个主要元素。当选中某个用户后,可以发起对话,同时另一个用户也可以响应对话并进行沟通。通过同时开启两个浏览器,用户可以方便地进行实时对话和交流。实时聊天实例如图 9-20 所示。

首先,在前端会初始化一个 WebSocket 连接,接

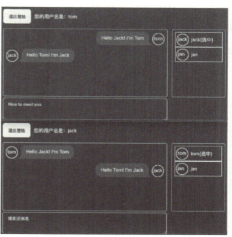

● 图 9-20 实时聊天实例

下来，需要定义前端发送 WebSocket 消息的两种类型：一种是发送消息类型，即将要发送给其他用户的消息内容；另一种是准备接收消息的类型，即客户端发出的一次探测请求，表示其准备好接收新的消息。在服务端，Serverless 架构会接收到来自所有已建立的 WebSocket 连接的请求。因此，在服务端，需要首先判断接收到的请求属于哪种类型。如果是发送数据类型，则调用相应的方法处理发送操作；如果是接收数据类型，则调用另一方法处理接收操作。那么，如何判断消息的类型呢？前端可以根据用户的行为将消息类型传递给服务端，同时将用户行为和具体参数进行序列化处理。常见的序列化方式是使用 JSON 格式。服务端接收到消息后，通过反序列化解析数据，识别消息的类型和内容，从而决定调用相应的方法。简而言之，Serverless 服务端将每一条 WebSocket 消息都视作一次方法调用，通过这种方式实现对不同类型消息的处理。WebSocket 接口代码实例如图 9-21 所示。

```
@Decorator.VaasServer({type:'websocket',method:'get'})
async message ({ data }:{ data:string }) {
  const jsonData=JSON.parse(data)
  if(jsonData.type==='send') {
    const result=await this.sendMessage(jsonData.data)
    return {data:result.insertedid.toString(),type:'send'}
  }
  if(jsonData.type==='receive') {
    const data=await this.getMessage(jsonData.data)
    return {data,type:'receive'}
  }
  return {data:Vpong',type:'ping'}
}
```

- 图 9-21　WebSocket 接口代码实例

在消息通知的实现中，Serverless 函数的调用是以每次接收到的消息作为前提的。那么，具体该如何实现 Serverless 函数呢？欢迎进入消息通知实现部分，一起深入探讨这个过程的详细实现。

▶▶ 9.6.2　消息通知实现

在消息通知的实现中，Serverless 函数的调用是基于每次接收到的 WebSocket 消息的。那么，如果前端不断发送请求以获取新消息，服务端就可以通过这些请求来调用函数并返回相应的数据。因此，Serverless 的消息通知实现需要依赖客户端发送的信号，以触发数据的同步。那么数据结构应该如何设计呢？同步数据可以每次只同步客户端需要的数据吗？

在消息发送中，只需将消息内容和其创建时间存入数据库。为了方便检索和优化性能，这里使用 MongoDB 作为数据库。接着，当客户端请求新消息时，服务端通过用户信息和消息的创建时间进行查询，确保只返回自上次查询之后的新消息。发送消息代码实例如图 9-22 所示，获取消息代码实例如图 9-23 所示。

```
// 发送消息
async sendMessage({from,to,message}){
  const collection=await this.getChatCollection()
  return await collection,insertOne({
    from,
    to,
    message,
    createTime:Date.now()
  });
}
```

```
// 接收消息
async getMessage({username,createTime}){
  const collection=await this.getChatCollection()
  return await collection,find({
    to:username,
    createTime:{
      ['$gte']:createTime
    }
  }).toArray()
}
```

● 图 9-22　发送消息代码实例　　　　● 图 9-23　接收消息代码实例

在接收消息的方法中，通过创建时间来查询消息的原因在于，只需增量获取聊天记录。客户端通常已经保存了之前的基础数据，因此只需获取自上次查询以来新增的记录。获取新记录后，前端会同步最新的获取时间，以便下次查询时使用。为了处理可能过大的聊天数据量，建议使用分块获取的方式，例如每次获取 300 条记录，直至所有数据传输完毕。这样可以有效避免因数据量过大导致的性能问题。

由于 Serverless 函数是基于事件触发的，那么在这种情况下，如何触发接收消息事件呢？实际上，这需要前端或客户端来发起。一种相对简单的方法是，前端或客户端通过定期轮询 WebSocket 接口来获取最新消息。另一种方式是根据用户的行为触发主动获取消息的操作。总的来说，Serverless 将 WebSocket 的每次交互简化为方法调用，降低了交互成本。与直接使用 HTTP 相比，这种方式还减少了请求头和响应头的开销。

通过使用 Serverless 来实现聊天服务，相对来说是比较简便的。在服务的提供方面，对于一个简单的聊天场景，大约 30 多行代码即可完成 WebSocket 的实现，并为前端提供完整的接口能力。

9.7　App 上线实践

本节将讨论如何将应用部署上线，并结合之前开发的两个 App 模块——用户模块和实时聊天模块，进行实战部署。这两个模块分别涵盖了用户的登录、注册、用户信息获取等操作，以及聊天系统的基本功能，如聊天信息的发送与接收。通过这两个模块，可以详细讲解应用发布、域名绑定、分流配置等相关实践。

应用发布会涉及一部分发布的流程，包括脚手架和发布服务的交互，在发布前需要做的准备工作，以及在发布完成后应该如何去验证等。

关于域名绑定，会先探讨为什么会有域名绑定的功能，为什么需要域名绑定功能，域名绑定对服务来说有什么样的意义，并通过案例来讲述域名绑定的功能和意义。

最后则会通过分流和灰度发布实现一些功能上的更新，通过分流的功能讲讲应用在实际使用时应该如何去流量管控，如何使用分流功能进行代码的回滚和灰度相关操作等基本知识点。

9.7.1 应用发布实践

应用发布时，首先应明确发布流程。应用发布的关键在于选择一个合适的服务平台，该平台可以是单一的发布服务，也可以是集发布与运行于一体的服务平台。在确定发布服务后，需要在项目和工程中进行相应的配置，以确保发布过程的顺利进行。此时，可通过命令行工具进行交互式的发布操作，协助应用顺利发布。

接下来，命令行工具可以指定发布服务，并调用相应服务进行发布。然而，直接通过命令行将应用发布到服务平台可能会带来一些问题。例如，不清楚服务的来源，导致服务管理混乱；或者，无法对服务进行有效鉴权，从而引发水平越权发布的风险。为了解决这些问题，在发布应用前，通常要求用户先在 Serverless 管理平台上进行注册。注册完成后，用户再发布服务，从而实现对服务的有效管理，并根据不同用户的身份注册相应的服务，确保发布过程的规范与安全。

在完成相应服务的注册后，即可通过调用命令行工具并指定对应的发布服务来进行发布。在选择发布服务时，通常会根据不同的发布环境来指定相应的发布服务，从而确保代码能够在不同环境中正确运行。

打包和发布通常有两种方式：一种是直接在本地进行项目的打包和发布，另一种是使用构建环境来完成打包和发布。这两种方式各有利弊。本地打包和发布的优点在于开发成本较低，不需要额外的编译和打包机器；而使用构建环境的优点则在于环境和版本的稳定性，能确保线上运行的稳定性。对于 Serverless 服务而言，最优的方式是用户直接将源代码发送至 Serverless 服务，由其负责打包和构建。此方法不仅简化了用户的构建流程，还免去了使用额外环境的需求。然而，Serverless 服务在此方面需要投入资源以完善相关功能，例如，当源代码在平台上打包时出现问题，Serverless 服务需提供有效的反馈机制，以便开发者及时修正问题，从而填补此领域的空白。

尽管应用的发布在整个部署过程中所占比例较小，但仍然是一个关键环节。接下来，将进入域名的绑定实践。

9.7.2 域名的绑定实践

应用绑定域名的原因在于提升用户体验和记忆便利性。在互联网的早期，服务访问是通过 IP 地址实现的，但由于 IP 地址难以记忆，除了少数特别的 IP 地址，大部分 IP 地址对人们来说不具备直观的可识别性。为了解决这一问题，域名被提出，域名的出现使得人们可以通过更易记忆的名称来访问服务。同样地，应用程序需要绑定域名也是为了方便用户记忆和访问。因此，在 Serverless 服务中，域名绑定功能显得尤为重要。

在讨论域名绑定之前，有必要先了解域名的实现原理。域名本质上是与某个 IP 地址对应的标识符，它最终指向某个 IP 地址。域名之所以能够对应到 IP，是因为有一项专门负责将域名转换为 IP 地址的服务，这项服务被称为 DNS（Domain Name System），即域名系统。DNS 是互联网的一项基础服务。在每次连接到网络时，设备通常会自动获取该网络 DNS 服务器的 IP 地址。当用户在浏览器中输入域名后，浏览器会向 DNS 服务器发送请求，DNS 服务器则负责将输入的域名解析为对应的 IP 地址。解析完成后，浏览器通过获取到的 IP 地址连接到相应的服务器，从而访问该服务并接收返回的数据。

在这个情况下，当域名进入服务之后，Serverless 可以根据域名来选择相应的服务。然而，App 和域名的绑定仍然是必要的，其原因主要有以下几点：首先，如果不进行 App 与域名的绑定，那么任何指向该服务的域名都有可能被恶意绑定，这可能会造成潜在的安全风险或资源滥用。为了防止这种恶意行为，必须在 Serverless 平台中进行 App 与域名的绑定。其次，域名绑定有助于明确域名与 App 服务之间的对应关系。对应绑定 App 的域名，需要在 Serverless 管理平台中进行相应的域名配置，以 user 和 chat 域名绑定为例，如图 9-24 所示。

• 图 9-24　域名的绑定

在图 9-24 中，可以看到为 user 设置了 user.test.com 域名，为 chat 设置了 chat.test.com 域名。这意味着，当用户访问 user.test.com 时，请求将被路由到 user 这个 App；同样，当用户访问 chat.test.com 时，请求将被路由到 chat 这个 App。如果在测试环境中无法实际使用这两个域名，可以通过修改本地的 hosts 文件来模拟域名绑定的效果。通过在 hosts 文件中将 user.test.com 和 chat.test.com 两个域名指向相应的 IP 地址，就可以在本地测试域名绑定的功能，确保在正式环境中域名解析和绑定能正常工作。

9.7.3 分流和灰度发布实践

分流和灰度发布是部署过程中至关重要的环节,因为它们决定了服务运行的具体版本。版本通常可以理解为具体产品功能的固定集合,例如,在产品的迭代开发中,添加了功能 A 的版本与未添加功能 A 的版本就是两个不同的版本。

在明确了版本的概念后,通常情况下,开发者会部署最新的代码版本。然而,有时可能会遇到需要进行特定处理的场景。例如,有些功能在尚未完全完善时,只想向部分用户提供,而不希望影响所有用户。这种情况下,灰度发布就显得尤为重要。另一个常见场景是,代码部署时发生意外,导致新版本的代码无法正常运行。在这种情况下,需要对代码进行回滚。如何使用分流的方式来解决这些场景上的问题呢?

在函数部署时,通常存在一个默认配置,默认情况下该配置会使用最新发布的代码版本来运行服务。以 user 模块为例,假设最新发布的版本是 1.0.1,那么在没有进行其他配置的情况下,服务将自动使用 1.0.1 版本来运行。最新版本的配置如图 9-25 所示。

上面提到了两个场景,其中一个是需要灰度发布的场景,那么,什么是灰度发布呢?灰度发布是指在推出实验性功能时,为了逐步验证其稳定性和用户反馈,所采取的一种渐进式发布策略。以 user 模块为例,假设当前的稳定版本是 1.0.0,而新功能版本是 1.0.1。如果希望 90% 的用户仍然访问稳定版 1.0.0,而仅有 10% 的用户体验新功能版本 1.0.1,可以通过配置权重版本来实现这一目标。权重版本的配置如图 9-26 所示。

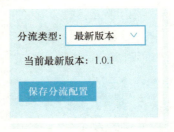

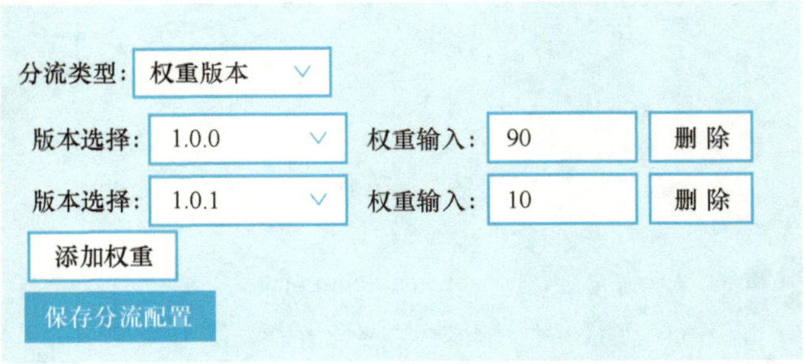

● 图 9-25 最新版本的配置

● 图 9-26 权重版本的配置

在发布新版本后,如果发现新版本存在问题,例如,在 user 模块的案例中,1.0.1 版本出现了一些不可接受的问题,需要将服务完全回滚到稳定的 1.0.0 版本。这时可以采用版本锁定的策略,具体做法是将服务的运行版本锁定在 1.0.0 版本上。锁定版本的配置如图 9-27 所示。

第 9 章
Serverless 架构的实践

图 9-27　锁定版本的配置

根据前述的分流方案，可以看出，分流方案在部署场景中有效解决了绝大多数部署后的流量分配问题。至此，第 9 章的内容告一段落，在这一章中，主要涵盖了服务的部署过程、函数的开发及最终的函数部署，这也意味着 Serverless 实践的相关内容也暂时告一段落。

第10章

Serverless架构最终形态的演变

10.1 Serverless 架构的困境

尽管 Serverless 技术已经在许多场景中得到应用,但它并非适用于所有情况。在许多场景中,Serverless 技术仍然存在一定的局限性。例如,虽然 Serverless 技术可以运行大量服务,但其中许多服务可能只是表面上运转正常。表面的正常运行表现为返回结果无误,然而,代码逻辑和执行过程可能存在某些不合理之处,这些不合理之处可能会在少数情况下引发问题。尽管这些问题发生的概率较低,但当运行的服务数量足够庞大时,这种小概率事件的影响可能被无限放大。如果 Serverless 平台没有合理的应对或通知机制,这类问题可能会耗费更多的人力资源,增加平台维护者和使用者的排查成本。

此外,由于服务中的小概率异常情况、排查问题所需的高昂成本,以及开发和调试的难度,Serverless 技术可能比传统语言开发更加复杂。Serverless 本质上有其特定的语言运行框架。虽然 Serverless 支持多种语言的函数运行,但这些函数本身并不会直接转换成所需的请求数据或返回数据。为此,Serverless 平台为每种语言设计了相应的函数框架以支持其运行。然而,目前大多数 Serverless 系统的开发和调试工具尚未完全成熟,难以跟上技术发展的步伐。

上述开发和调试工具不足的问题,还可能导致异常情况无法完全依赖 Serverless 开发者来解决。这种异常无法自行处理的现象,一方面源于 Serverless 本身设计上的某些缺陷,另一方面则是由于多次迭代开发过程中,Serverless 某些功能的分化已经出现了一定的偏离。在这种情况下,有必要探讨相应的案例,并根据当前的困境提出有效的解决方案。

10.1.1 伴随着异常的服务

在本章的开篇,以异常作为切入点,突出了异常处理在程序编写中的重要性。无论是编写普通程序,还是在 Serverless 架构下,异常始终是程序员面临的一大难题。异常类型多样,一类是在开发阶段,由于方法使用不当、读值异常、无止境递归等原因导致的语言报错;另一类则是在运行过程中,尽管没有语言报错,但返回的结果却不正确。例如,传入某个用户的 ID,却返回了另一个用户的信息,这种没有报错的异常通常更难排查。

无论是哪种类型的异常,在 Serverless 的大量函数中,都必须假定它们的存在。由于 Serverless 函数涉及大量开发者和大量函数的情况,异常的发生几乎是不可避免的。当函数数量达到一定规模后,异常会更加显著。因此,这两种异常的排查和解决,成为 Serverless 开发中的一大挑战,这与普通开发过程中遇到的问题也有所不同。

在普通开发过程中,当程序出现异常时,开发者通常会自行进行一系列排查,最终找到并解决问题。然而,在 Serverless 环境中,情况有所不同。Serverless 的用户期望平台能够更好地帮助他们发现和解决异常。虽然用户可以通过提交工单的方式寻求 Serverless 平台开发者的支持，但这种方式会导致平台的成本显著增加。随着使用量的增加，Serverless 服务的运营成本也会随之上升，例如每管理一万个函数可能需要配备一个专门的开发人员，这与 Serverless 平台的设计初衷相悖。用户选择 Serverless，正是希望通过共享运维成本来降低整体服务费用。因此，不能简单依靠增加人力来解决问题，而是要确保即使是一个小团队（25 人以下）也能够支撑上亿的函数服务。为了解决这一问题，需要从两方面入手：一是评估设计是否存在缺陷，二是提升异常排查能力。

如果异常暴露出设计缺陷，通常这些缺陷较为明显，容易被发现并加以修正。然而，如何提升异常排查能力，尤其是对于那些逻辑异常但没有报错的情况而言，则是一个更具挑战性的问题。简单地增加语言类型或开发过程中的静态或动态检查并不能完全解决此类问题。为此，可能需要大量的代码作为训练模型，通过海量数据对代码进行校正，从而在逻辑上更好地进行检查。随着技术的发展，这种代码模型在未来可能并不难实现。通过模型训练逻辑检测模型如图 10-1 所示。

● 图 10-1　通过模型训练逻辑检测模型

10.1.2　开发和调试的相对困难

对于所有的软件工程师而言，开发和调试是开发过程中最为频繁的两个环节。在开发阶段，一些平台可能需要使用第三方依赖，这些依赖会使本地的 Serverless 环境安装变得更加复杂。由于这种复杂性，许多开发者会放弃在本地安装复杂的环境，而选择直接在线上进行调试。在本地调试时，Serverless 与普通调试并没有太大区别。然而，一旦代码上线，调试方式可能会发生变化。例如，为了实现更好的代码调试，需要解决如何定向测试而不影响其他请求的问题。这些方面都需要在实际开发中进行改进，以优化调试流程并提升整体开发效率。

目前，大家所看到的 Serverless 技术大多是相对公开的版本。对于这些公开版本，表面上看似没有太多依赖关系，实际上，许多必要的依赖都以接口的形式提供给用户使用。从外部用户的角度来看，依赖问题似乎并不突出。然而，与之相对的是，许多内部版本的 Serverless 平台要求用户安装大量额外的依赖，如配置中心的支持组件、内部基础工具等。实际上，其中许多组件只是为了实现某种功能的统一性而附加的，例如，为了集团的统一建设而增加的能力。这些附加能力本身并无不妥,但在设计 Serverless 时,如果过分强调这些附加能力,而忽略了 Serverless 本身的核心能力,这就可能导致问题。同时,许多 Serverless 的使用者为了使用某些第三方依赖,直接将其进行了集成。尽管这种集成行为本身并无大碍,但对于其他从事相同项目或后续项目开发的人员来说,这可能会带来诸多问题。例如,后续开发者可能不了解这些第三方依赖的具体作用,但在使用 Serverless 服务时却经常出现服务报错,严重时甚至导致服务无法启动。这种情况显然需要引起足够的重视。事实上,这类问题的根源在于缺乏 Serverless 的最佳实践指导。由于使用者在使用 Serverless 时未能遵循正确的使用方式,导致了对 Serverless 服务的理解和使用出现偏差,最终影响了服务的正常运行。

当然,除去开发上的一些问题,调试也是 Serverless 服务的一个重要挑战,尤其是线上调试。对于 Serverless 开发人员来说,即便大部分 Serverless 平台在很大程度上已经准备了线上调试方案,但使用者可能并未充分了解这些方案。许多使用者甚至依赖通过 Serverless 控制台输出内容的方式来调试功能。然而,这种非标准的调试方法存在一些问题。虽然在面对简单问题时,这种方法的调试效率较高,但在处理复杂问题时,它往往难以准确找到问题的原因。因此,单一调试方法通常是不够的。目前,许多 Serverless 平台通过在 IDE 中配置调试器的方式,实现了远程调试,从而解决了部分调试相关的问题。然而,未来的趋势更倾向于使所有 Serverless 代码的开发与调试工作都能在线上完成。当然,要实现这一目标,还需完成大量工作,例如,开发线上 IDE 系统以支持在线开发和调试能力。

▶▶ 10.1.3 异常无法自行处理

在 Serverless 的运营过程中,异常工单的处理往往是让维护者感到最为棘手的难题。异常工单具有很高的随机性,维护者无法预见下一个工单会涉及什么样的异常问题。对于 Serverless 的维护者而言,常常面临的问题是缺乏使用者提供的关键信息,这使得他们难以有效解决使用者遇到的问题。这种信息缺失可能导致问题无法得到及时处理,进而影响使用者继续使用 Serverless 进行下一步开发的进程。因此,如何高效、准确地解决使用者的问题,成为 Serverless 维护者的首要任务。

首先,来看一个无法自行处理的异常案例。用户 A 报告说,发布到 Serverless 的服务无法连接到某个内部服务。这类问题较为宽泛,难以直接定位原因。在提交工单时,通常要求用户选择与 Serverless 服务相关的具体函数,以便更好地查找问题所在。通过检查该函数的错误日志,可能会发现错误信息,如"getaddrinfo ENOTFOUND"异常。这个错误表明,在服务器调用该域名时,无法解析到 IP 地址。结合用户的描述,可以推测,用户在本地开发时没有遇到问题,但发布到 Serverless 后出现了连接问题。此时,可以询问用户是否能够在其开发机器上访问该域名,并根据访问结果提供相应的解决方案。如果用户可以在开发机器上访问该域名,则说明

Serverless 服务与内部网络之间存在连接问题。此时，可以建议用户在确保安全的前提下，将内部网络映射到外网，以便 Serverless 能够访问。如果用户无法访问该域名，则可能是域名填写错误或域名未在互联网中正确注册。用户按照建议操作后，仍然发现问题，例如，连接成功率存在随机性。进一步调查后，Serverless 维护者进入函数并发现，用户已将域名映射到外网，但由于 Serverless 先前启动的函数容器仍在运行，部分容器尚未销毁，这些容器缓存了旧的域名信息，导致访问失败的情况偶尔发生。为了解决这一问题，维护者将未销毁的容器标记为禁止流量进入，待所有请求处理完成后，销毁这些容器，最终解决了域名访问概率性失败的问题。

从上述案例可以看出，处理 Serverless 服务的异常问题往往涉及复杂的流程，Serverless 维护者需要投入大量时间来排查和解决问题。这种情况的根本原因在于，虽然 Serverless 使用者可以看到服务的异常信息，但这些信息往往缺乏明确的解释和与实际场景的结合，导致使用者难以自行理解和解决问题。最终，问题的解决仍然依赖于 Serverless 维护者的介入。针对这一问题，未来的发展方向可能在于构建一个智能模型，该模型能够通过输入问题，并结合 Serverless 函数中的异常信息，自动生成解决方案。这一模型将利用异常信息与具体使用场景的关联性，为 Serverless 使用者提供人类可理解的解释和建议。这种智能模型的应用，尤其是在 Serverless 服务规模不断扩大的未来，可能会发挥关键作用。

10.2 过渡的 Serverless 架构方式

在 Serverless 的发展趋势中，目前广泛使用的 Serverless 架构在很大程度上可以被视为一种过渡性架构。这种过渡性架构的存在，部分原因是 Serverless 本身存在一些问题。例如，各个厂商提供的 Serverless 使用方法并不统一，这意味着一旦开发者选择了某个 Serverless 服务商，就会对其产生较高的依赖性。在正常情况下，这种依赖性并不一定是坏事，尤其当服务商能够提供稳定可靠的服务时，这种绑定关系可能带来便利。然而，这种依赖性也可能带来一定的风险，特别是在某些特殊情况下。一个显著的潜在风险是，当 Serverless 服务商的母公司开始开发与使用者公司相同或相似的业务时，可能会导致二者之间产生竞争关系。这种竞争关系可能对企业间的信任度带来挑战，尤其是在涉及数据隐私和业务敏感信息的场景中，使用者公司可能担心服务商会利用其对平台的控制权，影响其业务的安全性和运营。

然而，如果每个 Serverless 服务商都采用相同的代码标准，这种依赖性和相关风险将大大减少。统一的代码标准将使得开发者可以在不同的 Serverless 平台之间轻松切换，从而显著降低切换成本。这不仅扩大了使用者的选择空间，也使得他们能够更灵活地选择适合自身需求的服务商。这一趋势对于新入场的 Serverless 厂商来说无疑是一个巨大的优势，而对于传统的 Serverless 厂商而言，标准化带来的竞争压力将更为显著。标准化可能会加剧不同厂商之间的竞争，迫使它们不断提升自身的服务质量和创新能力,以吸引并留住用户。最终,用户将倾向于选择那些提供更具竞争力的服务和更优质体验的 Serverless 厂商。因此,从长远来看,服务标准化将是 Serverless 发展的重要趋势。

10.2.1 高信任度的提供商

当前,人们选择 Serverless 的主要原因在于其高效、便利及低廉的成本。然而,对于使用者而言,Serverless 也有一个显著的缺点,那就是与平台的深度绑定。在现有的 Serverless 架构下,一旦使用者选择了某个平台,由于每个平台都有自己独特的代码编写方式,随着开发时间的推移,切换平台的成本将逐步增加。

Serverless 使用者在选择一个 Serverless 平台进行开发时,往往基于对该平台的信任。信任是双方合作共赢的基础,但一旦这种信任消失,可能会引发一系列问题。信用的消失可能由多种原因引起,例如,Serverless 服务提供商的服务变得不稳定、与使用者形成竞争关系,或者服务费用的不断提高导致使用者无法继续承受等。假设信用消失,Serverless 使用者可以根据对 Serverless 提供商的依赖程度分为三个阶段,每个阶段应对信任危机的方式各不相同。第一阶段:低依赖度。在这个阶段,使用者对 Serverless 提供商的依赖度较低,仅有少部分业务运行在该平台上。如果发生信任危机,如竞争关系的出现,使用者可以相对轻松地将服务迁移到其他 Serverless 平台。尽管不同平台的代码编写方式有所不同,迁移过程可能需要对这部分业务进行一些调整,使其能够在新平台上正常运行。第二阶段:中等依赖度。当依赖度达到中等水平,即已有大量业务运行在当前的 Serverless 平台上,信任危机的出现会让使用者面临更大的挑战。在这种情况下,使用者可能需要对业务进行优先级排序,首先将最重要的业务迁移到新平台。这种迁移将是一个渐进的过程,由于迁移的业务规模较大,所需的时间和成本也相应增加。此时,使用者需要在信任危机与迁移成本之间进行权衡,决定是否继续依赖当前平台或启动迁移。第三阶段:高依赖度。在这个阶段,使用者对 Serverless 平台提供商的依赖度极高,几乎所有功能都基于该平台实现。迁移在此时将是一个高难度、高成本的行动。无论是出现小的信任危机,还是即将面临大的信任危机,使用者都可能会因为迁移难度过大而抱有侥幸心理,继续依赖当前平台。然而,这种局面可能会使使用者的业务完全受制于 Serverless 提供商,丧失对自身业务的控制权。这也是为什么大型公司宁愿投入更高的成本建设自己的基础服务,而不愿完全依赖于外部 Serverless 服务提供商的根本原因。中型公司同样存在这样的顾虑,往往更加关注迁移成本的可控性。相较之下,小型公司对这种问题的敏感性较低。由于其业务规模较小,Serverless 提供商不太可能为了微小的利益而损害自身声誉。

要扩大 Serverless 的业务范围,使大型和中型公司都能采用并开发自己的业务,Serverless 平台需要针对不同企业的需求做出相应调整。对于大型公司而言,Serverless 提供商需要降低企业对中心化的顾虑。这可以通过提供去中心化的架构或在数据和代码安全方面加强保障来实现。大型公司通常对数据和代码的安全性有极高的要求，因此，只有当 Serverless 平台能够满足这些需求时，企业才会考虑采用这一技术。中型公司更关注标准化服务的设计。在这种情况下，Serverless 平台应提供具有高灵活性的服务架构，允许企业在必要时以低成本进行迁移和选择。

10.2.2 标准化的服务设计

对于 Serverless 平台而言，标准化的服务设计涵盖了多个关键方面。首先是代码结构的标准化，这包括代码编写、执行及调用的标准化。其次是数据的标准化，涉及数据的导入和导出。在这一方面，若使用开源数据库，数据标准化通常已有所实现，从而保障数据在不同平台之间的兼容性。最后是基础设施的标准化，如域名和 CDN 配置的标准化。通过这些标准化措施，不同 Serverless 平台之间可以实现相互迁移与快速替换。然而，标准化的实现并不意味着使用者的选择趋于一致。即便在标准化的框架下，用户仍然可以根据平台的性能、稳定性、服务质量及额外功能等因素进行比较，选择最适合自身需求的平台。

标准化的初衷在于提升 Serverless 平台在多个平台上的通用性，消除代码和配置上的差异。尽管标准化为代码和配置提供了统一的框架，但在此框架内，各平台依然可以实现不同的个性化功能及最终效果。因此，标准化并不是在多个平台之间进行简单的复制，而是在一定程度上达成功能效果的一致。头部 Serverless 平台的共同参与和协作，对标准的制定来说至关重要。在标准化框架下，各平台仍可通过优化代码实现，在性能上拉开差距。例如，尽管 A 平台和 B 平台采用相同的标准，A 平台能够在冷启动时实现 1/100 s 的启动时间，而 B 平台则通过代码优化实现了 1/1000 s 的启动时间。对于性能要求较高的用户而言，B 平台可能因此更具吸引力。然而，如果 A 平台在服务质量上优于 B 平台，如在响应速度和服务态度方面更胜一筹，那么对于那些更看重服务质量的用户来说，A 平台的服务优势可能会使其成为首选。由此可见，平台之间的差异化竞争不再局限于代码编写方式的不同，而是集中在性能、稳定性、服务质量及额外功能的差异化上。

标准化的实施有望使 Serverless 真正成为互联网基础设施的一部分。在此之前，各个 Serverless 平台通常采用各自独特的编码方式，以此将用户与平台绑定。然而，这种方法并非长久之计。从一定程度上看，用户不更换平台的主要原因在于尚未触及其忍受度的底线。虽然这种绑定策略在短期内可能对平台有利，但从长期来看，这并不是一个可持续发展的策略，反而可能使平台陷入被动局面。在构建平台时，周期性的数据统计尤为重要。通过这些统计数据，平台可以洞察用户动向，了解用户在哪些领域有增长潜力，并据此调整策略。然而，如果用户因被迫与平台绑定，导致周期性数据失真，这将是极其危险的。这种失真可能导致平台建设方向偏离实际用户需求，最终与 Serverless 平台的发展目标背道而驰。因此，对于 Serverless 平台而言，标准化建设不仅是技术上的进步,更是战略上的长远利好。

10.3 真正的 Serverless 架构

为什么要谈论"真正的"Serverless 架构？这并不是说现有的 Serverless 架构是虚假的,而是因为目前的 Serverless 架构还不算是一个相对完美的解决方案。那么,真正完美的方案又是什么样的呢？

正如之前所讨论的,一个理想的 Serverless 架构需要高度信任的服务商,以确保代码能够持续稳定地在当前的 Serverless 提供商上运行。然而,当服务商是人或企业时,信任的破裂始终是可能发生的。若能消除对个人或企业的信任需求,是否就能杜绝信任破裂的可能性呢？在关于信任的话题上,区块链开发者提出了一个解决方案。区块链通过服务的非中心化,实现了对个人或企业控制权的非依赖性。整个服务的运行由需要其运行的群体来管理,而非依赖于控制权高度集中的个人或企业。这种方式通过群体的一致认可,实现了对服务的持续信任。

在去中心化的基础上,Serverless 平台面临的另一个主要问题是服务的未开源性。这里的"开源"指的是 Serverless 服务的实现逻辑开源。对于使用者而言,Serverless 本质上是一个黑盒实现,当运行结果超出预期时,可能会导致困惑。例如,一个请求在容器写入了文件,而在下一个请求中该文件却丢失了,这可能是由于多机环境下读取的机器或容器不一致,或者是由于不同的 Serverless 销毁机制所致。如果 Serverless 服务的实现逻辑未开源,使用者就无法确定其运行结果的具体原因。

Serverless 支持多种编程语言,并通过函数进行开发。然而,函数的入参、出参及数据返回方式目前尚无统一定义,各个平台仍按照自己的方式运行。此外,Serverless 的配置过程,包括域名配置、文件存储配置和部署配置等,依然依赖手动操作,这可能显得烦琐。是否应该引入一个特定领域的语言（DSL）来简化这些配置？这是一个值得进一步探讨的问题。

10.3.1 服务的非中心化

服务的非中心化指的是服务不再仅由一个中心节点或单一服务商提供,而是可以由多个节点、社区或组织来编写和提供服务的代码和能力。这种非中心化的服务模式打破了传统的集中化控制,使得服务的开发和管理更加分散和灵活。在区块链领域,非中心化的概念相对流行,而在 Serverless 领域,这一概念同样具有借鉴意义。

服务的非中心化对于许多 Serverless 服务商来说确实是一个颠覆性的概念。传统的 Serverless 服务商通过提供集中化的服务来收取服务费用,而在非中心化的模式下,服务商的角色和盈利模式将发生根本性的变化。非中心化的 Serverless 服务至少涉及三个关键角色：第一是 Serverless

服务的接口提供者。这个角色主要由社区或组织承担，负责提供 Serverless 服务的接口。Serverless 使用者通过这些接口进行部署并实现对外服务的功能。第二是 Serverless 服务的服务提供者。与区块链中的矿工角色类似，服务提供者负责提供实际的硬件设施，如算力、运行空间和存储空间。这个角色类似于区块链的矿工角色，但其实是实际服务的提供者，而且服务提供者必须在接口提供者的框架下运行。第三是 Serverless 的消费者。消费者通过支付服务费用来使用 Serverless 服务，从而维持整个系统的运转。这三个角色类比到现代商业模型中，可以看到公司（接口提供者）、生产者（服务提供者）和消费者（用户）之间的关系。在当前的集中化模式中，云服务提供商既扮演了公司角色，又掌握了生产资料并负责生产。而在未来的非中心化模式下，公司和生产者将分离开来。公司不再必然是生产者，而生产者可以自主决定在哪个公司的平台上运行。例如，A 公司提出了一个方案，生产者可以选择在这个方案上进行生产，即使 A 公司随后推出了更新的版本。如果生产者并不认可，那么生产者依然可以选择在 A 公司的上一个方案上运行，因此，作为 Serverless 服务的接口提供者，其核心任务是在获得广泛共识的基础上推动项目或方案的发展，以确保生产者的认可和支持。生产者的认可尤为重要，因为他们代表了实际的算力、运行空间和存储空间，是整个系统运转的基础。服务的非中心化运转如图 10-2 所示。

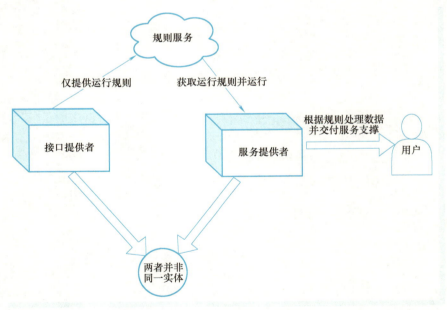

- 图 10-2　服务的非中心化运转

服务的非中心化尚未广泛推广，主要原因可以归结为两方面。首先，非中心化的理念尚未被广泛接受和认识，市场接受度暂时不高。其次，当前的计算机算力和性能不足以支撑非中心化服务的高速运行，Serverless 服务通常对实时性要求极高，同时可能需要处理大量请求。非中心化服务的成本和复杂度远高于中心化服务，因此当前的算力水平难以有效支持这种模式。然而，随着计算机技术的发展，未来的算力水平是否能够支撑非中心化服务仍是一个开放的问题，目前来看，这一模式仍面临诸多挑战。

10.3.2 服务的真正开源

开源对 Serverless 来说具有重要意义，尤其是在推动 Serverless 标准化的过程中，有影响力的 Serverless 项目通过开源可以显著加速这一进程。而 Serverless 标准化则有助于扩大用户群体，增强市场覆盖率。然而，目前 Serverless 开源仍面临两个巨大障碍。首先，企业对自身代码的保护意识较强，尚未充分认识到开源 Serverless 对自身可能带来的益处。其次，开源本身具有一定复杂性。开源代码可能只是 Serverless 的一部分，冰山一角而已。Serverless 服务的关键不仅在于代码，还涉及更为复杂的网络拓扑、机器调度、运维管理等方面。这些要素的开源同样至关重要，且更具挑战性。在 Serverless 的开源之路上，依然存在许多挑战。例如，一旦开源，代码将由更多开发者共同维护和贡献，这可能带来代码安全风险。不同贡献者的身份和背景差异，可能引发安全漏洞。此外，开源代码还涉及知识产权的合规问题，无法保证每个贡献者都严格遵守法律要求，这给企业带来了潜在的法律风险。协作问题也是一大挑战。商业软件的支持和更新往往具有一定的优先级和时间要求，而开源软件则可能存在支持延迟的问题。常见的现象是，商业软件的修复方案发布后，开源版本的更新滞后于商业版本。这意味着企业在使用开源代码时，需要经过严格的代码安全和法律审查，确保代码符合商业应用的要求。此外，开源软件的迭代周期可能与企业内部的开发周期不一致，导致在不同迭代周期中的合并工作变得复杂。

开源带来了诸多好处，尤其是在 Serverless 领域，具有重要的战略意义。首先，开源促进了共建的可能性。通过与开源社区的合作，企业不仅可以减轻独立实现功能的负担，还能吸纳社区的意见和建议。这种合作使得产品在开发过程中融入更多先进的思维和技术，同时加强了与其他开发者的交流，推动产品不断创新和优化。其次，开源提升了代码的安全性。尽管有些人担心开源会暴露代码中的风险，但实际上，开源社区的众多开发者相当于为代码提供了一个集体审视的机会。在这种环境下，代码中的问题更容易被发现和解决，从而增强了代码的安全性。此外，开源提高了企业在行业中的影响力。通过参与开源项目，企业可以展示其技术实力和创新能力，吸引更多的开发者和潜在客户关注。这不仅有助于企业品牌的建立，还能增强企业在行业中的话语权。最重要的一点是，开源能够推动标准化的进程，这对 Serverless 行业来说尤为关键。标准化使得 Serverless 的开发成本得以降低。

开源与标准化的结合之所以能够推动 Serverless 成本的共同降低，是因为开源吸引了更多开发者和企业参与到 Serverless 的开发中。这种集体参与不仅意味着开发成本的分摊，还因为代码是开源且透明的，企业之间更容易形成合作联盟。在这种合作环境下，建立标准变得更加顺利，而一旦标准建立，Serverless 行业的发展将更加规范和高效。

10.3.3 标准的语言设计

目前，Serverless 平台已经支持了多种编程语言，但在语言标准化方面仍然存在较大空白。例如，函数返回数据的方式、异常处理方式及 RPC 通信的实现等都缺乏统一的规范。同时，各个平台也都采用了各自独特的配置方式，导致开发者在迁移或管理不同平台时面临一定的复杂性。因此，除了在函数写法上寻求统一，配置的标准化也成为一个亟须讨论的课题。

在配置统一化方面，可以考虑通过制定一个通用的配置语言或框架来解决这一问题。这个通用配置语言可以描述 Serverless 函数的部署环境、依赖关系、网络配置、资源限制等各个方面的需求。随着设计语言的发展，Serverless 领域未来可能会出现一种专门的编码语言。然而，这一发展方向可能需要结合未来技术的进步来判断。例如，随着人工智能技术的迅猛发展，使用简单的自然语言即可快速生成接口的可能性将大幅提高。在这种背景下，为 Serverless 设计一种标准化语言以执行编码任务将变得更为现实和可行。

需要标准化语言的原因在于，它能够显著推动 Serverless 的标准化进程，简化开发者在不同平台之间的操作，并统一 Serverless 服务的部署和配置方式。当前，各个 Serverless 平台在部署和配置方面各有不同。例如，有些平台支持通过 YAML 文件进行配置和部署，而其他平台则可能要求开发者在平台界面上手动完成配置。在这种背景下，使用 DSL（领域特定语言）来实现配置的统一化是一个非常有效的解决方案。DSL 可以为 Serverless 配置提供一个统一的语法和语义，使得不同平台的配置过程更加一致、简洁。这种统一的 DSL 不仅可以统一 Serverless 的配置，还能通过更加专业和精简的方式优化配置流程。使用 DSL 的好处不仅局限于配置的统一。它还可以提高开发效率，减少开发者在编写和管理配置时的时间成本。DSL 通常具有简洁的语法，使得开发者在编写配置或实现功能时更加直观和易于理解。然而，设计和实现一套完整的 DSL 并非易事。首先，需要定义 DSL 的语法规范，确保其具备足够的表达能力来满足各种配置需求。其次，需要开发一个语法解析器，将 DSL 代码翻译为具体的指令并执行。这些过程都需要投入大量的时间和资源。如果设计和实现一套全新的 DSL 的成本过高，使用现有的配置语言如 YAML 来处理 Serverless 配置也是一个合理的方案。

展望未来，Serverless 领域的专业语言设计具有非常大的潜力。这种语言不仅可以用于配置，还可以影响代码编写过程。例如，使用这类语言定义请求的输入输出参数，或管理 RPC 调用的参数。在未来，这类语言甚至可以简化接口的编写过程，使得开发者能够用更加简洁的方式构建复杂的 Serverless 应用。

10.4 当前互联网的瓶颈

Serverless 架构的未来演变之路，必然充满挑战。要实现这一目标，需要平台去中心化、统一代码编写标准，并制定标准以推动服务开源等。这些变革不仅依赖于技术的突破，还需要一系列前提条件的支撑。例如，汽车工业的飞跃源于蒸汽机的发明，这一技术奠定了现代汽车标准体系的基础。即使是如今的电动车，也得益于先前汽车行业的规范和制造方法。因此，要推动 Serverless 的演变与落地，前提条件的具备至关重要。

在硬件层面，Serverless 架构的去中心化将面临算力、存储和网络性能的瓶颈。Serverless 只有突破这些瓶颈，才能走向更高的山峰。

在思想层面，将探讨目前高度的中心化形成并成为主流的历程，通过对比早期的中心化产品和去中心化产品，可以得出它们各自的优势和劣势，同时也将对目前过渡的中心化现象表达一些看法。

10.4.1 算力、存储和网络性能的瓶颈

算力、存储及网络性能在计算机系统中各自扮演着关键角色。算力代表着计算机的执行速度，其高低直接决定了在特定时刻能够处理的任务数量和数据处理能力，例如，在 Serverless 架构中，高算力意味着能够处理更多请求和复杂计算任务。存储则是数据的持久化媒介，分为长期存储和短期存储。长期存储通常成本较低，适用于保存历史数据或冷数据，但其访问速度相对较慢。短期存储，如内存（Memory），则具有高访问速度，适用于临时存储运算数据，方便快速提取使用。充足的长期存储容量能够保存大量历史数据，而足够大的内存则支持更加复杂和庞大的运算任务。网络性能决定了不同计算机系统之间的交互速度。如果将每台计算机视为一个独立个体，那么网络性能的优劣直接影响个体之间的响应速度。许多业务的发展依赖于网络性能的提升。例如，在 2G 网络时代，通信主要依靠文字短信；在 3G 时代，语音通信逐渐普及；而到了 4G/5G 时代，短视频的流行成为主流趋势。随着网络速度的不断提升和成本的降低，未来可能会出现更多基于网络性能的新兴产业，但具体形态仍有待观察。

随着算力、存储和网络性能的发展，众多产业将因此受益。例如，算力的提升可以增强处理能力，这在影视制作中的绘图和工业生产中的计算方面表现出显著优势。存储空间的扩展能够容纳更多数据，而数据的不断积累将带来质的飞跃。在算力与存储的协同作用下，人工智能和大数据将迎来重大利好。当算力、存储和网络性能共同发展时，区块链、云计算和虚拟现实等产业将迎来更广泛的应用。在云计算领域，Serverless 技术是其中的重要组成部分。随着算力、存储和网络性能的进步，Serverless 的去中心化成为可能。然而，去中心化面临的一个重大挑战是如

何确保各个服务的数据安全。目前，Serverless 实现去中心化的主要障碍在于成本和性能问题。去中心化本身伴随着高昂的成本，尤其是在算力显著提升的情况下，虽然计算成本可能不再是 Serverless 的首要问题，但存储成本依然重要。因此，Serverless 的去中心化不仅依赖于算力的提升。随着用户数量的增长，数据也将呈现指数级增长。在非中心化的条件下，数据存储往往需要多个非中心节点进行备份，这使得廉价的存储成为支持海量用户数据的关键。

在解决算力和存储问题后，响应速度和文件同步将成为新的挑战，此时网络能力的支持至关重要。网络能力的提升意味着可以更快地响应非中心化 Serverless 服务的需求，同时实现更快速的数据同步。因此，只有当算力、存储和网络性能同时达到一定程度时，Serverless 的未来形态才更容易实现。当然，算力、存储和网络性能的提升不仅利于 Serverless，更多产业也将在这些技术达到一定程度后逐步迎来新的发展机遇，进而推动新质生产力的发展。如图 10-3 所示。

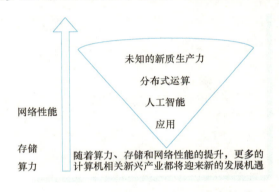

● 图 10-3　计算机性能发展所带来的革命

▶▶ 10.4.2　过渡的中心化

当前，中心化应用在日常生活中占据主导地位，几乎所有所见和所使用的应用程序都是中心化的。然而，也有一些应用展现出非中心化的特征。

一个典型的例子是许多下载软件中广泛采用的非中心化技术手段，其中最为人熟知的就是 BT 种子，这是一种极为优秀的去中心化技术。BT 种子的正式名称为 BitTorrent，它是一种基于 P2P（Peer-to-Peer）协议的文件传输方式。开发 BitTorrent 主要是为了解决大文件下载时带宽和速度的问题。传统的下载方式通常依赖于单一服务器，然而受限于服务器的性能和网络速度，因此当下载人数增多时，下载速度便会大幅下降，变得异常缓慢。为了解决这一问题，BitTorrent 的发明者设想了一种方法，这种方法在用户数量增加的情况下仍然能保持较快的下载速度。其核心在于先下载一个种子文件，种子文件记录了目标文件的相关信息，因此文件体积非常小，可以迅速下载完成。接下来，通过下载软件记录下载的 IP 地址，或通过嗅探技术记录这些 IP 地址，从而让已经拥有部分文件的用户将其数据贡献给其他用户。具体而言，下载数据较多的 IP 地址将其资源和带宽分享给下载数据较少的 IP 地址。随着参与下载的 IP 地址越来越多，更多的资源被提供给后续需要下载的用户，最终实现了下载用户越多，下载速度反而越快的效果。BitTorrent 的出现彻底改变了互联网大文件下载的方式，成为一个极为成功的技术思想和社区软件。然而，尽管它在技术和社区层面取得了巨大的成功，但从商业角度来看，它并未成为一个成功的商业软件。

BitTorrent 之所以未能成为一个成功的商业软件，主要原因在于其自身的去中心化特性使其难以控制，从而难以直接从中产生足够的商业价值。可以设想，如果每次下载都能够受到控制，从而直接或间接地产生商业收益，那么 BitTorrent 或许会发展成为一个庞大的商业集团。然而，事实证明，BitTorrent 的去中心化特性让它无法实现这种控制，因此难以形成可持续的商业模式。在大多数情况下，产品和软件通常由中心节点提供服务，即由某个公司的服务器为多个客户端提供服务。这种现象的形成有其内在的原因。首先，中心化服务具备较强的控制力，可以在服务质量、效率及风险把控方面具备显著优势。例如，在数量有限的情况下，去中心化节点服务质量难以保证。如果仅有三个节点，当这三个节点同时下线时，服务将立即中断。而中心化服务则通常不会出现这种情况，因为其服务具有更高的可靠性和可控性。

在服务效率方面，中心化服务仅需储存和计算一份文件，而去中心化服务则需要多个节点之间相互竞争资源来获得服务资格，这种竞争本身就导致了资源的浪费。此外，在风险控制方面，中心化节点能够迅速屏蔽风险内容，而去中心化服务则需要多个节点一致同意，才能通过切换或升级协议的方式去除或整改非法文件，这一过程既复杂又耗时。

因此，在互联网发展的初期和中期，中心化协议展现出明显的优势。初期和中期的互联网技术较为薄弱，这意味着在成本、机器数量及协议智能度方面尚未形成足够的优势，因而中心化服务成为一种过渡性或主流的选择。

10.5 发展中的机遇

在 Serverless 的发展过程中，机遇始终存在。当前，互联网的发展已进入中期，这意味着互联网的繁荣程度已相对较高，人们对互联网的认知和理解也更为深入。然而，技术的成熟度可能尚未完全跟上软硬件的需求。

要推动 Serverless 迈向下一个时代，关键在于识别和把握契机与东风。对于 Serverless 而言，未来形态的变化中，非中心化形态的出现可能是至关重要的一步。那么，Serverless 要实现非中心化形态，需要什么样的契机呢？

目前，尽管存在许多非中心化应用，但真正为人所知的并不多。最为知名的可能是作为货币交易系统的比特币（Bitcoin，BTC），它已被大量用户所使用。许多不为大众所知的非中心化应用则隐匿于主流之下。尽管目前大多数人尚未使用过这些应用，但在未来，它们未必不会迎来爆发。当非中心化应用出现爆发式增长时，Serverless 也可能被引导至一个新的发展赛道。除了应用数量的增加，实现 Serverless 的去中心化还需要突破性能瓶颈。只有消除性能瓶颈，Serverless 的许多潜在可能性才能得以实现，并为其未来的发展奠定坚实基础。在前置条件满足后，信任危机的出现可能成为引发 Serverless 进一步发展的催化剂。如果应用爆发和性能突破是前提条件，那么信任危机的出现将推动 Serverless 进入一个新的阶段。

当一切条件成熟，Serverless 将在未来迎来怎样的发展机遇？这个问题值得进一步探讨。

10.5.1 非中心化应用的爆发

首先，解释一下什么是非中心化应用的爆发。简单来说，非中心化应用的爆发意味着这些应用在各个领域和场景中广泛普及，真正实现了"遍地开花"。这种现象对 Serverless 的非中心化形态具有重要的引导作用。尽管目前已有许多非中心化应用出现，但要达到真正的"遍地开花"仍有一定距离。所谓"遍地开花"，是指这些应用在日常生活中频繁出现，而不仅是在小众群体中引发关注。即使某些非中心化应用在小众群体中获得了热烈反响，甚至具有颠覆性的实验性产品，也不等同于真正的爆发。"遍地开花"至少说明了两点。首先，它表明少数可落地的商业项目已经在大众面前得以展示和应用。其次，它反映出大众群体对非中心化应用的认知已经达到了较高水平。

对于 Serverless 开发者而言，技术往往是引领发展的先驱。在非中心化应用爆发之前，必然会有大量的实验性成果。这些成果在实验阶段可能尚未达到商业应用的标准，但一旦通过商业化的借鉴和应用，它们可能会展现出全新的价值。从思考的角度来看，进步通常是基于既有认知的延续。产品也是如此，某个时代的产品可能最初并不具备强大的吸引力，但通过一些微创性的改进，它们可能会焕发新的生机。对于 Serverless 来说，要成为非中心化服务既是困难的，也是简单的。以目前许多非中心化应用为例，它们大多基于以太坊或 Solana 网络来实现。这两个网络本身具有可编程能力，与 Serverless 在某些方面有相似之处。然而，即便要基于这两个网络来实现 Serverless 也是不现实的。首先，这两个网络的编程接口主要针对内部功能，而 Serverless 的设计初衷是服务外部用户。这种差异意味着要使这两个网络具备 Serverless 的能力，在技术上并非不可能，但确实存在很大的挑战。其次，目前的非中心化网络在性能消耗上较大，因此无法像中心化的 Serverless 那样高效地处理高并发请求。此外，如果 Serverless 像这些区块链网络一样处理用户业务，还会遇到一个相对难以解决的问题，即代码透明化问题。在区块链网络中，代码的透明性是其核心特征之一，但对于 Serverless 来说，这种透明性可能带来安全性和隐私保护的难题。因此，若要实现 Serverless 的非中心化，就必须解决这些关键问题。尽管这些问题看似难以解决，但也未必没有解决方案。一个可能的方向是将中心化和去中心化结合起来。例如，是否可以让代码执行过程去中心化，而将服务接口作为中心化节点来暴露给外部用户？这种方法在理论上是可行的，但仍需通过一个成功的商业化软件来验证其可行性。当然，这个成功的商业软件并不一定是 Serverless 本身，而可能是某种结合了中心化和去中心化方式运行的应用，它可以为 Serverless 成为去中心化服务提供引导和借鉴。

产品能否在市场上成功推广，往往取决于市场人群的接受程度。以当前的互联网为例，如果移动支付在几十年前出现，可能会面临失败。首先，在那个年代，一部手机的成本可能相当于一个家庭数月的收入，极少有人会为了通话便利而购买手机。其次，尽管大部分人可以接受教育，但普遍受教育程度较低，许多人仅完成了小学教育。因此，当时的人们可能难以理解为何一个二维码能直接支付，甚至担心自己的钱会被骗。在这种情况下，若产品出现的时机不对，其成功的难度将大幅增加。当去中心化应用得以普及，意味着大众已经接受了这种思维方式，不再局限于少数人之中。这为 Serverless 作为去中心化产品提供了存在的意义。Serverless 选择去中心化，主要目的是通过扩展市场来扩大其用户群体。当大多数人接受去中心化产品的应用时，也更容易接受一个去中心化的低门槛编程平台。

当然，这些仍是对未来的设想。然而，去中心化应用的普及确实能带来许多新的机遇，这些机遇或许能够在 Serverless 的后续发展中得到体现。

10.5.2 瓶颈的移除

在 10.4.1 节中提到，目前 Serverless 要实现去中心化，需要突破算力、存储和网络性能的瓶颈，这些是硬件或机器上的限制。当然，除了硬件瓶颈之外，还有其他方面的限制，如环境的瓶颈。环境如同土壤，决定着某件事物能否更好地生长。目前，并非所有人都掌握编程技能，但随着时间的推移，这种情况可能会改变。未来，编程可能会像驾驶一样，成为大多数人能够掌握的技能。

即使未来每个人都掌握了编程技能，编程在不同项目中的门槛也会有所不同。例如，在编程的早期，编程语言并不像现在这样普及。早期的编程通过打孔卡来实现，代码是通过特定的数字打孔作为指令编写的，因此，编写出可读性代码几乎不可能。随后，汇编语言作为编程语言出现，虽然使用英语替代了数字编码，但仍需要掌握大量硬件知识，如理解寄存器和内存等计算机基础组件。在汇编语言之后，高级语言出现，使得编程语言对硬件进行了封装。在当前，大部分编程场景已经无须深入了解硬件即可快速编写代码。展望未来，虽然无法准确预见变化，但从趋势来看，编程将变得比现在容易得多。因此，如果编程变得简单，人人掌握编程也就不再是一件奇怪的事情。

降低编程门槛是 Serverless 的重要目标之一，如何持续降低这一门槛也是 Serverless 面临的一个关键挑战。然而，在当前的时代背景下，Serverless 的最大对手可能并非外部竞争，而是时代发展的变迁。目前，Serverless 通过降低人们搭建服务器的门槛，简化了编程和运维的复杂度。具体而言，Serverless 的核心理念是无需自行运维服务器，只需编写代码即可实现服务的运转。这一理念极大地节约了运维成本，这是 Serverless 的一个显著优势。然而，展望未来，编程语言是否会继续存在尚难预料。如果未来编程语言消失，但服务的需求依然存在，那么如何在这种情况下保持服务的免运维特性，将成为 Serverless 需要突破的瓶颈。

以上讨论主要集中在 Serverless 所处的环境及自身面临的瓶颈。尽管 Serverless 要实现未来形态的演变，必须突破这些瓶颈，但这还远远不够。例如，之前提到的性能瓶颈便是 Serverless 必须面对的挑战。性能瓶颈不仅限制了当前的许多业务和应用场景的发展，而且一旦在性能上有所突破后，许多原本不可行的事物将变得可行。然而，性能突破并非遥不可及。事实上，随着技术的不断进步，性能的提升几乎是必然的。因此，这一瓶颈的突破也是迟早的事情。如果将性能突破视为必然性，那么这个瓶颈就必然可以在未来得以解决。

除了技术和环境上的瓶颈，还有一些更倾向于业务层面的挑战。例如，如何更好地与场景渲染、3D 绘画、大数据和人工智能相结合，如何在与人们日常生活息息相关的领域实现突破。此外，如何提供更强大的组件以满足更多用户的需求，如何提供能够帮助用户实现更安全功能的组件，如何帮助用户实现自身难以实现的能力，甚至如何加速用户的编码过程，这些都是值得探索的方向。然而，严格来说，这些挑战不完全属于 Serverless 的瓶颈，更像是其发展的挑战。

即使上述瓶颈都得以克服，也并不意味着 Serverless 必然会进入下一个形态。技术和环境的突破虽能为 Serverless 的发展铺平道路，但真正促使 Serverless 进入下一个形态的关键还在于是否有一个触发点。这个触发点的出现，将极大加速 Serverless 迈向新的发展阶段。那么，什么是 Serverless 的下一个形态呢？

▶▶ 10.5.3 信任危机出现

在万事俱备的情况下，推动 Serverless 去中心化业务的条件主要是信任危机的出现。那么，何为信任危机？为什么信任危机会推动 Serverless 的去中心化？

首先，使用 Serverless 的前提是什么？许多人认为是方便、快速、低门槛地开发，同时还能享受廉价的服务。这确实是一个方面，但更为关键的原因在于 Serverless 平台在背后提供的技术支持。换言之，使用 Serverless 的最大理由在于信任 Serverless 平台能够持续提供便利的服务。然而，如果未来某一天 Serverless 平台随时可能出现问题，许多人或许宁愿自行搭建服务，也不会再使用 Serverless 服务。有人可能会反驳：如果技术问题如此严重，那么 Serverless 平台根本无法生存。的确，从技术角度来看，如果出现如此重大的失误，这样的平台确实难以吸引开发者。然而，假设问题并非技术层面，而是其他因素呢？这又是怎样的问题会导致这种情况的出现？答案很简单：商业竞争。在竞争足够激烈或诱惑足够大的情况下，中心化的节点可以随时停止某项业务的服务,从而关闭对该业务的支持。尽管在现实中,企业通常不会牺牲商誉来进行如此明显的恶意竞争,但从可能性的角度来看,这种情况仍然存在。

尽管这种情况并非普遍存在,但一旦出现,势必会导致业务方对中心化节点的不信任。对于这种不信任问题,将会催生新的需求,即如何解决信任问题。在互联网领域,有一个广为流传的成功案例:某电商平台为了让用户放心购物,推出了先行垫付方案,并孵化了支付工具,对用户的信用进行评估,通过信用评估来解决用户、平台与商户之间的信任问题。然而,当人们试图用信用评估方案来解决信任问题时,常常会陷入一个误区:这个信任问题不仅是业务上的信赖,更是技术上的信赖。因此,不能仅从业务角度思考如何解决信任问题,而是需要从业务和技术两个层面共同思考。如果技术本身能够融入信任机制,是否可以借鉴类似的解决方案?答案是肯定的。去中心化的设计方案能够有效应对这个问题。因此,人们可能会倾向于采用去中心化方案来解决信任问题。当这种需求出现时,信任危机便成为推动力量,促使人们思考如何帮助平台应对信任危机。同样,在 Serverless 领域,未来应用去中心化技术也并非不可能。

从信任危机对 Serverless 平台演化的角度来看,如果信任危机出现,人们将会倾向于切换 Serverless 平台。更重要的是,解决信任问题将成为一个关键需求。在此情况下,如果另一家 Serverless 平台无法提供有效的信任解决方案,使用者在非紧急情况下很难全面迁移业务。然而,如果有一个平台能够提供相对完整的信任解决方案,则可能会吸引大量因信任危机而感到焦虑的用户进行业务迁移,因此,潜在希望解决信任问题的厂商将更加积极地推动新的解决方案。如果认为下一代 Serverless 是去中心化的 Serverless 服务,只要去中心化能够有效解决信任问题,那么在条件成熟时,Serverless 的下一代形态极有可能得到推广。至于下一代形态可能是什么,虽然未来仍充满不确定性,但对此进行一些设想和探讨是有意义的。接下来,可以进一步深入这一话题。

10.6 形态的演变

在一切条件就绪之后,Serverless 究竟会演变成何种形态?如果未来每个人都在使用这项服务或技术,Serverless 将呈现出怎样的图景,成为怎样的一种存在呢?

当前,许多人对 Serverless 的定义仍显狭隘,通常将其视为一种无须运维和管理、自动弹性伸缩、低成本的服务运行方式。然而,若仅停留在这一层面,Serverless 无法支持大多数人的需求。对 Serverless 的正确理解应是:它是一种高效且极大降低编程门槛的工具。若以此定义,Serverless 才有可能成为大众普遍使用的工具。随着编程逐渐普及,越来越多的人将具备编写 Serverless 函数服务的能力。在这种情况下,如果大部分人都能够使用 Serverless,那么未来 Serverless 的前景和趋势将完全不同于现在。

在 Serverless 之外,技术和环境中已经开始显现出一些去中心化的趋势。这些趋势有的已被广泛认知，而有的仅在水面泛起波纹后便消失不见。然而，一旦这些趋势显现，便预示着计算机领域即将迎来新一轮的变革。这场变革或许是划时代的，尽管许多人认为人工智能将在未来的变革中发挥主导作用，但真正的变革往往是多重因素的结合，而非单一因素主导。正如蒸汽机的出现，最初应用于纺织业，但仅靠纺织业无法引发工业革命，真正推动工业革命的是蒸汽机与各行各业的结合。

因此，Serverless 的未来形态或许将融入这一去中心化的浪潮中，与其他新兴技术结合，共同推动新一轮的技术革命。

10.6.1 代码即所有

在当今时代，全屋智能已实现通过语音控制许多家居设备，如音响、电源、灯光和窗帘的开关等。智能化的趋势不仅限于家庭，还扩展到了汽车领域，例如，输入目的地后，汽车即可自动驾驶到指定位置，并在到达终点时实现自动泊车。这些智能功能的背后，实际上都依赖于代码的控制。展望未来，代码的普遍存在几乎是必然趋势。代码不仅会运行在硬件设备的客户端上，还会在服务端执行。此时，Serverless 作为代码的服务端载体，将成为服务代码的底层基础设施，为未来代码无处不在的时代提供支撑能力。

虽然当前"代码即所有"的说法听起来有些夸张，但未来的变化往往超出当前的想象。如果假设未来所有场景都具备智能化的特征，而 Serverless 作为服务代码的基础设施，承载了大量服务的运行，那么 Serverless 面临的主要挑战将是如何确保其稳定性、高效性和冗余性。

对于 Serverless 的稳定性来说，从时间维度上看，它必须在绝大多数时间内保持持续运行的能力。这意味着要减少因发布更新导致的服务中断时间，并缩短故障恢复时间，以确保服务的连续性。在未来代码无处不在的场景中，尤其在对稳定性要求极高的领域，如金融服务、紧急救援服务等，Serverless 的稳定性将至关重要。高效性则要求 Serverless 能够以更少的资源成本实现更大的价值，这意味着需要通过更少的算力、更小的空间及更低的能源消耗来完成服务。在未来，大量服务运行在 Serverless 中，每优化 1% 的资源成本都可能带来巨大的资源节省。而随着各项能力的提升，资源和能源的消耗必然会迅速增加。因此，节约算力、空间和能源不仅对 Serverless 至关重要，也对整个地球的生态环境起到积极的作用，尤其是在资源日益紧缺的未来。冗余性则是指 Serverless 提供容错和备份的能力。在近年来，数据的重要性愈发凸显，许多资产都依赖于数据的安全性。因此，数据丢失且无法恢复的情况是不可接受的，尤其当智能化成为数据的重要载体时，数据的重要性更加突出。冗余性不仅包括数据备份，还涉及服务的多重备份。例如，在自然灾害导致某地服务器被破坏时，服务仍能继续运行，否则服务的脆弱性将成为系统的致命缺陷。在这个意义上，冗余性与"去中心化"理念有着紧密的联系。

去中心化在 Serverless 中的存在不仅是一个技术趋势，更是未来场景中的重要组成部分。接下来，将深入探讨去中心化在 Serverless 中的角色及其对未来场景的影响。

10.6.2 去中心化的到来

对于 Serverless 而言，未来的发展方向必然是走向去中心化的时代。中心化的 Serverless 平台存在诸多问题，如信任问题、社区标准的缺失及服务稳定性的保障等。首先，信任问题是中心化 Serverless 平台的一个关键挑战。例如，用户如何确保自己的代码能够在竞争对手的 Serverless 平台上安全且合理地运行？在中心化平台上，用户难免会有顾虑，担心平台可能出于商业利益的考虑对其代码进行不当处理。这种信任缺失使得用户对中心化平台的依赖产生了一定的阻碍。其次，中心化 Serverless 平台难以形成统一的社区标准。各个中心化平台往往希望通过自身的特色和垄断优势吸引用户，因此在设计时可能会融入平台特有的功能和标准。竞争初期当平台通过价格和服务质量吸引到用户后，用户一旦习惯某个平台的特色，便很难迁移到其他平台，导致对该平台的依赖性增强。最后，关于服务稳定性的问题，从目前的情况来看，即使是技术领先的大型公司，其 Serverless 平台也几乎每年都会出现不同模块的故障。

去中心化的 Serverless 平台能够确保信任、形成社区标准并完全保证服务的稳定运行，这是由其非中心化的节点特性决定的。对于非中心化的节点而言，真正运行什么样的代码并非由平台的发布者决定，而是通过算力或其他投票方式来确定。这种机制可以简单归纳为社区认可运行的代码。因此，Serverless 平台发布的代码对于社区而言只是一个版本，只有被社区真正认可的代码才能被执行。在这种情况下，社区标准的形成变得相对容易。

在传统互联网条件下，通常使用问卷调查或数据分析的方法来了解用户的需求和偏好。然而，这种方式往往无法准确反映用户的真实意图，甚至有时产品在依据用户的反馈进行调整后，仍然无法完全满足用户的实际需求。相反，用户可能在解决方案呈现出来后才意识到这才是他们真正需要的。因此，对于 Serverless 平台的发布者而言，每次发布的代码版本都会通过算力或其他投票方式进行社区验证，社区最终会选择他们认为最佳的版本。自然，通过不同版本的发布和功能改进，社区可以决定哪个版本值得发布，并解决用户的问题。因此，版本较高的通常是社区达成共识的版本。为了选择适合的版本，社区必须了解对应版本的代码和功能实现，这就要求 Serverless 平台开放其源代码供社区审查。在开源和社区选择的共同作用下，相应的 Serverless 标准将更容易形成。

关于服务稳定性的保障，很多人可能会质疑去中心化节点是否能够像中心化节点那样保证稳定运行。确实，中心化节点的机器通常比许多非中心化节点更为稳定。如果非中心化节点的数量有限，稳定性可能较差。然而，当非中心化节点的数量足够多时，整体稳定性将显著提高，因为每个节点的稳定性都是一个概率事件，节点数量越多，全平台宕机的概率就越低。相反，中心化节点只能通过严格的规范、监控以及对异常情况的充分考虑来减少平台宕机的可能性，但总有可能遇到超出预期的情况。因此，在分布式机器数量足够多的情况下，去中心化平台的服务稳定性反而更高。

当然，当前 Serverless 要实现完全的去中心化还需要克服许多挑战和条件。不过，基于现有条件和技术进步，对 Serverless 未来的变革仍然充满希望。让我们拭目以待，期待 Serverless 在未来的发展中带来更多的创新和突破。

1. 工具类参考文档

1）Node.js 官方文档 https://nodejs.org/docs/latest/api。

2）Docker 官方文档 https://docs.docker.com。

3）ETCD 官方文档（注册配置中心使用） https://etcd.io/docs。

4）MinIO（分布式文件存储系统，S3 的开源版本） https://docs.min.io。

2. 第三方依赖参考文档

1）jsonwebtoken 依赖包（用户 Token 认证） https://github.com/auth0/node-jsonwebtoken。

2）WS（WebSocket 的聊天通讯库） https://github.com/websockets/ws。

3）MySQL 依赖包 https://github.com/sidorares/node-mysql2。

4）MongoDB 依赖包 https://github.com/mongodb/node-mongodb-native。

5）Redis 依赖包 https://github.com/redis/ioredis。

6）Vue（前端框架使用） https://vuejs.org/guide/introduction.html。